ヴィジュアル大全
Michael E. Haskew **マイケル・E・ハスキュー**
Busujima Tohya **毒島刀也** 監訳

装甲戦闘車両

Postwar Armored Fighting Vehicles 1945-Present

原書房

Contents

はじめに 7

第1章 ヨーロッパの冷戦 1947〜91年 11

冷戦初期 12
ソ連 1947〜69年 13
NATO －フランス 1949〜66年 19
NATO －西ドイツ 1955〜69年 21
NATO －イギリス 1949〜69年 23
NATO －アメリカ 1949〜69年 26
冷戦末期 29
ワルシャワ条約機構 1970〜91年 30
NATO －カナダ 1970〜91年 36
フランス 1970〜91年 38
NATO －西ドイツ 1970〜91年 41
NATO －イタリア 1970〜91年 45
NATO －スペイン 1982年〜現在 47
スウェーデン 1970〜91年 50
スイス 1970〜91年 52

NATO－イギリス 1970～91年 ……… 53

NATO－アメリカ 1970～90年 ……… 57

第2章 | 朝鮮戦争 1950～53年 …… 61

組織と装甲車両 ……… 62

釜山 1950年8～9月 ……… 65

ソウル 1950年7月～1951年9月 ……… 69

臨津江（イムジン河）1951年4～5月 ……… 72

第3章 | ヴェトナム戦争 1965～75年 …… 77

概要 ……… 78

アメリカ軍と南ヴェトナム軍 1965～75年 ……… 80

北ヴェトナム軍 1959～75年 ……… 83

テト攻勢－フエ攻略戦 1968年 ……… 87

第4章 アジアの冷戦 91

概要 92

インドとパキスタン 1965〜80年 93

ソ連のアフガニスタン侵攻 1979年 98

極東 102

中国 1960〜91年 104

日本 1965〜95年 108

第5章 中東 1948〜90年 111

国家の誕生と民族主義 112

パレスチナ戦争（第1次中東戦争）1948年 114

スエズ危機（第2次中東戦争）1956年 117

六日戦争（第3次中東戦争）1967年 122

ヨム・キプール戦争（第4次中東戦争）1973年 127

レバノン内戦 1975〜90年 133

イラン・イラク戦争 1980〜88年 137

第6章 | 冷戦後の紛争 ………141

湾岸戦争からアフガニスタンへ ………142

湾岸戦争 ― 多国籍軍 1991年 ………144

湾岸戦争 ― イラク軍 1991年 ………150

バルカン諸国の独立戦争 ………152

平和維持軍 1991〜99年 ………153

旧ユーゴスラヴィア軍 1991〜99年 ………158

カフカス 1991年〜現在 ………162

イラクとアフガニスタン 2003年〜現在 ………165

第7章 | 装甲車両の進化 ………171

ヨーロッパ 1991年〜現在 ………172

中東とアジア 1991年〜現在 ………177

南アフリカ 1980年〜現在 ………181

ブラジル 1991年〜現在 ………183

極東 1995年〜現在 ………184

索引 ………190

はじめに

近代戦の時代に突入した半世紀以上のあいだ、軍の戦略家や戦術家は、装甲戦闘車両を賞賛したかと思うと貶める、といったことを繰り返してきた。核兵器や強力な対戦車ミサイルや地雷が出現したときは、戦車の時代はもはや過ぎ去ったかのように思われた。だがその一方で装甲車両も技術的に進歩しており、21世紀以降の戦場での戦車の役割は見直されている。数十年間の戦いをとおして、戦車がたえず開発され戦場に配備されてきたのは、その火力とスピード、装甲の防御という重要な特質のためにほかならない。装甲と車両の設計が更新されて、超先進的な装備や兵装を搭載した戦車は、いまや世界中の国々で通常戦力として戦闘計画に組みこまれている。

▲機動演習
西ドイツでの冬季演習で、M60A2パットン中戦車のアメリカ軍の搭乗員が、戦略について議論している。M60シリーズはアメリカ軍で30年近くも使用されつづけていたが、1980年代になって主力戦車の座をM1エイブラムズに明け渡した。

▲ **装甲をまとったライオン**
ヴィジャンタ主力戦車をベースにしたアージュン（「ライオン」の意）主力戦車は、すばらしい長所を数多くそなえているが、技術的な問題が解消されないまま、開発に数十年の歳月がかけられた。2010年の選定トライアルでは、ロシア製のT-90を相手によく健闘した。

　激動をもたらした第2次世界大戦の後に、戦闘における戦車と装甲戦闘車両の役割を再評価する動きが起こった。装甲戦力のあいだにあった分業はその当然の帰結としてなくなり、替わって多目的で威力に優れ、機動性に富んだ車両が出現した。それまでは偵察と迅速な機動のためには軽武装で軽装甲の軽戦車、戦車戦で敵の装甲車両と立ち向かうためには中戦車、砲兵および歩兵を直接支援するためには重戦車といったように、それぞれ異なる目的を満たす戦車が次々と生産されていた。そこにあらゆる目的に合致する主力戦車という発想が生まれたのだ。冷戦時代のアメリカのパットン・シリーズ、イギリス製のセンチュリオン、ソ連が原型モデルを開発したT-55とその無数の更新モデルと派生型などは、そうした特質をよく表している。

優れた攻撃力

　戦闘の現場で実証されている主力戦車の威力は、設計や戦術的能力の多角的な改良の積み重ねで実現化している。重量化してより多機能になった車体には、特殊な砲塔が搭載されており、そこに収容されている大口径の火砲は、APFSDS（装弾筒付翼安定徹甲弾）や、ときには対戦車ミサイルも発射する。主力戦車の安定化システムは、移動中の正確な砲撃を可能にし、レーザー測距儀および赤外線暗視装置は標的の捕捉を容易にして、気候や気象のさまざまな条件を補正する。戦場管理システムは、複数の標的を同時に追跡して、味方と敵の車両を識別する。また先進の通信機器は、大規模な作戦行動の連携を可能にする。エンジンは、従来型のディーゼルでも先進的なガスタービン型でもますます出力が増大しており、スピードと信頼性が向上するとともにメンテナンスもしやすくなっている。

防御の必要性

　防御面での近代化改修として導入されたものには、分解可能なモジュール型で複合構造の爆発反応装甲、乗員を防護するための防爆ドアがついて、なおかつ隔離されている弾薬庫、万が一戦車の車体や砲塔が突き破られても、爆発エネルギーを外方向に逃すように設計されたパネルなどがある。警告センサーは、敵のレーザー機器に「ロックオン」されるとただちに戦車の乗員に警報を送り、直撃をできるだけ避けるために適切な対抗手段を連動させる。
　現代の主力戦車は、発煙弾発射機が標準装備に

なっている。また機関銃も、低空飛行の航空機や歩兵の攻撃からの防御のために、欠かせない武装となった。そこにNBC（核・生物・化学）兵器に対する防御システムが組みこまれれば、そのような攻撃による過酷な条件下でも装甲車両は活動できる。

とはいえ現在の低強度戦争では、装甲戦闘車両はつねにジレンマにつきまとわれている。立てこんだ市街戦では近接戦闘になるので、戦車は能力を発揮しきれないことが多い。かといって装甲戦闘車両（AFV）に組みこまれた最新のテクノロジーも、単純な即席爆弾（IED）や地雷に遭えば乗員を守りきれない。その解決策として、低強度紛争における市街地での残存率を高めるために、特別に考案された防御キットが導入されている。

新たな戦術

改良を重ねるテクノロジーと並行して、戦場の戦術も洗練されつつある。最近の実戦では、戦車が敵前線に突破口を作る戦力となりえることが実証されている。いったん敵布陣に穴をあけた戦車は、それに乗じて戦略的に有利な場所を突進して、機械化歩兵部隊との連携のもとに陣地を確保できる。こうした地上部隊に機動性をもたせて、戦場に送りこむ装甲兵員輸送車や歩兵戦闘車は輸送手段となるだけではない。軽機関銃から対戦車ミサイル、チェーンで駆動させるチェーンガン、高初速砲といった多様な火器で、直接火力支援をも行なうのだ。

編成表で使用されている戦術単位の記号一覧

記号	意味	記号	意味
	師団以上の編成	通信	通信部隊
	連隊または旅団規模の編成	重火	重火器部隊
		砲中	砲兵中隊
	大隊以下の編成	自動	自動車化歩兵部隊
機甲	機甲（装甲）部隊	砲兵	砲兵部隊
機械	機械化歩兵部隊	偵察	偵察部隊
工兵	工兵部隊	高射	高射砲部隊
歩兵	歩兵部隊	自走	自走砲部隊

主力戦車とそれに随伴する装甲戦闘車両や自走砲の類は、この先しばらく地上戦で積極的な役割を果たすことになる。休みなく発展しつづけるテクノロジーとともに、こうした汎用性の高い車両は、大規模な武力紛争なら必ず、主力兵器として投入されていくはずだ。

▼ストライカー部隊
2005年イラクのモスル近郊で、米ストライカー旅団戦闘チームのM1126ストライカーICV（兵員輸送車）が、もうもうと土埃を巻きあげながらパトロールしている。ストライカーのような歩兵戦闘車は優れた機動性を活かして、歩兵の配備以外にも偵察作戦や反乱鎮圧の火力として投入されている。

第1章

ヨーロッパの冷戦 1947〜91年

最終的には枢軸国をうち負かすことになる結束は、第2次世界大戦の銃声が鳴りやむ前に、崩壊の兆しを見せていた。それまでもイデオロギーの相違は、表面下で激しく煮えたぎっていた。が、世界の戦後処理についてはなはだしく対照的な意見が戦わされるようになると、いよいよ本格的な対立として浮上するようになった。歴史的戦場となったヨーロッパでは、ふたたび敵味方を隔てる境界線が引かれた。この時機甲戦力は、軍の計画立案者の意志を反映するものとなった。戦車が配備された場所は、想定する敵からほんの数キロ手前だったのである。敵側の地上軍は、機械化により装甲戦闘車両で歩兵を怒濤のごとく送りだせる。それに対抗しうる確実な切り札は、核兵器の使用をちらつかせることでしかなかった。

◀ **上陸作戦演習**
ポーランドのPT-76水陸両用軽戦車が、演習で川を渡っている。ソヴィエト連邦の戦術教義(ドクトリン)で力点が置かれていたのは、渡河して上陸したのち、側面を突く機動だった。

冷戦初期

ドイツが叩きのめされると、元連合軍の国々は相互不信にとり憑かれて、かつての味方と対決するための準備にかかった。次の世界大戦の火種となるのはヨーロッパと予想された。そのためここに戦車と部隊が配置されて、出動準備態勢が整えられた。

ソ連の赤軍は、東欧を勢力圏内に収めていた。ここでソ連は、近代軍事史上最大級の装甲車両による戦闘を経験している。一方米英軍は西ヨーロッパを統制下に置いており、ヨーロッパ大陸はどこも危なっかしい平和のうえに成り立っていた。その間世界は、政治的・軍事的緊張が高まったり緩んだりするさまを目撃していた。

ソ連が共産主義を世界中に拡張しようとしているのを悟ったアメリカとイギリスは、冷戦初期の段階で封じこめ政策をとり、次のような布石を打った。まずソ連のすぐ目と鼻の先に軍事資源を継続的に配備した。ヨーロッパがとくに重視されたのは、武力衝突に発展するような場合、ここが発端になると予想されたからだ。さらにアメリカが太平洋の制海権を握った。またアメリカが原子爆弾を保有しているという事実だけでも、牽制材料となった。そのすさまじい破壊力は広島と長崎で確認済みだった。

それに対してソ連は、東欧での影響圏を拡張した。共産主義的思想を広める目的もあったが、西側から本国への攻撃がふたたびあるのではないかという猜疑心を和らげるためでもあった。その間アジア大陸では中国で内乱が勃発し、インドシナ半島ではマルクス主義に染まったナショナリズムが反乱の動きを見せはじめた。それでも原爆の威力はソ連を牽制するものと期待された。何よりも優先されたのは、西欧の安全確保だったのだ。

1950年にはアメリカもイギリスも緊縮財政に向かい、軍事費にも大なたが振るわれた。米英の軍隊は、第2次世界大戦で戦列に並んだ兵で構成されていた。が、占領任務のなまぬるい勤務状況や戦時下に比べると即応性がどうしても緩みがちになることから、戦闘能力は低下した。ここでアメリカ軍上層部は師団の再編に手をつけた。編成表によると、各歩兵師団に戦車大隊1個と防空大隊1個の戦力が追加され、砲兵中隊1個に配備される火砲の数が4門から6門に増やされた。対戦車中隊は連隊表から抹消されて、戦車中隊1個がくわえられた。ところが現実には、そうした再編に必要な装備や人員、補給品はすぐには調達されなかった。ヨーロッパでの軍事的緊張は、そこに

▼ **ドイツのM48中戦車**
西ドイツ軍の戦車部隊ははじめ、十分な数のレオパルト主力戦車が前線に揃うまで、M48中戦車を配備していた。

ある現実ではなく仮想的なものだったのだ。

　西側にとって封じこめ政策と機甲部隊の配備はもともと、ソ連が軍事行動を起こしたときにそなえる防御的なものだった。核兵器の脅威はその補強材料である。封じこめである以上、西欧にソ連軍と顔を突き合わせる形で配置した地上軍は、動かすわけにはいかない。1948年には早くも、開戦の危機がからくも回避された。この時はソ連がベルリンに通じる交通網を封鎖したために、アメリカが食糧・物資の大空輸作戦を実行して、ついにはドイツの首都に対する締めつけを解除させた。

　1949年という年はまさしく、冷戦の重大な分岐点だった。ソ連は初の核実験に成功した。これは西側の予想よりもかなり早い時期だった。また共産主義者の毛沢東が、中国本土を手中に収めた。西側の主要12カ国が北大西洋条約機構（NATO）を結成し、「[[加盟国中の]いずれか、または複数の国に対する攻撃は、条約機構全体に対する攻撃とみなす」と宣誓した。こうしてソ連を明確に敵と想定したNATOの協定は、かつての味方の思惑についてますます疑念を深めるものとなった。

朝鮮半島で戦争の火蓋が切られたのは、それから数カ月後である。

　そうした前兆は、1945年9月7日に連合軍がベルリンの街を祝勝パレードしたときにすでに現れていた。ナチス・ドイツを下した勝利を祝って、歩兵部隊が行進の先頭を切った。ソ連の第9狙撃軍団と第5打撃軍、フランスの第2師団、イギリスの第131歩兵旅団、そしてアメリカの第82空挺師団が、威風堂々と闊歩した。

　つづいて大編成の機甲部隊が披露された。まずはアメリカ軍第705機甲大隊のM24チャーフィー軽戦車32両とM8装甲車16両が姿を現した。それにフランスの第1機甲師団の班と、イギリスの誉れ高き第7機甲師団のコメット巡航戦車24両と装甲車30両が続き、そのあとに赤軍の第71親衛重戦車連隊の真新しいIS-3重戦車52両がお目見えした。西側の観客は、まっさらで近代的なソ連軍戦車が大量に登場したのでド胆を抜かれた。軍拡競争の時代とはったり、世界規模の駆け引きが幕を開けたのだ。

ソ連 1947〜69年

1955年にはNATOの創設を受けて、ソ連と東欧の衛星国による軍事同盟、ワルシャワ条約機構が結成された。

　赤軍と西側の地上軍とのあいだで武力戦争が勃発するときは、東と西に分割されたドイツが主戦場になるのではないかと予想された。1955年5月9日に、ドイツ連邦共和国が正式にNATOに加盟すると、それから1週間も経たないうちにソヴィエト連邦がワルシャワ条約機構を設立した。おそらくソ連がもっとも切実に安全保障への脅威として捉えていたのは、再軍備を果たした西ドイツだったろう。ワルシャワ条約機構軍では、主幹戦力である赤軍にポーランド、東ドイツ、チェコスロヴァキアの軍がくわわって西側との前線をなす一方で、人員や武器を供給する予定になっていた。ほかの衛星諸国もそれほどの規模ではないにしても、これに追随する。無論、ソ連同盟の結束の強さは当初から疑問視されていた。そのもろさをよく表した例が、1956年のハンガリー動乱だ。この時赤軍は1100両を超える戦車を派遣し、ブダペスト等のハンガリーの都市に乗り入れさせて、反乱を短期で鎮圧した。

　冷戦時代にワルシャワ条約機構の戦車部隊が採用した戦闘教義は、ほとんどが第2次世界大戦で成功した戦術の延長だった。前線の一画に圧倒的規模の戦力を投入して敵前線を突破し、その突破口を利用して一気に攻める、というやり方だ。

▲IS-2重戦車（1944年型）
ソ連軍第3親衛機械化軍、1950年、東ドイツ

第2次世界大戦中にドイツ軍の重戦車に対抗するために開発され、1943年に赤軍で使用開始された。その後まもなく、1944年型にはD25-T 122ミリカノン砲（前モデルより発射速度が増加）、ダブル・バッフル式砲口制退器、射撃統制装置（発射速度が向上）が搭載された。

IS-2 Heavy Tank (1944 model)	
乗　員	4名
重　量	46トン
全　長	9.9メートル
全　幅	3.09メートル
全　高	2.73メートル
エンジン	382.8kW（513馬力）V-2型12気筒ディーゼル
速　度	37キロメートル
行動距離	240キロメートル
兵　装	1×D-25T 122ミリカノン砲、3×DT7.62ミリ機関銃（同軸1、前方銃座1、砲塔裏の球型銃座1）
無線機	10Rまたは10RK

ソ連軍独立親衛重戦車旅団、1947年

冷戦が始まった当初、西側陣営と対峙したソ連軍の装甲兵力は、ほとんどが精鋭の親衛部隊だった。60両以上の戦車を擁する重戦車旅団は、戦車連隊3個と機械化歩兵連隊1個に分かれ、機械化歩兵連隊には自走砲の火力支援がついていた。

本部（3×指揮車）

第1連隊（3×指揮戦車、21×IS-2重戦車）

第2連隊（3×指揮戦車、21×IS-2）

第3連隊（3×指揮戦車、21×IS-2）

軽自走砲中隊（3×SU-76M自走砲）

支援部隊（19×M3ハーフトラック）

1950年代は、実績のあるT-34中戦車を補完するために、IS-2、IS-3といった重戦車の配備が進められた。重戦車の設計上の改良箇所には、試作の段階から脱していないものもあったが、IS-2は冷戦初期の標準的な赤軍重戦車連隊に配置されるようになった（各連隊に21両）。T-34中戦車も大量に配備された。

ソ連の戦車は、T-64主力戦車とともに1960年代に飛躍的な進歩を遂げた。自動装塡装置が導入されたため、4人目の乗員を搭乗させる必要がなくなった。ソ連はさらに自動車化狙撃師団を軽と重に分けて、機械化歩兵を使った戦術も改善させた。この調整は、専用の歩兵戦闘車として世界ではじめて開発されたBMP-1と、装輪装甲兵員輸送車のBTR-40およびBTR-60の導入で進めやすくなった。ちなみBTR-40は1950年から軍に導入されている。

ソ連軍の戦車師団の戦車が敵陣に突っこんでいくとき、重自動車化狙撃部隊は、その後ろから敵の歩兵や対戦車部隊を攻撃して、戦車を援護す

IS-3 Heavy Tank

乗　　員	3名
重　　量	45.77トン
全　　長	9.85メートル
全　　幅	3.09メートル
全　　高	2.45メートル
エンジン	447kW（600馬力）V-2-JS V型12気筒ディーゼル
速　　度	40キロ
行動距離	185キロ
兵　　装	1×D-25T 122ミリカノン砲、1×DshK12.7ミリ重機関銃（対空）、1×DT7.62ミリ機関銃（同軸）
無線機	10RK

▲ **IS-3重戦車**
ソ連軍第1親衛戦車軍、1952年、東ドイツ

「パイク（尖頭）」というあだ名がついたのは、車体の鼻づらが鋭く尖っているからだ。冷戦時代のソ連の重戦車は、IS-3の構造をベースにしている。砲塔は円盤型の扁平な形で、車高は低くなったが、その分居住空間が狭くなった。

▲ **T-10重戦車**
ソ連軍第1親衛戦車軍、1955年、東ドイツ

1948年、ソヴィエト戦車総局は、50トン級の新型重戦車の開発を決定した。「ヨシフ・スターリン」シリーズの最後の更新型で、はじめIS-8（スターリン8型）と名づけられた重戦車には、度重なる修正がくわえられた。1953年にスターリンが死去すると、D-25TA122ミリカノン砲を積んだ新型戦車は、改名が検討されて最終的にT-10になった。生産は1966年に終了したが、予備兵力として残されて1996年に退役した。

T-10 Heavy Tank

乗　　員	4名
重　　量	49,890キログラム
全　　長	9メートル
全　　幅	3.27メートル
全　　高	2.59メートル
エンジン	522kW（700馬力）V型12気筒ディーゼル
速　　度	42キロメートル
行動距離	250キロメートル
兵　　装	1×122ミリカノン砲、2×12.7ミリ機関銃（同軸1、対空1）
無線機	不明

る。軽自動車化狙撃兵部隊は、進行方向の側面に扇形に展開して、攻撃する味方の背後を突く可能性のある反撃を抑えて、攻撃の中心勢力の安全を確保する。西側は、ワルシャワ条約機構軍が戦術核兵器を使用する可能性を度外視していた。そうした兵器が存在するかどうか、確かめる情報もなかったのにもかかわらず、である。だがその先従来型の攻勢作戦で、ソ連が10メガトンを超える核兵器を使うつもりではないか、という憶測はいつまでも払拭されなかった。

1960年代に入ると、ソ連軍は近代化計画を推し進めた。100ミリライフル砲を主砲とするT-54/55主力戦車は旧式化してきたため、115ミリ滑腔砲を主砲とするT-62主力戦車、さらにT-64主力戦車に漸次置き換えられた。その一方で、BMP-1歩兵戦闘車、BTR-40、BTR-60装甲兵員輸送車は、NATO軍相手の軍事行動を成功させるために必要な迅速な機動性を獲得した。第2次世界大戦当時のSU-76を中心とする自走砲も、ソ連の戦車師団に編入された。

1962年秋、アメリカとソ連はおそらく冷戦中で最大の開戦の危機を迎えた。キューバにソ連の

T-54A Main Battle Tank

乗　員：4名
重　量：36トン
全　長：6.45メートル
全　幅：3.27メートル
全　高：2.4メートル
エンジン：388kW（520実馬力）V-54 12気筒
速　度：48キロメートル
行動距離：400キロメートル
兵　装：1×D-10T100ミリライフル砲、1×DShK12.7ミリ対空機関銃、2×DT7.62ミリ機関銃
無線機：R-113

▼T-54A主力戦車
ソ連軍第3突撃軍第9戦車軍団、1956年、東ドイツ

これまでの歴史の中で、T-54/55主力戦車ほど多く生産された戦車はない。現役での使用期間も、半世紀近くにおよんだ。ソ連の主力戦車のごく初期のモデルであるT-54/55は、改修が比較的容易で、1981年になってやっと生産が終了された。

BAV485

乗　員：2名
重　量：9,650キログラム
全　長：9.54メートル
全　幅：2.5メートル
全　高：2.66メートル
エンジン：82kW（110馬力）ZIL-123 6気筒
速　度：60キロメートル(路上)、10キロメートル(水中)
行動距離：530キロ
兵　装：1×DShKM12.7ミリ機関銃（オプション）

▼BAV485水陸両用輸送車
ソ連軍第3親衛機械化軍、1957年、東ドイツ

アメリカのDUKW水陸両用車とよく似ている。シャーシはBTR-152装甲兵員輸送車と同じく、ZiS-151の6×6トラックのものを使用。1952年に生産が始まり近代化改修を経て、1980年代までワルシャワ条約機構軍に配備されていた。

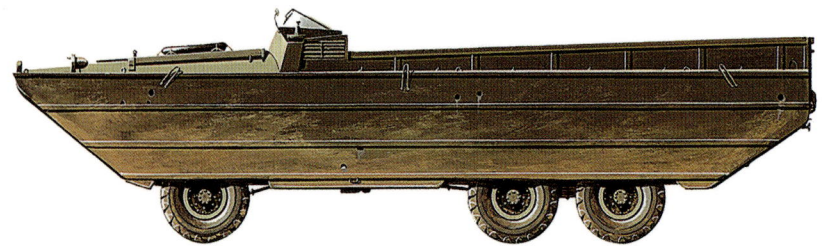

弾道ミサイルが配備されたために、アメリカは通常戦力と核戦力を非常警戒態勢レベルに置いた。戦争は回避されたが、ソ連がもともといだいていたキューバへの強い関心は、カリブ海に浮かぶ島に自動車化狙撃連隊4個、T-55主力戦車を配備した戦車大隊2個、最大で5万1000人の兵を駐在させようとした意図からも、ありありとうかがえる。

ソ連は戦車をたえず開発しつづけた。これは明確に定められていた戦車の分業が廃れつつあることに、主要国が気づきはじめた証でもある。軽、中、重戦車の機能は、主力戦車に統合された。装甲の防御と火力、機動性の可能な最高の組み合わせを実現した、新世代の兵器が誕生したのだ。

ソ連軍中戦車大隊、1961年

1960年代の赤軍の中戦車大隊は、定数32両のT-54/55主力戦車を分割した2個中隊から成っていた。T-54/55は、ソ連ではじめて主力戦車となるコンセプトを採用したモデルだ。はじめは兵装として、ライフリング（施条）をほどこしたD-10T100ミリライフル砲を搭載していたが、まもなく砲口近くに排煙器を取りつけたD-10T2ライフル砲に更新された。

本部（1×T-54/55主力戦車、2×トラック）

第1中隊（16×T-54/55主力戦車）

第2中隊（16×T-54/55主力戦車）

支援小隊（5×トラック）

▲ GAZ-46 MAV水陸両用車
ソ連軍第1親衛戦車軍、1965年、東ドイツ

第2次世界大戦中の武器貸与プログラムで、フォードGPA「シープ」(「海のジープ」の意) 水陸両用車がアメリカからソ連に供与され、このGPAを手本にして、渡河、偵察用の軽車両として開発された。1950年代に軍での使用が開始された。以来、フォードとライセンス契約を結んで生産されている。

GAZ-46 MAV

乗　員	1+4名
重　量	2,480キログラム
全　長	5.06メートル
全　幅	1.74メートル
全　高	2.04メートル
エンジン	41kW (55馬力) M-20 4気筒
速　度	90キロメートル
行動距離	500キロメートル
兵　装	なし

BM-21 Rocket Launcher

乗　員	5名
重　量	11,500キログラム
全　長	7.35メートル
全　幅	2.69メートル
全　高	2.85メートル
エンジン	134kW (180馬力) V-8水冷ガソリン
速　度	75キロメートル
行動距離	405キロメートル
兵　装	40×122.4ミリロケット発射筒

▲ BM-21多連装ロケット・ランチャー
ソ連第8親衛軍、1967年、東ドイツ

BM-21「グラート」ロケット・ランチャーは、1964年に赤軍での使用が開始され、前進する歩兵や戦車部隊に戦術的火力支援を行なった。乗員は5名。40発連装される122.4ミリロケット弾は、はじめウラル375D 6×6トラックの荷台に載せて運ばれた。

▲ OT-62装軌式水陸両用装甲兵員輸送車
ポーランド軍第7沿岸防衛師団、1964年

ソ連で開発されたBTR-50水陸両用装甲兵員輸送車をベースに、ライセンスを取得してポーランドとチェコスロヴァキアが共同開発した。兵員16名を輸送する。1958年に開発に着手され、その4年後に軍への配備が始まった。

OT-62 Tracked Amphibious Armoured Personnel Carrier

乗　員	3+16名
重　量	15,100キログラム
全　長	7メートル
全　幅	3.22メートル
全　高	2.72メートル
エンジン	224kW (300馬力) PV6 6気筒ターボ・ディーゼル
速　度	60キロメートル
行動距離	460キロメートル
兵　装	1×PKY7.62ミリ機関銃等
無線機	R-123M

NATO－フランス 1949～66年

フランスの装甲車両の開発は、第2次世界大戦中は中断していたが、ドイツからの解放後、急速にその勢いを盛り返した。再開から2年も経たないうちに、フランスの設計者は戦車の試作モデルをいくつも開発していた。

ドイツ占領下でも、フランスの技術者は秘密裡に装甲車両の開発計画を進めており、1946年にはリュエイユ工廠（ARL）で、ARL-44重戦車の生産に漕ぎつけた。ARL-44は重量が54トンあり、90ミリ砲を搭載していた。1953年には、フランス軍の第503戦車連隊がそのわずかな数を確保したが、当初の発注数600両に対して完成したのは1割だけだった。それでもフランス軍は、大戦中の機甲戦から得られた教訓をもとに、新世代の装甲戦闘車両の必要仕様をまとめあげた。

AMX-50の名称は、Atelier de Construction d'Issy-les-Moulineaux（イシレムリノ工廠）で、開発計画が進められたことに由来している。この重戦車には、90ミリ砲とともに、第2次世界大戦の実戦配備で成功した戦車の特徴が組みこまれた。また斬新な設計である揺動砲塔なども導入された。この揺動砲塔は、砲塔の俯仰で砲の照準を行なう単純な仕組みになっている。ところが、戦後の財政難に陥っているところにアメリカ製のM47パットン中戦車が900両近くも届けられたために、AMX-50の開発は打ち切られた。その一方で、空輸が可能なAMX-13軽戦車の生産は、1952年から開始された。当初の兵装は75ミリライフル砲で、これも揺動砲塔を搭載していた。AMX-13は、以来25年間順調に生産されつづけて、25カ国以上に輸出された。

フランスの武器メーカーは、1950年代に西ドイツの再軍備が許されるのを見越して、ドイツに売りつける軽戦車の生産を進めていた。だが1956年には、欧州の複数の国が中戦車の共同開発に取り組む動きも起こっていた。ヨーロッパ大陸に配備されている米英の戦車を捕うために、その設計水準に追いつこうとした試みだ。1957年の初めには、先頭を切ってフランスとドイツの設計者グループが、共同開発モデルの要求仕様をまとめあげた。だが国家間で政治的、軍事的な優先事項に食い違いが生じたため共同開発は頓挫し、1966年にはついにフランスのシャルル・ド・ゴール大統領が、NATO軍事機構への積極参加をとりやめた。

フランスはその年のうちすぐに、共同開発の候補として独自に開発していた試作車にAMX-30の呼称を与えると、この主力戦車の量産を開始した。フランス人はAMX-30に、従来型の砲塔と105ミリライフル砲を装備させた。設計者が装甲の防御力より機動性を重視したのは明らかだ。またAMX-13軽戦車とAMX-30主力戦車の開発と時期を同じくして、数多くの自走砲と軽装甲車両も開発されている。

◀ **フランスの主力戦車**
国内使用と輸出用をあわせて、およそ3500両のAMX-30が製造された。

▶ MK61自走榴弾砲
フランス軍第2軍団、1957年、ドイツ

105ミリMK61自走榴弾砲はAMX-13軽戦車の派生型で、AMX-13の車体に密閉型砲塔を載せている。AMX-13と平行して開発が進められたが、最終的には155ミリGCT自走榴弾砲に置き換えられた。

MK61 SP Gun

乗　員	5名
重　量	約16,500キログラム
全　長	6.4メートル
全　幅	2.65メートル
全　高	2.7メートル
エンジン	186.4kW（250馬力）SOFAM 8Gxb、8気筒ガソリン
速　度	60キロメートル
行動距離	350キロメートル
兵　装	1×105ミリ榴弾砲、2×7.5ミリ機関銃
無線機	不明

▶ パナールAML60軽装甲車
フランス軍第2機甲師団、1965年、ドイツ

戦後フランス軍で使用されていたイギリス製のダイムラー・フェレット装甲車が老朽化したために、その後継車両として1950年代に開発が始まった。60ミリ後装式迫撃砲と軽機関銃を搭載し、1960年から就役した。

Panhard AML H-60 Light Armoured Car

乗　員	3名
重　量	5.5トン
全　長	3.79メートル
全　幅	1.97メートル
全　高	2.07メートル
エンジン	67.2kW（90馬力）パナール・モデル4 HD 4気筒ガソリン、または73kW（98馬力）プジョー XD 3T 4気筒ディーゼル
速　度	90キロメートル
行動距離	600キロメートル
兵　装	1×60ミリ低反動砲、1×7.62ミリ機関銃
無線機	不明

Panhard EBR/FR-11 Armoured Car

乗　員	4名
重　量	13,500キログラム
全　長	（主砲を含む）：6.15メートル
全　幅	2.42メートル
全　高	2.32メートル
エンジン	149hW（200馬力）パナール12気筒ガソリン
速　度	105キロメートル
行動距離	600キロメートル
兵　装	1×75ミリまたは1×90ミリカノン砲、2×7.5ミリまたは7.7ミリ機関銃
無線機	不明

▶ パナールEBR/FR-11装甲車
フランス軍第1軍団、1963年、ドイツ

開発は実質的に第2次世界大戦前に完了していたが、戦後になってはじめて生産が始まった。1954年以降に1200両以上が生産された。90ミリか75ミリのカノン砲と機関銃で重武装しており、ヨーロッパとフランスの旧植民地に配備された。

Canon de 155 mm Mk F3 Automoteur

乗　　員：2名
重　　量：17,410キログラム
全　　長：6.22メートル
全　　幅：2.72メートル
全　　高：2.085メートル
エンジン：186.4kW（250馬力）SOFAM 8Gxb、8気筒ガソリン
速　　度：60キロメートル
行動距離：300キロメートル
兵　　装：1×155ミリ榴弾砲

▲ **Mk F3 155ミリ自走砲**
フランス軍第2軍団、1964年、ドイツ
AMX-13軽戦車を改造した車体を流用しており、それまで製造された自走砲の中では最小のモデルとなった。老朽化してきたアメリカ製のM41自走砲を更新するために、1950年代初期に開発され、その10年後にフランス軍に就役した。

NATO－西ドイツ 1955〜69年

親欧米国家として誕生したドイツ連邦共和国が、再軍備に取りかかるのは時間の問題だった。連邦国防軍は設立後まもなく、独自の装甲車両の設計と開発に乗りだした。

　西ドイツは国家成立の6年後には、NATOに加盟して軍の再建計画を進めた。ドイツは、ただ単純にNATO諸国と同盟関係になったのではない。ドイツの指導者は、ソ連との武力紛争が起こるとしたら、自国が前線になるであろうことを十分に承知していた。そうなると、ワルシャワ条約機構軍の攻撃を防御できるほど、NATO軍が実効性のある兵力を投入してくれるかどうかが、ドイツの存亡にかかわってくる。NATOはそうした懸念に応えて、前方防衛戦略を採用し、兵力をワルシャワ条約機構の国々との国境の間近に配備した。

　西ドイツが再軍備を始めると、連邦陸軍にアメリカからM47、M48パットン中戦車がまわされてきた。ドイツ人はこうした戦車がすぐさま旧式化するのを見抜いており、1956年の秋には設計者グループが、世界レベルに恥じない国産の戦車を開発する計画に着手した。1957年の夏、レオパルト開発計画がまさに進行中だったとき、ドイツとフランスが、共通の戦車「標準戦車」を開発するために共同事業を立ち上げた。開発は進んで試作車のテストも済んだが、この試みは結局実を結ばなかった。その後両国は各自の優先順位にもとづいて、独自の戦車開発路線を行くことになった。

　レオパルト1主力戦車の生産は1965年に始まり、全派生型をあわせて6500両近くが製造された。装甲の防御よりもスピードを重視した設計で、同時代のほとんどの戦車より軽量になっている。もともとは「標準戦車（スタンダード・パンツァー）」の名称がつけられ、フランス製標準戦車と試作競合される予定になっていた。第2次世界大戦時のティーガー重戦車やパンター中戦車と同系列にあり、そうした戦車の面影を残している。とはいっても、基本的には1960年代に設計された現代的な戦車で、イギリスのロ

イヤル・オードナンスL7A3 52口径105ミリライフル砲を搭載している。レオパルト1は1960年代から70年代にかけて、数カ国に輸出された。

1960年にはドイツはすでに、機能の目的をしぼって新型歩兵戦闘車の開発に取り組みはじめていた。ただしマルダー歩兵戦闘車の登場は、1970年代初期まで待たねばならない。それまで西ドイツの装甲部隊では、シュッツェンパンツァー（SPz）・ラングHS.30、またの名をシュッツェンパンツァー12-3が、歩兵戦闘車の主力となっていた。

ドイツ人は最初から、装甲兵員輸送車は「戦場タクシー」として戦闘地域までただ歩兵を送り届ければよい、というアメリカの方針をよしとはしていなかった。アメリカ軍の兵士はM113装甲兵員輸送車で輸送されても、降車して戦うことになる。ヴェトナムの実地経験を経てやっと、歩兵戦闘車の価値が実証されてこの考え方に変化が生じた。実際の話、M113の多くに戦場で改修がくわえられて、火器が搭載されている。

ドイツの設計者は第2次世界大戦中の装甲擲弾兵、すなわち装甲車両で移動する歩兵の経験を踏まえて、SPz12-3歩兵戦闘車に戦闘能力を与えることにした。HS 820 86口径20ミリ機関砲1門と、7.62ミリ機関銃1挺を搭載して、敵の歩兵に対抗しようというものだ。5名の戦闘員を輸送して、兵員室の内外からの交戦が可能だった。車両で輸送される兵士は戦車とともに戦い、連携するよう訓練されている。とはいえ、ドイツ軍の装甲擲弾旅団の中には、SPz12-3に、トラックとM113による輸送を組み合わせた例もあった。

ドイツの装甲師団は1950年代に数個編成され

SPz lang LGS M40A1

- 乗　　員：3+5名
- 重　　量：14,600キログラム
- 全　　長：5.56メートル
- 全　　幅：2.25メートル
- 全　　高：1.85メートル
- エンジン：175kW（235馬力）ロールスロイス8気筒ガソリン
- 速　　度：51キロメートル
- 行動距離：270キロメートル
- 兵　　装：1×M40A1 106ミリ無反動砲、1×HS 820 20ミリ機関砲

▶ **SPz（シュッツェンパンツァー）ラングLGS M40A1歩兵戦闘車**
ドイツ軍第10装甲師団第112機械化歩兵大隊、1960年、ドイツ

1950年代にドイツで開発された重武装の歩兵戦闘車、SPzラングHS30の対戦車自走砲型。M40A1 106ミリ無反動砲とHS820 86口径20ミリ機関砲を積んでいる。口径81ミリまたは120ミリの迫撃砲を搭載したモデルもあった。

▲ **カノーネ駆逐戦車（JPK）**
ドイツ軍第5装甲師団、1968年、ドイツ

アメリカのM47パットン中戦車と同じ90ミリ対戦車砲を主砲としている。1960年代半ばにドイツ軍に配備されたあと、ベルギーに輸出された。砲塔がないために、砲が旋回できる範囲は限られていた。

Jagdpanzer Kanone（JPK）

- 乗　　員：4名
- 重　　量：約25,700キログラム
- 全　　長：6.238メートル
- 全　　幅：2.98メートル
- 全　　高：2.085メートル
- エンジン：372.9kW（500馬力）ダイムラー＝ベンツMB837 8気筒ディーゼル
- 速　　度：70キロメートル
- 行動距離：400キロメートル
- 兵　　装：1×90ミリ対戦車砲、2×7.62ミリ機関銃
- 無 線 機：不明

たが、現場での配備は、NATO加盟国の一部が採用している、アメリカ的な師団構造から脱していた。まずは装甲車と歩兵の旅団が戦闘団、すなわちタスクフォースを形成する。任務の性質に応じて、装甲大隊もしくは歩兵大隊を、この柔軟な編成に随時追加することが可能だった。

Leopard 1 Main Battle Tank	
乗　　　員	4名
重　　　量	39,912キログラム
全　　　長	9.543メートル
全　　　幅	3.25メートル
全　　　高	2.613メートル
エンジン	619kW（830馬力）MTU 10気筒ディーゼル
速　　　度	65キロメートル
行動距離	600キロメートル
兵　　　装	1×105ミリライフル砲、2×7.62ミリ機関銃（同軸1、対空1）、4×発煙弾発射機
無　線　機	不明

▶ レオパルト1主力戦車
ドイツ軍第1装甲師団第1戦車大隊、1969年、ドイツ

1950年代半ばから開発が延々とつづけられて完成した。ドイツ軍では、20年以上機甲戦力の主力として配備された。主砲は、英ロイヤル・オードナンスL7A3 52口径105ミリライフル砲だった。

NATO－イギリス 1949〜69年

イギリス軍が第2次世界大戦後も、ヨーロッパ大陸から引き揚げずにドイツに駐留させた歩兵師団と機甲師団は、まもなくNATO防衛戦力の要となった。

　第2次世界大戦が終結する頃には、イギリスは6年間の戦いで満身創痍になっていた。だが海外でじわじわと崩壊しつつある大英帝国に派兵をしているのにもかかわらず、また財政難にあえぎながらも、イギリスはソ連の攻撃にそなえて西ヨーロッパの防衛に参加すべきだと感じていた。そのためイギリス陸軍ライン軍団が編成されて、冷戦中に2万5000から6万の兵力が、増減を繰り返しながら配備された。1940年代末は経済的逼迫のために、ヨーロッパ大陸では人員と装備の縮小が進んで、一時期は勇名を馳せた第7機甲師団と第2歩兵師団のみの駐留になった。

　1950年になると、第6、第11機甲師団が到着して、4個師団でイギリス第1軍団を形成し、ニーダーザクセン州とノルトラインヴェストファーレン州を拠点に活動した。3個歩兵旅団は対戦車任務のみに当てられた。一方3個機甲師団は、それぞれ3個の戦車旅団とそれを支援する機械化歩兵、砲兵等の補助的な部隊で構成されていた。

　冷戦初期のイギリス軍の戦車の中心は、センチュリオンだった。この主力戦車は1943年に開発が始まり、1945年春にヨーロッパが終戦を迎えたときには、ほんのわずかな数しか完成していなかった。センチュリオンはもともと、ドイツの重戦車に対抗できる戦車というコンセプトで開発された。アメリカから供給されたM4シャーマン中戦車や大戦中に配備されたイギリス製の戦車はそれより軽く、多くがドイツ戦車の餌食となった。

　センチュリオンは、コメット巡航戦車の基本的なサスペンションを流用している。コメットは1950年末まで、イギリス陸軍ライン軍団で使用されていた。センチュリオンの生産は1945年

11月に始まった。ところがその後まもなく、主砲の76ミリ砲（17ポンド戦車砲）と、その後換装された84ミリ砲（20ポンド戦車砲）に、改善の余地があるのがわかってきた。1953年には、L7 105ミリライフル砲を主砲とするセンチュリオンMk7が生産ラインに乗った。センチュリオンには、軍で使用されたさまざまな支援車両を含めて、24の派生型があるが、Mk7はその中でももっとも傑出したモデルとなった。

イギリス初の主力戦車を生みだそうとする試みは、センチュリオンの完成で見事に結実した。だが終戦間際には、コンカラーの開発プロジェクトも同時進行していたのだ。ソ連のIS-2、IS-3重戦車の対局にあると考えられるコンカラー重戦車だが、それだけなら主力戦車にもとれる。ただしアメリカで開発されたL1 120ミリライフル砲を搭載していたので、その時々の戦術によっては、前進するセンチュリオン主力戦車を長距離火力支援するための火砲として位置づけられた。コンカラーとセンチュリオンのいずれも、「万能戦車」（ユニヴァーサル・タンク）を開発しようとする戦後の試みの中から生まれたものだ。センチュリオンが躍進する中、コンカラーは生彩を失い、1959年に生産が終了するまで製造された数は200両にも届かなかった。

冷戦中のNATO軍の機甲戦の戦闘教義は、ワルシャワ条約機構軍が西側軍の前方防御陣地を突

Charioteer Tank Destroyer

乗　　員	4名
重　　量	28,958キログラム
全　　長	8.8メートル
全　　幅	3.1メートル
全　　高	2.6メートル
エンジン	450kW（600馬力）ロールスロイス・ミーティアMks1-3 12気筒ガソリン
速　　度	52キロメートル
行動距離	240キロメートル
兵　　装	1×84ミリ（20ポンド）砲、1×7.62ミリ同軸機関銃
無線機	不明

▲ **チャリオティア戦車駆逐車**
イギリス陸軍ライン軍団第7機甲師団、1956年、ドイツ

1950年代に、NATO軍としてドイツに配備されたイギリス軍の火力を増強するために開発された。ロイヤル・オードナンスQF20ポンド（84ミリ）砲を、第2次世界大戦時代の巡航戦車クロムウェルを改造した車体に搭載している。

Conqueror Heavy Tank

乗　　員	4名
重　　量	約64,858キログラム
全　　長	（主砲を前倒し）11.58メートル
全　　幅	3.99メートル
全　　高	3.35メートル
エンジン	604kW（810馬力）12気筒ガソリン
速　　度	34キロメートル
行動距離	155キロメートル
兵　　装	1×120ミリライフル砲、1×7.62ミリ同軸機関銃
無線機	不明

▲ **コンカラー重戦車**
イギリス陸軍ライン軍団第7機甲師団、1964年、ドイツ

知名度で勝るセンチュリオン主力戦車と平行して開発された。主としてセンチュリオンの長距離火力支援のための火力と位置づけられた。コンカラーが生産体制に入ってすぐに、戦車としての完成度の高い「万能戦車」が重視されるようになり、重戦車というコンセプトは影が薄れた。

破するのを、封じこめる戦術におおむね終始していた。戦術核兵器で攻撃すれば、向かってくるソ連軍に壊滅的な損耗をもたらすことができる。したがって戦術核兵器は、数で勝る東側に対抗するための全体的戦略の要として捉えられていた。イギリスの機甲部隊や機械化歩兵部隊なら、ソ連の猛襲の勢いを減じられるだろう。とはいえ、戦闘が長引けばその先どうなるかはわからない。イギリス軍戦車の配備が、ナチス・ドイツからワルシャワ条約機構軍を意識したものに移行すると、センチュリオン主力戦車に更新がほどこされて装甲の厚みが増し、先進の射撃管制装置やNBC兵器への防御システムが追加された。

冷戦初期のイギリス軍では、「ブレンガン・キャリア」ことユニヴァーサル・キャリアが多用されていた。これは1920年代に起源を遡る、装軌式汎用輸送車である。このタイプの車両としては史上最多の生産数を誇ったが、多用途のユニヴァーサル・キャリアも1950年代の半ばになると時代遅れになった。1962年には、FV430シリーズのさまざまな装甲車両が、指揮、修理、救命救急、兵員輸送の用途で導入された。FV432装甲兵員輸送車は、戦闘に投入する歩兵10人の輸送が可能で、7.62ミリ機関銃1挺で武装していた。その仕様は、歩兵は「戦場タクシー」から降りて戦闘に臨むものだとする、NATO軍で優勢だった方針に合致していた。

Saladin Armoured Car

乗　員	3名
重　量	11,500キログラム
全　長	5.284メートル
全　幅	2.54メートル
全　高	2.93メートル
エンジン	127kW（170馬力）8気筒ガソリン
速　度	72キロメートル
行動距離	400キロメートル
兵　装	1×76ミリ砲、2×7.62ミリ機関銃（同軸1、対空1）
無線機	不明

▲ サラディン装甲車
イギリス陸軍ライン軍団第11機甲師団、1967年、ドイツ
アルヴィスFV600装甲戦闘車両シリーズの6輪装甲車バージョン。FV601サラディンは、1940年代後半に開発されていたが、1958年になってようやく就役した。76ミリ砲を搭載する。当初から、老朽化してきたダイムラー装甲車の後継になる予定だった。

Abbot SP Gun

乗　員	4名
重　量	約16,494キログラム
全　長	5.84メートル
全　幅	2.641メートル
全　高	2.489メートル
エンジン	179kW（235馬力）ロールスロイス6気筒ディーゼル
速　度	47.5キロメートル
行動距離	390キロメートル
兵　装	1×105ミリ榴弾砲、1×7.62ミリ対空機関銃、3×発煙弾発射機
無線機	不明

▲ アボット自走砲
イギリス陸軍ライン軍団第6機甲師団、1969年、ドイツ
1960年代後半から、NATO軍として駐屯するイギリス陸軍ライン軍団の砲兵部隊への配備が始まった。L13A1 105ミリ榴弾砲を搭載する。FV430装甲戦闘車両の改造車体に、密閉式の全周砲塔を載せているのが特徴的だ。

NATO－アメリカ 1949～69年

冷戦が始まった当初から、アメリカ合衆国はNATOの発展とワルシャワ条約機構軍に対抗する西ヨーロッパの防衛において、主導的な役割を果たしていた。

1940年代の末には、アメリカの核兵器の独占状態は事実上崩れていた。ソ連が核爆発実験を行なったため、破滅的な規模の交戦にまで戦略がエスカレートする恐れが、ますます高まったように見えた。戦術的レベルではアメリカとNATO同盟国は、短距離核兵器の威力を、ソ連の攻撃を抑止する頼みの綱にしていた。装甲車両や歩兵の部隊は、前線を突き崩そうとするいかなる攻撃も阻止しようと身構えた。

1950年代の半ばにはNATOが西ドイツ政府に、東側諸国との国境に最大限迫ってドイツの国土を防御する、と確約して「前方防衛」戦略を展開した。2極の同盟軍が対峙する中、緊張が続く前線に最初に配備されたアメリカ軍の師団に、第3機甲師団があった。この機甲師団は、戦略的にきわめて重要なフルダ川の防御にあたった。ドイツのフランクフルト市の東にあり、ソ連軍の戦車が攻撃してくるとしたら必ず通過するであろう場所である。

1950年10月、ヨーロッパでのアメリカ軍の役割は保安軍から即応部隊に変わり、4個師団が敵の攻撃を待ち受けた。アメリカ軍では核兵器の攻撃で師団が全滅するのを避けるために、ペントミック編制が考案され、再評価が繰り返された。この編制の師団は柔軟性のある歩兵旅団を中心に展開し、旅団は2、3個の戦闘グループを束ねている。各旅団には、必要に応じて歩兵、機甲、砲兵の大隊が編入された。

1960年代の初めには、「柔軟対応構想」に沿って、またもやアメリカ軍の再編が行なわれた。その結果アメリカ軍の機甲師団は、戦車大隊6個と機械化歩兵大隊5個、歩兵師団は歩兵大隊8個とそれを支援する戦車大隊2個の編成になった。アメリカ機甲大隊は中隊3個から成り、各中隊は戦車5両を擁する3個小隊に分かれ、中隊本部には戦車2両が割り当てられていた。

冷戦初期には、NATO軍の装備の大半はアメリカから供給されていた。ごく早期には、第2次世界大戦の生き残りのM4シャーマン中戦車、M24チャーフィー軽戦車などもまわされた。冷戦の終わり近くに開発された、M26パーシング重戦車も配備されたが、たいした働きはしなかった。M47、M48、M60といったパットン・シリーズの中戦車もNATO軍にくわえられた。イギ

M26 Pershing Heavy Tank	
乗　　員	5名
重　　量	41,860キログラム
全　　長	8.61メートル
全　　幅	3.51メートル
全　　高	2.77メートル
エンジン	373kW（500馬力）フォードGAF V型8気筒ガソリン
速　　度	48キロメートル
行動距離	161キロメートル
兵　　装	1×M3 90ミリライフル砲、1×12.7ミリ対空重機関銃、2×7.62ミリ機関銃（同軸1、車体前面にボールマウント1）
無　線　機	SCR508/528

▲**M26パーシング重戦車**
アメリカ軍第1歩兵師団、1948年、ドイツ
M3 90ミリライフル砲を搭載した。第2次世界大戦で配備されたアメリカの戦車の中で、もっとも重量があった。朝鮮戦争では、エンジンのパワー不足が露呈して戦列から退けられた。それでも1950年代から1960年代にかけて、M26をもとにパットン・シリーズの更新型が数多く作られた。

リスと同様アメリカも、ソ連のIS-2、IS-3重戦車と張り合う形で、M103重戦車を開発した。ひとたび戦争になれば、IS-2、IS-3を向こうにまわすことになるのは必至だからだ。ところが、M103は大隊1個に配備されただけだった。1960年代になると、旧式化した装甲兵員輸送車と入れ替えに、M113装甲兵員輸送車が配備された。

▼M60A1パットン主力戦車
アメリカ軍第3機甲師団、1963年、ドイツ
1950年代にM26パーシング重戦車をベースにアメリカで開発された。1957年には、装甲防御力と懸架装置、砲塔の形状の向上を求める声に応えて、M60A1が登場した。以来30年以上、現役で使われつづけている。

M60A1 Main Battle Tank
- 乗　　員：4名
- 重　　量：52,617キログラム
- 全　　長：9.44メートル
- 全　　幅：3.63メートル
- 全　　高：3.27メートル
- エンジン：559.7kW（750馬力）コンチネンタル AVDS-1790-2A V型12気筒ターボ・ディーゼル
- 速　　度：48キロメートル
- 行動距離：500キロメートル
- 兵　　装：1×M68 105ミリライフル砲、1×12.7ミリ機関銃、1×7.62ミリ機関銃
- 無線機：不明

▼M103重戦車
アメリカ軍第4機甲群第899戦車大隊、1959年、ドイツ
巨大なM58 120ミリ主砲を搭載しており、1980年代まではアメリカの戦備の中でもっとも重量のある戦車だった。主力戦車というコンセプトが主流になったため、わずかな数しか生産されなかった。ヨーロッパには1個大隊だけが派遣された。

M103 Heavy Tank
- 乗　　員：5名
- 重　　量：約56,610キログラム
- 全　　長：11.3メートル
- 全　　幅：3.8メートル
- 全　　高：2.9メートル
- エンジン：604kW（810馬力）コンチネンタルAV-1790-5B、または7C V型12気筒ガソリン
- 速　　度：34キロメートル
- 行動距離：130キロメートル
- 兵　　装：1×120ミリライフル砲、1×12.7ミリ対空重機関銃、1×7.62ミリ同軸機関銃
- 無線機：不明

M114A1E1 Reconnaisance Carrier
- 乗　　員：3、4名
- 重　　量：6,930キログラム
- 全　　長：4.46メートル
- 全　　幅：2.33メートル
- 全　　高：2.16メートル
- エンジン：119kW（160馬力）シボレー283 V型8気筒ガソリン
- 速　　度：58キロメートル
- 行動距離：440キロメートル
- 兵　　装：1×M139 20ミリ機関砲または1×12.7ミリ重機関銃、1×7.62ミリ機関銃
- 無線機：不明

◀M114A1E1偵察装甲車
アメリカ軍第4歩兵師団、1963年
M114偵察装甲車のバリエーションで、M114A2の別名もある。M114は1962年からアメリカ軍で使用された。その更新型のM114A1E1は重武装で、油圧駆動式のキューポラにM139 20ミリ機関砲を据えつけていた。

▼ M75装甲兵員輸送車
アメリカ軍第1歩兵師団、1955年、ドイツ

T43貨物運搬車(カーゴ・キャリア)の車体に、M41ウォーカー・ブルドッグ軽戦車と同じ懸架装置を使用。1946年秋に開発された。1952～54年の短い期間だけ生産され、M59に置き換えられた。

M75 Armoured Personnel Carrier
- 乗　　員：2+10名
- 重　　量：18,828キログラム
- 全　　長：5.19メートル
- 全　　幅：2.84メートル
- 全　　高：2.77メートル
- エンジン：220kW（295馬力）コンチネンタルAO-895-4 6気筒ガソリン
- 速　　度：71キロメートル
- 行動距離：185キロメートル
- 兵　　装：1×ブローニングM2HB12.7ミリ重機関銃

M59 Armoured Personnel Carrier
- 乗　　員：2+10名
- 重　　量：19,323キログラム
- 全　　長：5.61メートル
- 全　　幅：3.26メートル
- 全　　高：2.27メートル
- エンジン：2×95kW（127馬力）ゼネラルモーターズM302 6気筒ガソリン
- 速　　度：51キロメートル
- 行動距離：164キロメートル
- 兵　　装：1×ブローニングM2HB12.7ミリ重機関銃

▲ M59装甲兵員輸送車
アメリカ軍第1歩兵師団、1959年、ドイツ

1953年にアメリカ軍で、先に採用されていたM75装甲兵員輸送車と入れ替えに採用された。M59は水陸両用車で、M75より安価だった。10名の歩兵または1両のジープの輸送が可能で、1960年まで6000両以上が製造された。

▲ M113装甲兵員輸送車
アメリカ軍第3歩兵師団、1961年

1960年にアメリカ軍での使用が開始され、冷戦とヴェトナム戦争の時代を象徴する車両となった。独特の箱型の形状は、旧モデルのM59、M75装甲兵員輸送車を思わせる。ただし装甲がアルミニウム製になったために、重量がはるかに軽減されて防御力が大幅にアップした。

M113 Armoured Personnel Carrier
- 乗　　員：2+11名
- 重　　量：12,329キログラム
- 全　　長：2.686メートル
- 全　　幅：2.54メートル
- 全　　高：2.52メートル
- エンジン：205kW（275馬力）デトロイト・ディーゼルV型6気筒53T
- 速　　度：66キロメートル
- 行動距離：483キロメートル
- 兵　　装：1×12.7ミリ機関銃

冷戦末期

世界中で武力紛争と代理戦争が繰り広げられて、冷戦が激しさを増す中、NATOとワルシャワ条約機構軍の軍上層部は、装甲車両の開発プログラムを推し進めた。

　冷戦が始まった1940年代は、戦略的軍拡競争が注目を集めていた。超大国の緊張は、西ベルリンの封鎖時には通常戦、その後のキューバ危機では核戦争に突入する寸前まで高まった。

　東側と西側の武力衝突が現実のものになれば、ヨーロッパの地上軍が果たす役割は、世界規模に広がる熱核戦争の前触れにすぎなくなるだろう。ところが、警戒し合う敵対勢力が軍の臨戦態勢を維持しつつも、世界の他地域で急務を果たそうとしたために、経済的支出が負担になってきた。1974年までは、アメリカ合衆国はヴェトナム戦争に直接関与しており、ソヴィエト連邦も中東や東南アジアの友好国に武器を供与していた。

　と同時に、テクノロジーが発展しつづけるために、NATO諸国もワルシャワ条約機構諸国も、武器システムを改善するために休みなく研究と開発を重ねなければならなくなった。現代の主力戦車の恐るべき火力と防御力、機動性を実現するために改良された動力装置、装甲の防御力や懸架装置のシステムに組みこまれたのは、コンピュータ制御の射撃管制装置、NBC兵器に対する防御機構、新世代の重砲、さらに多様な特殊弾だった。こうした数々の革新的機能の実験場となったのは、20世紀最後の40年間に中東、東南アジア、アフリカで起こった、局地的だが熾烈な戦争だった。

▼ **武力の誇示**
ソ連のT-64主力戦車。モスクワの赤の広場の軍事パレードで披露された。

ワルシャワ条約機構 1970〜91年

冷戦末期には、ソ連の核・通常兵器に傾いていた方針は修正され、戦車と装甲戦闘車両の重要性が見直された。

ソ連とワルシャワ条約機構の戦略家は、西側への核の先制攻撃のメリットをまったく度外視していたわけではないが、1970年代初めにいったんNATOとの核戦力の均衡ができあがってしまうと、核の全面戦争が起こる可能性は薄いと考えるようになった。戦略家はさまざまなシナリオを秤にかけて、可能な攻撃の組み合わせを想定した。はじめに核兵器で攻撃して通常軍が続くケース、あるいはできる限り通常軍だけで攻撃するケース。ソ連の核攻撃能力で威嚇すれば、NATO軍は核で反撃するのを思いとどまるはずだった。

こうしたヨーロッパ戦のシナリオを前提に、ソ連は通常兵器の改良に巨額の投資をした。さらにブレジネフ・ドクトリン（制限主権論）を打ちだし、ソ連の安全保障が脅かされる事態なら、ソ連は近隣諸国に軍事介入する権利を保有する、と宣言した。こうした理屈が現実のものになったのが、1968年にチェコスロヴァキアで起こった反乱の弾圧と、1979年のアフガニスタン侵攻である。

縦深攻撃理論

早くも1920年代に提唱されていた縦深攻撃のコンセプトを、ソ連軍の計画立案者は1970年代に復活させた。主に5つの要素で構成される縦深攻撃理論では、戦術的隊形の取り方で、攻勢作戦を有利に遂行しようとする。まずは前線の広い範囲に圧力をかけて、敵が的確な機動で反撃できないようにする。さらに敵陣深く突入してショックを与えて敵の行動能力を奪う。またテクノロジーを活用した火力の連携と機動で、敵の防御をはるか後方まで突き破る。指揮官が交戦全体を俯瞰する視野も、その1要素を成している。戦闘の開始から終局まで、総合的に見るのだ。

縦深攻撃はスピードなくして成功はない。敵が布陣を立て直して、連携した防御で攻撃をはね返す暇を与えないようにするのが肝心だ。はじめ歩兵と装甲車両の混合兵力が索敵を行ない、敵の注意を引きつける。つづいて強力な戦車部隊の先鋒が前線の一角を襲い、力ずくで突破口を開く。こ

T-64 Main Battle Tank

乗　　員：3名
重　　量：42,000キログラム
全　　長：(車体) 7.4メートル
全　　幅：3.64メートル
全　　高：2.2メートル
エンジン：560kW（750実馬力）5DTF 5気筒対向ディーゼル
速　　度：75キロメートル
行動距離：400キロメートル
兵　　装：1×125ミリ滑腔砲、1×NSVT12.7ミリ対空機関銃、1×PKT7.62ミリ同軸機関銃
無 線 機：R-123M

▼ **T-64主力戦車**
ソ連軍キエフ軍管区第41親衛戦車師団、1967年

ソ連の斬新な設計モデルで、東ヨーロッパに派遣された赤軍の精鋭部隊に配備され、輸出されることはなかった。主砲の115ミリ滑腔砲が、あとになって125ミリ滑腔砲に換装された。生産コストが高かったため、安価なT-72主力戦車で不足分を補強した。

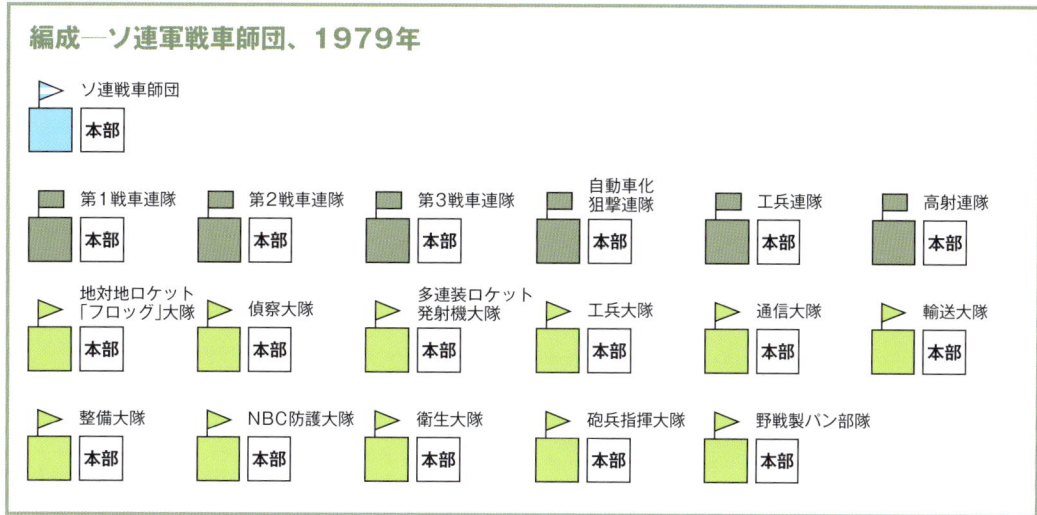

編成—ソ連軍戦車師団、1979年

の突破口から戦果を一気に拡張し、敵を間断なく追撃して着実に弱体化させ、歯向かおうとする意欲をくじく。その結果、軍事的にも心理的にも敵は脆弱化するはずだった。1980年代には、ソ連の地上軍は200個を超える歩兵と戦車の師団から成っていた。各師団は機械化されていて、5万両以上の主力戦車が配備されていた。

ソ連の戦車師団は、戦車連隊3個と自動車化狙撃連隊1個で構成され、自動車化狙撃師団は、自動車化狙撃連隊3個と戦車連隊1個で構成されていた。このような編成にしたため、前進する戦車にそれを援護する歩兵がついて行くことも、逆に戦車が随伴する歩兵と相互に援護することも可能になった。

戦車の技術革新

1966年に配備されたT-64主力戦車は、ソ連の戦車設計を飛躍的に前進させた、先進的モデルだった。主砲の115ミリ滑腔砲に自動装填装置がついたため、標準的戦車なら乗員数が4名必要なところを3名に減らせた。T-64の後期型は口径の大きな125ミリ滑腔砲に換装して、対戦車ミサイルを発射した。射撃統制装置は性能がアップし、装甲にも改良がくわえられた。国外に輸出されたT-64は1両もない。東欧でNATO軍への対抗兵力として配備された、精鋭親衛部隊に多く装備された。また1970年半ばに登場するT-80主力戦車は、このT-64をベースにしている。

▲**T-72G主力戦車**
ポーランド軍シレジア軍管区、1979年

ポーランドがライセンス生産したT-72主力戦車の更新型。ソ連で製造されたオリジナルのT-72より、装甲が薄い。T-72Gは、ワルシャワ条約機構の加盟数カ国に供与された。

T-72G Main Battle Tank

乗　　員：3名
重　　量：38,894キログラム
全　　長：9.24メートル
全　　幅：4.75メートル
全　　高：2.37メートル
エンジン：626kW（840馬力）V-46 V型12気筒ディーゼル
速　　度：80キロメートル
行動距離：550キロメートル
兵　　装：1×125ミリ滑腔砲、1×12.7ミリ対空重機関銃、1×7.62ミリ同軸機関銃
無 線 機：R-123M

新タイプの戦車

　T-64主力戦車は当初、冷戦初期のIS-3重戦車が時代遅れになってきたため、そのギャップを埋めるために開発された。ところがそれと並行して、T-72主力戦車も開発が進められていた。T-72ははじめから、赤軍戦車部隊の大半に配備されるほか、ワルシャワ条約機構加盟国や世界各地の武器購入者に輸出される予定だった。実際T-72は、T-54/55主力戦車とともに、1970年代の中東の戦争を象徴する存在になり、1970年代か

MT-LB Armoured Personnel Carrier

乗　　員：2+11名
重　　量：14,900キログラム
全　　長：7.47メートル
全　　幅：2.85メートル
全　　高：2.42メートル
エンジン：164kW（220馬力）YaMZ-238N 8気筒ディーゼル
速　　度：62キロメートル
行動距離：525キロメートル
兵　　装：1×DShK12.7ミリ重機関銃、または1×7.62ミリ機関銃
無線機：R-123M

▲**MT-LB装甲兵員輸送車**
ソ連軍第35親衛自動車化狙撃師団、1980年

PT-76水陸両用軽戦車の車体を流用した水陸両用車。小型の装甲兵員輸送車、救急搬送車、火砲牽引車等、さまざまな用途で利用された。軽機関銃を搭載していた。1970年代初めに赤軍での使用が開始された。

2S3 M1973 152mm SP Gun-Howitzer

乗　　員：6名
重　　量：24,945キログラム
全　　長：8.4メートル
全　　幅：3.2メートル
全　　高：2.8メートル
エンジン：388kW（520馬力）V型12気筒ディーゼル
速　　度：55キロメートル
行動距離：300キロメートル
兵　　装：1×152ミリ榴弾砲、1×7.62ミリ対空機関銃
無線機：不明

▲**2S3 M1973 152ミリ榴弾自走砲**
ソ連軍第6親衛独立自動車化狙撃旅団、1981年

赤軍へは1973年に導入された。ソ連およびワルシャワ条約機構の砲兵連隊では、老朽化したD-20 152ミリ榴弾砲と置き換えられ、戦車と自動車化狙撃連隊の支援にあたった。

▲**PT-76水陸両用軽戦車**
ソ連海軍北方艦隊第63親衛キルケネスカヤ海軍歩兵旅団、1985年、バルト海

もともとはソ連陸軍の頼れる戦力だった。攻撃する歩兵部隊に水陸両用の支援を行なう。最初に軍務に就いたのは1952年だが、今日もロシアの海軍歩兵によって運用されている。ただし今後は、T-80主力戦車への移行が徐々に進む予定だ。PT-76は1万2000両以上生産され、そのうち2000両がソ連の衛星諸国に輸出された。

PT-76 Amphibious Light Tank

乗　　員：3名
重　　量：14,000キログラム
全　　長：7.65メートル
全　　幅：3.14メートル
全　　高：2.26メートル
エンジン：179kW（240馬力）V-6 6気筒ディーゼル
速　　度：44キロメートル
行動距離：260キロメートル
兵　　装：1×76ミリライフル砲、1×12.7ミリ対空重機関銃、1×7.62ミリ同軸機関銃
無線機：R-123

ら1980年代にかけては北ヴェトナムやアラブ諸国、ソ連の衛星諸国の軍で主力戦車として活躍した。

T-62とT-64の要素を組み合わせたT-72は、1970年頃に生産が開始され、1973年に赤軍に採用された。T-72は、それ以前のソ連製戦車に特徴的な「フライパン」型の砲塔を踏襲している。内部が狭くなって居住性や操作の効率は犠牲になるが、それだけ車高は低くなった。T-72はT-64ほど生産コストが高くなく、ワルシャワ条約機構が崩壊するまでの20年間、ソ連の中心的な主力戦車となった。

T-80主力戦車は1976年に赤軍に配備され、その後改良を重ねてソ連主力戦車の最高峰に到達した。T-80Uはその最新鋭の改良型である。このモデルは爆発反応装甲を採用しているほか、改良型目標捕捉装置や9M119Mレフレークス対戦車ミサイル発射システムを、2A46-2 125ミリ滑腔砲とともに搭載している。エンジンは、アメリカのエイブラムズ主力戦車と同じガスタービンだった。

歩兵戦闘車も改良が進み、1960年代のBMP-1は、1980年代に改良型のBMP-2、BMP-3に置き換えられた。新型モデルはいずれも30ミリ機関砲、軽機関銃、対戦車ミサイル発射機で武装していた。戦闘員を7人輸送できるBMP-1と2は、ソ連のアフガン侵攻時に大量に目撃されている。

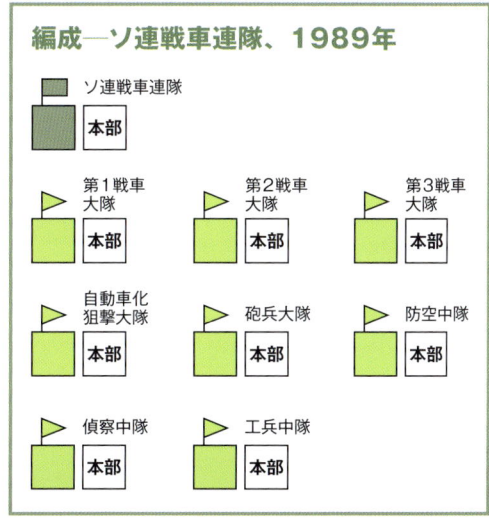

ソ連戦車連隊、1989年

組織種別	個数	車両	配備
本部	―	主力戦車	1
		装甲兵員輸送車	2
		SA-7/14/16携帯対空ミサイル	3
戦車大隊	3	主力戦車	31
		歩兵戦闘車	2
自動車化狙撃大隊	1	歩兵戦闘車	43
		120mm迫撃砲	8
		SA-7/14/16	9
		AGS-17自動擲弾発射機	6
		BRDM-2偵察戦闘車	3
砲兵大隊	1	2S1 122mm自走榴弾砲	18-24
防空砲兵中隊	1	SA-13近距離防空ミサイル	4
		ZSU-23-4シルカ自走対空砲	4
		歩兵戦闘車	3
偵察中隊	1	BRM装甲偵察車	1
		歩兵戦闘車	3
		BRDM-2	4
		バイク	3
工兵中隊	1	MT-55架橋戦車	3
		TMM架橋戦車	4

◀ SKOT-2A
水陸両用装輪装甲兵員輸送車
ポーランド軍シレジア軍管区、1970年

西側ではOT-64Cの名で知られている。この水陸両用装甲兵員輸送車は、1950年代後期にチェコスロヴァキアとポーランドによって共同開発され、1963年に軍での配備が開始された。エンジンとトランスミッション等の部品はチェコ製で、車体と兵装の軽機関銃はポーランド製だった。砲塔はBRDM-2偵察戦闘車のものを流用している。

SKOT-2A Wheelded Amphibious Armoured Personnel Carrier

- 乗　　員：2+10名
- 重　　量：14,500キログラム
- 全　　長：7.44メートル
- 全　　幅：2.55メートル
- 全　　高：2.06メートル
- エンジン：134kW（180馬力）タトラV型8気筒ディーゼル
- 速　　度：94.4キロメートル
- 行動距離：710キロメートル
- 兵　　装：1×KPV14.5ミリ重機関銃、1×PKT7.62ミリ同軸機関銃
- 無線機：R-112

▶ ダナ自走榴弾砲
チェコ軍第7機械化旅団、1988年

世界ではじめて軍で採用された、装輪式の152ミリ自走砲。1970年代にチェコスロヴァキアで開発された。ソ連の2S3 M1973 152ミリ自走榴弾砲との共通点が多い。重砲はタトラT815 8×8トラックに搭載されている。

DANA SP Howitzer

- 乗　　員：4、5名
- 重　　量：23,000キログラム
- 全　　長：10.5メートル
- 全　　幅：2.8メートル
- 全　　高：2.6メートル
- エンジン：257kW（345馬力）V型12気筒ディーゼル
- 速　　度：80キロメートル
- 行動距離：600キロメートル
- 兵　　装：1×152ミリ榴弾砲、1×12.7ミリ重機関銃
- 無線機：不明

TAB-72 Armoured Personnel Carrier

- 乗　　員：3+8名
- 重　　量：11,000キログラム
- 全　　長：7.22メートル
- 全　　幅：2.83メートル
- 全　　高：2.7メートル
- エンジン：2×104kW（140馬力）6気筒ガソリン
- 速　　度：95キロメートル
- 行動距離：500キロメートル
- 兵　　装：1×14.5ミリ機関銃、1×PKT7.62ミリ機関銃
- 無線機：R-113

◀ TAB-72装甲兵員輸送車
ルーマニア軍第1自動車化狙撃師団、1977年

TAB-71は、ソ連製のBTR-60装甲兵員輸送車をルーマニアがライセンス生産した装甲兵員輸送車。TAB-72はその改良型である。開発は1950年代半ばに始まり、50年代末には配備が開始された。改良にあたり砲塔と光学装置、照準器が更新されており、搭載機関銃を対空攻撃に使用するためにより高い仰角がとられた。

T-80U Main Battle Tank

- 乗　　員：3名
- 重　　量：46,000キログラム
- 全　　長：9.66メートル
- 全　　幅：3.59メートル
- 全　　高：2.2メートル
- エンジン：932kW（1250馬力）GTD-1250多燃料対応型ガスタービン
- 速　　度：70キロメートル
- 行動距離：440キロメートル
- 兵　　装：1×125ミリ滑腔砲、1×12.7ミリ機関銃、1×7.62ミリ機関銃、1×9K119レフレークス・ミサイル発射システム
- 無　線　機：不明

▼T-80U主力戦車
ソ連軍第4親衛戦車師団、1990年

ソ連最新鋭の主力戦車。最新の爆発反応装甲と目標捕捉装置を搭載し、対戦車ミサイルを発射する。1970年半ばのT-80の原型モデルをベースにしている。ウクライナとロシア連邦の軍で、今日も使用されている。

▶FUG-65水陸両用装甲偵察車
ハンガリー地上軍、1985年

ソ連で設計されたBRDM-1水陸両用装甲偵察車をベースにハンガリーで開発され、1964年に軍での使用が開始されて、ワルシャワ条約機構加盟国の6カ国以上の軍に配備された。今日もその更新型が現役で活躍している。

FUG-65 Amphibious Armoured Scout Car

- 乗　　員：2+4名
- 重　　量：7,000キログラム
- 全　　長：5.79メートル
- 全　　幅：2.5メートル
- 全　　高：1.91メートル
- エンジン：75kW（100馬力）チェペルD.414.44 4気筒ディーゼル
- 速　　度：87キロメートル
- 行動距離：600キロメートル
- 兵　　装：1×SGMB7.62ミリ機関銃
- 無　線　機：R-113またはR-114

PSZH-IV Amphibious Armoured Scout Car

- 乗　　員：2+6名
- 重　　量：14,500キログラム
- 全　　長：7.44メートル
- 全　　幅：2.55メートル
- 全　　高：2.06メートル
- エンジン：134kW（180馬力）タトラV型8気筒ディーゼル
- 速　　度：94.4キロメートル
- 行動距離：710キロメートル
- 兵　　装：1×7.62ミリ機関銃
- 無　線　機：R-114

◀PSZH-IV水陸両用装甲偵察車
チェコ軍第7機械化旅団、1980年

FUG水陸両用偵察車の改良型として開発された。小型の砲塔を組みこみ、そこに14.5ミリ機関銃と7.62ミリ同軸機関銃を搭載している。輸送定員は6名。

NATO－カナダ 1970～91年

NATOの設立メンバーであるカナダは、西ヨーロッパの防衛のために軍を派遣し、冷戦中も国際連合の平和維持活動の理念を支えていた。

冷戦時代をとおしてカナダ軍は、西ドイツに2カ所の基地を維持していた。その基地を守りつづけたのが、欧州カナダ部隊である。ラールとバーデン＝ゾーリンゲンに構えられたカナダ軍基地は、カナダ軍の機甲部隊を支援する役割を果たした。

カナダ軍は1951年にドイツのハノーファーに第27歩兵旅団を派遣して以来、NATO同盟諸国を支援しつづけた。が1970年代になると、ヨーロッパに駐留するカナダ軍の兵力は激減した。それでも冷戦中のほぼすべての期間、カナダ軍第4機械化旅団群はゾーストに司令部を置き、センチュリオンなどの主力戦車やフェレット装甲車、装甲兵員輸送車を完全配備していた。またバーデン＝ゾーリンゲン基地には、軽歩兵部隊とともに、機械化歩兵が少なくとも1個大隊以上の規模で駐屯していた。

第4機械化旅団群とともにドイツで活動したカナダの部隊には、ロード・ストラスコーナ騎兵連隊（機甲）、ロイヤル・カナディアン竜騎兵連隊（機甲）、第8カナディアン軽騎兵連隊、フォート・ギャリー騎兵連隊（予備役機甲）をはじめとする、多数の機械化歩兵連隊と騎馬砲兵の連隊がある。

冷戦初期のカナダ軍の戦車には、英米で製造されたモデルがあった。第2次世界大戦型のセンチュリオン主力戦車、M4シャーマン中戦車などで、大戦中はカナダも大量のシャーマンの改良型をライセンス生産していた。1970年代後半になると、カナダはドイツからレオパルトC1主力戦車127両を購入する決定をした。レオパルトC1は、ドイツ製のレオパルト1A3主力戦車と同じレーザー測距儀を装備している。カナダはこのレオパルトにさらに改良をくわえた。熱線画像方式暗視装置を導入して、モジュール型の追加装甲と、性能が向上した射撃管制装置を搭載した。このバージョンのレオパルトは、C1A1と改称された。

冷戦期のその他のカナダ軍の装甲車両には、クーガー装輪火力支援車両とリンクス指揮偵察車がある。クーガーはスイスで開発された、ピラーニャ6×6戦闘車をベースにしており、1976年からカナダ軍で運用が開始された。一方リンクスの外観は、アメリカのM113装甲兵員輸送車とよ

Cougar Gun Wheeled Fire Support Vehicle

乗　員	：3名
重　量	：9,526キログラム
全　長	：5.97メートル
全　幅	：2.53メートル
全　高	：2.62メートル
エンジン	：160kW（215馬力）デトロイト・ディーゼル6V-53T 6気筒ディーゼル
速　度	：102キロメートル
行動距離	：602キロメートル
兵　装	：1×76ミリ砲、1×7.62ミリ同軸機関銃

◀ **クーガー装輪火力支援車両**
カナダ軍ロイヤル・カナディアン竜騎兵連隊、1978年、ドイツ

砲塔はFV101スコーピオン軽戦車・偵察戦闘車のものを使用し、主砲に76ミリ砲を搭載している。カナダ軍での配備は1976年に始まり、1990年代に徐々に姿を消していった。

く似ている。実のところリンクスは、M113の製造元であるアメリカのフード・マシナリー・コーポレーションの製品で、カナダ軍以外にもオランダ軍にも納入されている。アメリカ軍は1960年代の初めにM114偵察装甲車の購入を決定したが、カナダ軍は1960年代半ばに水陸両用の偵察・指揮のための車両として、リンクスを開発したのだ。

平和維持活動

カナダは冷戦が続いた半世紀間に、国連による平和維持活動の理念を推進した国としてよく名を挙げられる。事実カナダ軍は、兵士や装甲車両を、中東やバルカン半島などの紛争地域に派遣している。カナダ軍の部隊が初の治安維持軍として派遣されたのは1957年だった。この時はその前年に勃発したスエズ危機を受けて、シナイ半島に数カ国の部隊とともにパトロール任務にあたった。

平和維持任務の遂行中に、100人を超えるカナダ人兵士が命を失っている。カナダ軍の機甲部隊であるロイヤル・カナディアン竜騎兵連隊は、朝鮮半島の軍事境界線、バルカン半島のコソヴォ、ソマリアで平和維持活動に従事した。

カナダ軍偵察大隊

欧州カナダ部隊のカナダ軍偵察大隊には、リンクス指揮偵察装甲車が10両配備されていた。各リンクスには、指揮官、操縦手、観測員の3名が乗り組む。1個偵察大隊は3部隊に分けられ、各部隊にリンクスが配分された。カナダ軍歩兵大隊の戦闘支援中隊には、リンクス9両が配備された。

小隊（10×リンクス装甲兵員輸送車）

▲ リンクス指揮偵察（CR）車
カナダ軍ロイヤル・カナダ連隊、1971年、ドイツ

カナダ軍は1968年にリンクス指揮偵察車を調達すると、老朽化したダイムラー・フェレット装甲車を保有台帳から外した。リンクスは12.7ミリ重機関銃と7.62ミリ軽機関銃を搭載し、1990年代に第一線から退いた。

Lynx Command and Recon (CR) Vehicle

乗　員	3名
重　量	8,775キログラム
全　長	4.6メートル
全　幅	2.41メートル
全　高	1.65メートル
エンジン	160kW(215馬力)デトロイト・ディーゼルGMC 6V53 6気筒
速　度	70キロメートル
行動距離	525キロメートル
兵　装	1×12.7ミリ機関銃、1×7.62ミリ機関銃

フランス 1970～91年

フランスは、1966年にNATOへの軍事的関与をやめたが、装甲車両の開発プログラムはそのまま継続して、主要輸出国になった。

　フランスのAMX-30主力戦車は、1970年代には武器システムとして円熟の域に達した。1966年に生産されて以来、AMX-30には数次にわたる更新が行なわれた。たとえば105ミリF1型主砲には安定化システムが導入され、同軸重機関銃がより強力な20ミリ機関砲に換装された。20ミリ機関砲は軽装甲車なら穴だらけにできる。近代化改修はその後20年間続けられ、改良型の射撃管制装置やドライブトレイン［訳注:エンジンと駆動輪の間にある回転力伝達機構］が搭載され、最終的にはレーザー測距儀と低光量TV照準装置をそなえるようになった。新型AMX-30の生産は1979年から継続されており、すでに軍で配備されているモデルの多くにも、性能アップのための更新がほどこされている。派生型も非常に多く、装甲回収車や架橋戦車なども作られた。

　1974年から1984年まで、AMX-30はスペインでもライセンス生産された。製造数はフランス国軍用と輸出用を含めて3000両近くになった。スペインでは1970年にスペイン軍から19両の発注があったのを皮切りに、300両弱が製造された。スペインがAMX-30に関心をもったのは主に、フランシスコ・フランコ総帥のファシスト政権にほかの国が武器を売りたがらなかったためだ。またイギリスのチーフテン主力戦車やアメリカのM60パットン中戦車などと比べると、フランスのAMX-30は、価格が魅力的だったことも決め手になった。1970年代には、サウジアラビアやアラブ首長国連邦、チリ、ベネズエラ、キプロスといったさまざまな国がAMX-30を買いつけた。フランスとAMX-30の売買契約をはじめて成立させたギリシアには、すでに190両が納入済みである。

新型主力戦車ルクレール

　今日でも世界中で、数えきれないほどのAMX-30主力戦車の改良型が第一線で働いているが、1980年代にはすでにアメリカのエイブラムズ、イギリスのチャレンジャー、ドイツのレオパルト、さらに後のイスラエルのメルカヴァといった主力戦車と並べたときに、性能面での物足りなさが目立つようになった。そのためフランスではふたたび、新世代の主力戦車の技術開発に情熱が傾けられるようになった。実のところ、AMX-30の世

AMX-10PAC 90 Light Tank

乗　　員：	3+4名
重　　量：	14,500キログラム
全　　長：	5.9メートル
全　　幅：	2.83メートル
全　　高：	2.83メートル
エンジン：	193.9kW（260馬力）イスパノ＝スイザHS115 V型8気筒ディーゼル
速　　度：	65キロメートル
行動距離：	500キロメートル
兵　　装：	1×20ミリ砲、1×7.62ミリ同軸機関銃
無線機：	不明

▲**AMX-10PAC 90軽戦車**
フランス軍第1機甲師団、1984年、フランス
主力戦車と歩兵の攻撃力を補足する目的で開発され、1979年にフランス軍での使用が開始された。対戦車自走砲と分類されることもある。乗員3名で運用した。防御または偵察の任にあたる歩兵を4名輸送する。

代交代のための研究は、すでに1960年代に始まっていたのだ。

　1950年代の失敗を再現するかのように、ドイツの設計者との共同開発の試みは1982年に破綻した。その後フランスは、他国から売りこまれた主力戦車を検討評価して、外国製は買わないという結論にまたもや達した。その間、純然たる輸出仕様のAMX-40主力戦車はまったく売れずに、製造が中止された。一方新型の主力戦車として完成したルクレールは、120ミリ主砲にくわえて最新鋭のシステムを多数搭載したため、生産コストがバカ高くなったが、アラブ首長国連邦が400両以上の購入を約束したおかげで生産の目途がついた。量産は1990年から始まった。

AMX-10RC Armoured Car
- 乗　　員：4名
- 重　　量：15,880キログラム
- 全　　長：6.36メートル
- 全　　幅：2.95メートル
- 全　　高：2.66メートル
- エンジン：209kwボードワン・モデル6F11 SRXディーゼル
- 速　　度：85キロメートル
- 行動距離：1000キロメートル
- 兵　　装：1×105ミリライフル砲、1×7.62ミリ同軸機関銃、2×2連装発煙弾発射機
- 無 線 機：不明

▲AMX-10RC装甲車両
フランス軍第2軽騎兵連隊、1981年、フランス
1970年代初めに開発されて、1976年に本格的な生産が始まった。水陸両用のAMX-10RCは、フランス軍で火力支援や偵察任務にあたったが、現在は生産中止になっている。主砲にBK MECA48口径105ミリ砲をそなえた、重武装だった。

ERC 90 F4 Sagaie
- 乗　　員：3名
- 重　　量：8,300キログラム
- 全　　長：(主砲を含む) 7.69メートル
- 全　　幅：2.5メートル
- 全　　高：2.25メートル
- エンジン：116kW（155馬力）プジョーV型6気筒ガソリン
- 速　　度：100キロメートル
- 行動距離：700キロメートル
- 兵　　装：1×90ミリ滑腔砲、1×7.62ミリ同軸機関銃、2×2連装発煙弾発射機
- 無 線 機：不明

▲ERC 90 F4サゲ装甲車
フランス軍第31重半旅団、1982年、コートジヴォワール
装輪式のERC 90 F4サゲは、T-72級のソ連の主力戦車を粉砕できる軽装甲車両として、パナール社が開発した。主砲の90ミリ滑腔砲が搭載されている砲塔は、国営の兵器メーカーGIAT（現ネクスター）で製造された。

火砲

冷戦後期に生産されたフランスの対戦車車両の傑作といえるのは、おそらくAMX-10PAC 90だろう。AMX-10P歩兵戦闘車の派生型である。90ミリライフル砲を主砲とするAMX-10PAC 90は、1979年に就役した。車両の分類では、軽戦車となっている。

AMX-10RCやERC 90 F4のような装甲車両が登場するかたわらで、GCT 155ミリ自走榴弾砲のような重砲も、長距離火力支援能力を向上させた。

GCT 155mm SP Artillery

乗　　員	4名
重　　量	約41,949キログラム
全　　長	10.25メートル
全　　幅	3.15メートル
全　　高	3.25メートル
エンジン	537kW（720馬力）イスパノ＝スイザ HS110 12気筒水冷多燃料対応型
速　　度	60キロメートル
行動距離	450キロメートル
兵　　装	1×155ミリ榴弾砲、1×7.62ミリまたは12.7ミリの対空機関銃
無 線 機	不明

▶ **GCT 155ミリ自走榴弾砲**
フランス軍第7機甲旅団、1980年、フランス

フランス軍のMk F3 155ミリ自走砲の後継モデル。1970年代に開発され、70年代末近くにはフランス軍とサウジアラビア軍での配備が始まった。開発直後は、AMX-30主力戦車の車体に榴弾砲が搭載されていた。

▶ **AMX-40主力戦車**
フランス軍、未配備、1985年

輸出専用のモデルとして開発された。120ミリ滑腔砲と、航空機や軽装甲車への攻撃用に20ミリ機関砲を搭載している。海外からの注文がなかったために、生産計画は1990年に白紙に戻された。

AMX-40 Main Battle Tank

乗　　員	4名
重　　量	43,000キログラム
全　　長	10.04メートル
全　　幅	3.36メートル
全　　高	3.08メートル
エンジン	820kW（1100馬力）プイヨー 12気筒ディーゼル
速　　度	70キロメートル
行動距離	600キロメートル
兵　　装	1×120ミリ滑空砲、1×20ミリ機関砲（キューポラ）、1×7.62ミリ機関銃
無 線 機	不明

NATO－西ドイツ 1970～91年

冷戦終結前の数十年間で、ドイツの戦車と装甲戦闘車両は、同タイプの車両の中で世界のトップクラスに位置づけられるようになった。

1960年代にレオパルト1主力戦車が配備されると、ドイツは装甲戦闘車両の一流生産国としての地位を確立した。世界最新のテクノロジーを取り入れたレオパルト1は、1970年代半ばには次から次へと改良をくわえていたが、70年代末には、後継モデルのレオパルト2主力戦車の製造が始まった。1960年代後半にドイツとアメリカ合衆国は、共同研究で最新のMTB-70主力戦車を開発しようとしていた。正確にはレオパルト2は、このプロジェクトから生まれたといえる。ドイツとアメリカの設計者は、多くの点で同意をみていたが、このプロジェクトは空中分解した。その数年後の2度目の試みも中止になった。アメリカにはそれでも、レオパルト2の試作車が送られていた。このプロジェクトで並行してアメリカで開発された、XM1エイブラムズ主力戦車の試作車と比較テストをするためだ。ドイツ人は装甲の防御力よりもスピードを好んだが、アメリカ人はひたすら戦車の残存性を高めようとした。そのため、どちらかを両国が採用するのではなく、それぞれが自国の開発した主力戦車を選ぶことになった。

ドイツ政府からはじめてレオパルト2の発注があったのは、1977年だった。新型の主力戦車1800両は、5つのバッチに分けて届けられた。レオパルト2が搭載するRh120 44口径120ミリ滑腔砲は、世界最高の戦車砲と評される。そこに最新のNBC兵器への防御装置と射撃管制装置、測距システム、1119kW（1500馬力）ターボディーゼル・エンジンがくわえられた。1980年代には、次々と更新モデルが開発されて、改良型の無線装置や自動化された消火・防爆システムが組みこまれた。

輸出の巻き返し

1980年代は、ドイツ製の主力戦車に対する輸出市場の反応は冷ややかだった。ところが1990年代になると、レオパルト2主力戦車への需要が高まり、スイスがライセンス生産を始めたほか、カナダ、デンマーク、ギリシア、スウェーデン、トルコといった国々から注文が舞いこむようになった。オランダなどは1991～96年に、450両近くを戦備にくわえた。

レオパルト2は、1980年代以降はドイツ連邦陸軍（ドイチェス・ヘア）の装甲部隊に編入されて、東側と西側を分ける前線で、ワルシャワ条約機構軍の装甲車両と睨

Luchs Armoured Reconnaissance

- 乗　　員：4名
- 重　　量：19,500キログラム
- 全　　長：7.743メートル
- 全　　幅：2.98メートル
- 全　　高：（対空機関銃を含む）2.905メートル
- エンジン：291kW（390馬力）ダイムラー＝ベンツ OM 403 A 10気筒ディーゼル
- 速　　度：90キロメートル
- 行動距離：800キロメートル
- 兵　　装：1×20ミリ機関砲、1×7.62ミリ機関銃
- 無 線 機：不明

◀ **ルクス装甲偵察車**
ドイツ軍第5装甲師団、1977年、ドイツ

ルクスは、8×8水陸両用偵察装甲戦闘車両。ラインメタルMk20 20ミリ機関砲と、7.62ミリ軽機関銃を搭載していた。軍での運用は、SPz11-2クルツ装甲偵察車と入れ替えに、1975年から開始された。

み合っていた。現時点で400両以上がドイツ軍に配備されていると見られる。数多くのバージョンアップを経て、軍での現役期間はいまもなお更新中だ。

ドイツでは、レオパルト主力戦車にくわえて、マルダー装甲戦闘車両の開発も1960年代に始まった。マルダーの生産体制は1971年に整った。戦闘歩兵7人の輸送が可能で、20ミリ機関砲とミラン対戦車ミサイル（ATGM）を搭載している。2100両以上のマルダーが生産された。当初はレオパルト1と連携して活動する設計になっていたが、何度か改良をくわえて、最新型のレオパルト2にも戦場でついて行けるようになった。

冷戦の終結後、旧東ドイツの国家人民軍は、統一されたドイツの軍組織に統合された。

Marder Schützenpanzer

乗　　員	3+6、7名
重　　量	33,500キログラム
全　　長	6.88メートル
全　　幅	3.38メートル
全　　高	3.02メートル
エンジン	447kW（600馬力）MTU MB 833 Ea-500 6気筒ディーゼル
速　　度	65キロメートル
行動距離	500キロメートル
兵　　装	1×20ミリ機関砲、ミランATGM発射機、1×7.62ミリ機関銃
無線機	不明

▲ **マルダー歩兵戦闘車**
ドイツ軍第10装甲師団、1979年、ドイツ

西ドイツ軍で、機械化歩兵部隊の中心的な輸送手段になった。数多くのバリエーションが開発されている。20ミリ機関砲のほかにミラン対戦車ミサイル（ATGM）も搭載している。輸送定員は7名。

▲ **ラケテンヤークトパンツァー（RakJPz.）2対戦車車両**
ドイツ軍第5装甲師団、1979年、ドイツ

装軌式で、東側の装甲車両を粉砕するために、ノールSS.11対戦車ミサイルを装備している。開発は1960年代に始まり、ドイツ軍の装甲歩兵旅団に配備され、1982年に退役した。

Raketenjagdpanzer (RJPZ) 2 Anti-tank Vehicle

乗　　員	4名
重　　量	23,000キログラム
全　　長	6.43メートル
全　　幅	2.98メートル
全　　高	2.15メートル
エンジン	373kW（500馬力）ダイムラー＝ベンツMB 837A 8気筒ディーゼル
速　　度	70キロメートル
行動距離	400キロメートル
兵　　装	14×SS.11 ATGW、2×MG3 7.62ミリ機関銃

Leopard 2A2 Main Battle Tank

乗　　員	4名
重　　量	約59,700キログラム
全　　長	9.97メートル
全　　幅	3.74メートル
全　　高	2.64メートル
エンジン	1119kW（1500馬力）MTU MB 873 Ka501 12気筒ディーゼル
速　　度	72キロメートル
行動距離	500キロメートル
兵　　装	1×120ミリ滑腔砲、2×7.62ミリ機関銃
無 線 機	SEM 80/90デジタル

▲ **レオパルト2A2主力戦車**
ドイツ軍第10装甲師団、1986年、ドイツ

ドイツの最新世代の主力戦車。レオパルト2の開発は1970年代に始まり、その後10年間で、レオパルト1を第一線から退けて配備された。ラインメタルL44 120ミリ滑腔砲を搭載する。

ドイツ軍第23装甲大隊、1989年

冷戦終結間際のドイツ軍第23装甲大隊には、世界最高傑作とされるレオパルト2主力戦車が40両配備されていた。この大隊にはさらにM113装甲兵員輸送車の派生型であるM577指揮車4両と、大隊所属の機械化歩兵を輸送するM113が12両割り当てられていた。

（40×レオパルト2主力戦車）

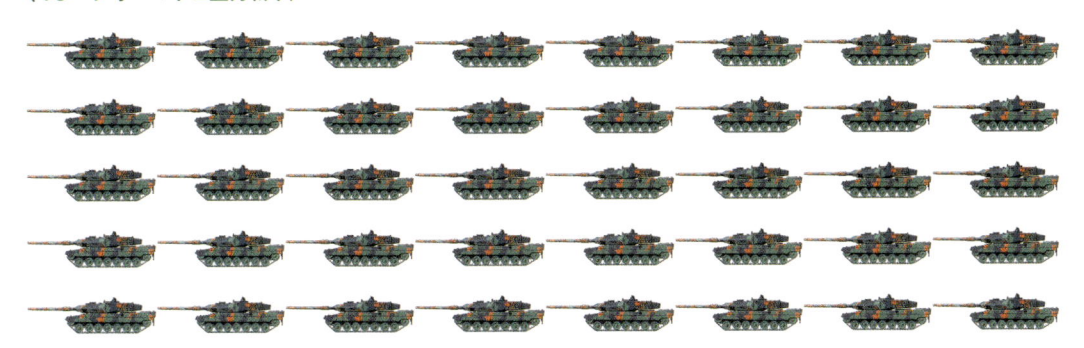

（4×M577指揮車）

（12×M113装甲兵員輸送車）

Cold War Europe, 1947-91

M113 Green Archer

乗　　員	4名
重　　量	11,900キログラム
全　　長	4.86メートル
全　　幅	2.7メートル
全　　高	4.32メートル
エンジン	160kW（215馬力）デトロイト・ディーゼル6V-53N 6気筒ディーゼル
速　　度	68キロメートル
行動距離	480キロメートル
兵　　装	1×7.62ミリ機関銃
無線機	SEM-80/90デジタル

▲ **M113グリーン・アーチャー移動式レーダー**
ドイツ軍第13機械化歩兵師団、1990年

冷戦後期には、ドイツ軍はM113兵員輸送車に、移動式のグリーン・アーチャー対砲迫レーダーを搭載していた。アメリカ製装甲兵員輸送車の応用範囲の広さを示した一例である。

Jagdpanzer Jaguar

乗　　員	4名
重　　量	25.5トン
全　　長	6.61メートル
全　　幅	3.12メートル
全　　高	2.55メートル
エンジン	1×373kW（500馬力）ダイムラー＝ベンツMB837A 8気筒ディーゼル
速　　度	68キロ
行動距離	400キロ
兵　　装	1×HOT ATGW、1×MG3 7.62ミリ機関銃
無線機	SEM-80/90デジタル

▶ **ヤークトパンツァー・ヤグアル対戦車車両**
ドイツ軍、1990年

ラケテンヤークトパンツァー2対戦車車両を改造した自走対戦車車両。ユーロミサイル社のK3S HOT ATGW（光学誘導亜音速対戦車ミサイル）を搭載した。HOTは指令照準線一致誘導方式を採用しており、射程は4000メートル。先進的な爆発反応装甲を貫通する威力がある。

▼ **TPz 1A3フクスNBC偵察車**
ドイツ軍、1988年

トランスポートパンツァー（TPz）1フクス装甲兵員輸送車は、6×6水陸両用車。後部区画に10名の収容が可能だ。水中では車体後部の下にある1対のスクリューで、時速10.5キロの速さで進む。派生型に爆発物処理車やRASIT地上監視レーダー搭載車がある。

TPz 1A3 Fuchs NBC Reconnaissance Vehicle

乗　　員	2+10名
重　　量	18.3トン
全　　長	6.76メートル
全　　幅	2.98メートル
全　　高	2.3メートル
エンジン	1×239kW（320馬力）メルセデス＝ベンツOM402A 8気筒ディーゼル
速　　度	105キロメートル
行動距離	800キロメートル
兵　　装	1×7.62ミリ機関銃
無線機	SEM-80/90デジタル

NATO−イタリア 1970〜91年

冷戦後期には、ドイツのレオパルト1主力戦車の影響を受けながら、イタリア独自の装甲車両の開発が始まった。

1970年代初めに、イタリア政府がドイツのレオパルト1主力戦車を製造するライセンスを取得すると、イタリアの技術者は、最新の装甲戦闘車両の設計の秘密を手に入れた。イタリアでライセンス生産されたレオパルトの数が700両を超えた頃には、それに触発されて世界レベルの国産主力戦車が開発された。

オート・メラーラ社とフィアット社が共同開発したOF 40主力戦車は、レオパルト1のさまざまな特徴を取り入れたにしては、性能はパッとしなかった。1980年に軍に導入された当初は、イタリア製の105ミリ砲は安定化されていなかった。だがそれから1年もしないうちにOG14LR射撃管制装置が搭載されて、射撃精度が飛躍的に向上した。OF 40 Mk2と名づけられたこの改良型戦車は、その後アラブ首長国連邦に購入されたが、それ以外の輸出実績は記録されていない。しかもOF 40は、NBC兵器に対する防御システムがなく、弾薬庫の容量も小さかった。

1980年代もイタリア国産の新型主力戦車の模索は続けられ、ようやく1990年半ばにアリエテの生産の目途がついた。この時期のイタリア軍の主要な装甲兵員輸送車VCC-1は、イタリアがライセンス権を取得したアメリカ製のM113装甲兵員輸送車に、かなりの修正をくわえたバージョンだ。

火砲

イタリアはさらに、パルマリア155ミリ自走榴弾砲を武器輸出市場に送りだした。アメリカ、ドイツ、イギリスに同タイプの名火砲が出た時期に開発され、主砲はOF 40主力戦車の車体に搭載された。1977年に開発が始まり、1981年に試作1号がテストされた。イタリアの旧植民地のリビアが、外国でまっ先にパルマリアを買いつけ、その後1980年代になってナイジェリア、アルゼンチンが購入した。搭載された榴弾砲は、自動装塡装置を使用して15秒に1弾の発射速度を実現した。

VCC-1 Armoured Personnel Carrier

- 乗　　員：2+7名
- 重　　量：11,600キログラム
- 全　　長：5.04メートル
- 全　　幅：2.69メートル
- 全　　高：2.03メートル
- エンジン：156kW（210実馬力）GMC V型6気筒ディーゼル
- 速　　度：65キロメートル
- 行動距離：550キロメートル
- 兵　　装：2×ブローニング12.7ミリ機関銃
- 無線機：不明

▶ **VCC-1装甲兵員輸送車**
イタリア軍フォルゴーレ機械化歩兵師団、1974年、イタリア

アメリカ製のM113装甲兵員輸送車に、イタリアが大がかりな改造をほどこしたライセンス生産バージョン。後部と側面の傾斜装甲、歩兵用の射撃ポート、ブローニング12.7ミリ機関銃用の防盾、発煙弾発射機が特徴的だ。

冷戦のあいだイタリア軍は、NATO軍の一員としてワルシャワ条約機構軍の攻撃から自国の国境を防衛した。イタリア北部の国境には、アリエテ機甲師団と、マントヴァおよびフォルゴーレ機械化歩兵師団が並べられた。イタリア軍はまた、世界各地のNATO軍の作戦や国連の平和維持活動に協力している。

イタリア軍の機動力をよく表しているのが、アオスタ機械化旅団だ。傘下の歩兵連隊には、大量のM113装甲兵員輸送車とチェンタウロの歩兵戦闘車の派生型が配備されていた。装甲部隊は装輪式のチェンタウロ戦車駆逐車を、砲兵部隊はM109自走榴弾砲を装備していた。

アリエテ装甲師団は、1930年代のベニート・ムッソリーニの時代からの由緒ある部隊だ。1986年に旅団に変更され、戦車連隊3個と精鋭のベルサリエーリ（「狙撃手」の意）連隊、支援部隊の砲兵、工兵部隊で編成された。精鋭のガリバルディ・ベルサリエーリ旅団は機械化歩兵の部隊で、歩兵大隊3個と装甲大隊1個、さらに支援砲兵で構成されていた。

Arisgator Amphibious APC

乗　　員	2＋11名
重　　量	約12,000キログラム
全　　長	6.87メートル
全　　幅	2.95メートル
全　　高	2.05メートル
エンジン	160kW（215馬力）デトロイト6V-53N 6気筒ディーゼル
速　　度	68キロメートル
行動距離	550キロメートル
兵　　装	1×ブローニングM2HB12.7ミリ重機関銃

▶ **アリゲーター**
水陸両用装甲兵員輸送車
イタリア軍マントヴァ機械化歩兵師団、1975年、イタリア

アメリカのM113装甲兵員輸送車を水陸両用に変貌させたバージョン。イタリアのA.R.I.S.社が大々的な改造を行なった。前方がボートのような形をしているので、すぐに見分けられる。輸送定員は11名。

▲ **タイプ6616装甲車**
イタリア軍カラビニエリ（国家憲兵）、1977年、イタリア

オート・ブレダ社（現オート・メラーラ社）とフィアット社が共同開発した装輪式の装甲車。1970年代初めにイタリア軍に導入され、輸出市場にも出された。水の難所も横断できる。砲塔に搭載した20ミリ機関砲と7.62ミリ軽機関銃が特徴的だ。

Type 6616 Armoured Car

乗　　員	3名
重　　量	8,000キログラム
全　　長	5.37メートル
全　　幅	2.5メートル
全　　高	2.03メートル
エンジン	119kW（160馬力）フィアット・モデル8062.24スーパーチャージド・ディーゼル
速　　度	100キロメートル
行動距離	700キロメートル
兵　　装	1×ラインメタル20ミリMk20 Rh202機関砲、1×7.62ミリ同軸機関銃
無線機	不明

NATO−スペイン 1982年〜現在

1982年5月、スペインはNATOに加盟し、機甲部隊の近代化に着手した。ファシスト指導者、フランシスコ・フランコ総帥が没してから、7年後のことである。

冷戦が始まって間もない頃は、西側の多くの国が、フランシスコ・フランコ総帥のファシスト政権への武器輸出を拒んでいた。その例外中の例外がフランスだった。それ以外の国からの主力戦車の購入が不可能だったため、スペインはAMX-30の導入を決定し、購入すると同時にライセンス権を取得して、このフランス製の主力戦車を1973〜84年に300両以上生産した。

1980年代半ばには、スペイン軍の武器庫にはアメリカ製の戦車が700両程度格納されていた。その中には時代遅れになったM41ウォーカー・ブルドッグ軽戦車やM47、M48、M60といったパットン・シリーズの中戦車もあった。朝鮮戦争で活躍したM41の多くが、この期間中に戦車駆逐車に改造されたといわれている。スペイン軍唯一の機甲師団は、現役の機甲旅団2個と予備役旅団1個で構成されていた。この師団には数々の戦車以外にも、アメリカ製のM113等の装甲兵員輸送車、フランス製のAML60、AML90といった装甲車も配備されていた。ペガソ3560 BMR装甲兵員輸送車は、装輪式の6×6車両で、1979年以降生産が続けられている。派生型が多く、兵装は40ミリ自動擲弾銃から軽機関銃、対戦車ミサイルなどさまざまだ。スペイン軍でこれまで就役したBMRは、700両近くにおよんでいる。

装甲車両のアップグレード

1990年代初期には、スペイン軍上層部が一時的に新型の主力戦車の購入を検討したことがあった。ところがそれが却下されたために、老朽化しつつある現存のAMX-30主力戦車へのアップグレードとして、爆発反応装甲、レーザー測距儀、ドイツ製の高性能ディーゼル・エンジン等が搭載された。その後スペイン軍は、主力戦車の最高峰、ドイツのレオパルト2を300両以上軍備にくわえた。そのうち100両以上がレオパルト2A4主力戦車だった。それ以前はドイツ軍に配備されていたが、軍備の縮小で払い下げられたものだ。また219両は2A6をベースにして、スペインがドイツの協力を仰いで生産し、工場から出荷されたレオパルト2Eだった。2Eは純然たるドイツ国産のレオパルトより、装甲が厚いのが特徴的だ。

AMX-30 Main Battle Tank

乗　　員	4名
重　　量	35,941キログラム
全　　長	9.48メートル
全　　幅	3.1メートル
全　　高	2.86メートル
エンジン	537kW（720馬力）イスパノ＝スイザ12気筒ディーゼル
速　　度	65キロメートル
行動距離	600キロメートル
兵　　装	1×105ミリライフル砲、1×20ミリ機関砲、1×7.62ミリ機関銃
無 線 機	不明

▼**AMX-30主力戦車**
スペイン軍第1機甲師団、1978年、スペイン

フランスから直接購入した車両と、スペインでライセンス生産した車両があった。何十年ものあいだ、スペイン軍機甲部隊の中心的存在となっている。1990年代のアップグレードを経て、今日も大量のAMX-30が現役で活躍している。

NATO加盟後のスペイン軍装甲兵力は、重機甲旅団4個と機甲旅団1個に分かれていた。スペイン軍の軽装甲車両の中には、30両以上のASCODピサロ歩兵戦闘車があった。2002年に使用が開始されたピサロは、オーストリアとスペインの共同開発の成果だ。乗員3名と戦闘員8名を輸送し、砲塔搭載の30ミリ機関砲以外にも、7.62ミリ軽機関銃を装備している。戦場ではレオパルト2主力戦車と連携して、老朽化しつつあるM113装甲兵員輸送車の後継にふさわしい実力を示した。

スペイン陸軍の第1ブルネテ機甲師団は冷戦終結に近づくと、緊急介入軍（IIF）に編入された。IIFは軍団規模のNATO軍の組織で、その傘下には第11機械化歩兵旅団と第12機甲歩兵旅団が配置されている。そして第12機甲歩兵旅団の基幹戦力である第11機甲大隊は、AMX-30主力戦車27両、BMR 600装甲兵員輸送車14両、81ミリ迫撃砲班1個、ライフル分隊9個とミラン対戦車ミサイル2基を擁していた。ちなみにBMR 600は、スペインがフランスからライセンスを取得して生産されている。第11砲兵大隊には、M109 155ミリ自走榴弾砲が18両配備されていた。第2自動車化歩兵師団と第3機械化歩兵師団も、緊急展開が可能だった。

M41 Walker Light Tank

乗　　員	5名
重　　量	約46,500キログラム
全　　長	12.3メートル
全　　幅	3.2メートル
全　　高	2.4メートル
エンジン	261.1kW（350馬力）ベッドフォード、ガソリン
速　　度	21キロメートル
行動距離	144キロメートル
兵　　装	1×76ミリライフル砲、1×12.7ミリ機関銃、1×7.62ミリ機関銃
無線機	不明

▲M41ウォーカー・ブルドッグ軽戦車
スペイン軍第1機甲師団、1982年、スペイン

朝鮮戦争当時のアメリカの戦車で、1950年代初期にM24チャーフィー軽戦車を置き換えた。M41は、はじめM32 76ミリ主砲を搭載していた。スペイン軍はM41の前にも、大量のM24を受け入れている。

▼ペガソVAP 3550/1水陸両用車
スペイン軍第1機甲師団、1980年、スペイン

装輪式の水陸両用車。スペインで1970年代に製造された。防御用に軽機関銃を積んでいる。乗員は密閉された運転席に乗りこみ、兵員や荷は広々とした後部区画に収容されて運ばれる。

Pegaso VAP 3550/1 Amphibious Vehicle

乗　　員	3+18名
重　　量	12,500キログラム
全　　長	8.85メートル
全　　幅	2.5メートル
全　　高	2.5メートル
エンジン	142kW（190馬力）ペガソ9135/5 6気筒ターボ・ディーゼル
速　　度	87キロメートル
行動距離	800キロメートル
兵　　装	1×7.62ミリ機関銃（輸出仕様のみ）

第1章　ヨーロッパの冷戦　1947〜91年

冷戦終結後、スペイン軍はNATO軍の部隊として、アフガニスタン、レバノン、バルカン半島、イラクなど、世界各地の紛争地域で活動している。

▲M60A1 AVLB架橋戦車
スペイン軍第1機甲師団、1993年、スペイン

M60パットン中戦車のシャーシを流用している。長さ18メートルの折りたたみ式橋梁を敷設・回収する。この架橋戦車は、大きく3つの構造に分かれる。架橋装置、車体、橋梁である。架橋装置はシャーシに搭載されて、一体化している。敷設された橋梁は、大半の装軌式、装輪式車両の通行に耐えられる。

M60A1 AVLB
- 乗　員：4名
- 重　量：51.33トン
- 全　長：9.44メートル
- 全　幅：3.63メートル
- 全　高：3.27メートル
- エンジン：559.7kW（750馬力）コンチネンタルAVDS-1790-2A V型12気筒ターボ・ディーゼル
- 速　度：48キロメートル
- 行動距離：500キロメートル
- 橋梁長：（伸張時）19.19メートル、（折りたたみ時）8.75メートル　有効長：18.28メートル　幅：（最大幅）3.99メートル、（通路幅）3.81メートル　全高：0.94メートル　重量：13.28トン

M60A3E Patton Main Battle Tank
- 乗　員：4名
- 重　量：49トン
- 全　長：6.9メートル
- 全　幅：3.6メートル
- 全　高：3.2メートル
- エンジン：560kW（750馬力）コンチネンタルAVDS-1790-2 V型12気筒ディーゼル
- 速　度：48キロメートル
- 行動距離：500キロメートル
- 兵　装：1×M68 105ミリライフル砲、1×M85 12.7ミリ機関銃、1×7.62ミリ機関銃

▼M60A3Eパットン主力戦車
スペイン軍第1機甲師団、1993年、スペイン

型破りな砲塔が特徴的。M68 105ミリ主砲を搭載する砲塔の上に、機銃を装備する小さな銃座が設けられている。スペイン軍は50両を超えるM60A3Eタイプを保有していた。

スウェーデン 1970〜91年

進取の気質に富むスウェーデンの機甲部隊は、ドイツのレオパルト2主力戦車を採用しつつも、革新的な独自設計を試す意欲を失わなかった。

スウェーデン軍は、第2次世界大戦後しばらくは、イギリスのセンチュリオン主力戦車を機甲部隊の主要戦力としていた。だがソ連の戦車が進化を遂げると、スウェーデンの技術者は無砲塔戦車という、常識を飛び越えたアイディアを思いついた。とはいえ、これはまったく新しい着想ではない。第2次世界大戦中のドイツ軍の突撃砲は、車体に重砲を搭載した成功例だった。

砲塔がなくなれば、いくつかのメリットがあるだろう。まず車体が安定した砲床になるため、射撃精度が向上する可能性がある。さらに戦車の車高がかなり低くなり、防壁での潜伏や待ち伏せ攻撃が容易になる。生産コストも抑えられるだろう。その一方で、砲塔だけを出して敵を観察できなくなるのは明らかに不利だ。また、わざわざ車両全体を動かさないと、主砲の向きが変わらなくなる。

それでも開発の試みは進められ、ストリッツヴァグン103主力戦車（Strv.103）が開発された。ストリッツヴァグンは、スウェーデン語で戦車を意味する。1950年代末に試作車の性能テストが行なわれ、1967年には生産が始まった。完成第1号は早速スウェーデン軍に納入され、1971年の生産中止まで290両が製造された。1960年代末には、Sタンクとも呼ばれるストリッツヴァグン103と、イギリス陸軍ライン軍団のチーフテン主力戦車との比較テストが行なわれた。また1975年には、アメリカでM60A1E3パットン主力戦車と比較するトライアルが行なわれた。Sタンクは移動中の砲撃が不可能であるのにもかかわらず、どちらの比較対象とも互角の評価を得た。

現代の機甲装備

スウェーデンは1990年代には新たな主力戦車の候補を探していたが、最近はドイツのレオパルト2を280両を運用している。そのうち160両がレオパルト2A4でストリッツヴァグン121

Stridsvagn 103 Light Tank

- 乗　　員：3名
- 重　　量：38,894キログラム
- 全　　長：（車体）7.04メートル
- 全　　幅：3.26メートル
- 全　　高：2.5メートル
- エンジン：1×119kW（240馬力）ディーゼル、
　　　　　 1×366kW（490馬力）ボーイング553ガスタービン
- 速　　度：50キロメートル
- 行動距離：390キロメートル
- 兵　　装：1×105ミリライフル砲、3×7.62ミリ機関銃
- 無線機：不明

▲ ストリッツヴァグン（Strv.）103主力戦車
スウェーデン軍スカラボリ連隊、
1974年、スウェーデン

主力戦車としては斬新な無砲塔の設計で、このようなタイプで大量に配備された唯一の例となった。主砲の62口径105ミリライフル砲と軽機関銃を車体に搭載している。

（Strv.121）の制式名称が与えられた。残りのレオパルト2（S）は、ストリッツヴァグン122（Strv.122）となった。スウェーデンは1990年代初めから、CV90（ストリッツフォードン90）歩兵戦闘車を配備している。ストリッツフォードンは、スウェーデン語で戦闘車を意味する。設計はヘグランド社とボフォース社で、生産はBAEランド・システムズ社が請け負った。CV90の開発は1984年に始まり、その4年後に試作車の性能テストにこぎつけて1991年に採用が決定した。スウェーデン軍への初の納入は1993年だった。CV90は、乗員3名と定員7名の戦闘歩兵を輸送する。今日まで1000両以上が生産され、改良型がフィンランドに輸出された。スウェーデン軍は現在、パンサートルッペナ（機甲部隊）と呼ばれる、機甲・機械化兵力の連隊3個を擁している。

▲バンドカノン155ミリ自走榴弾砲
スウェーデン軍南スコーネ連隊、1981年、スウェーデン

1960年代初めにボフォース社によって開発された。ストリッツヴァグン103主力戦車のシャーシに榴弾砲を組み合わせている。1967年にスウェーデン軍で運用が開始された。

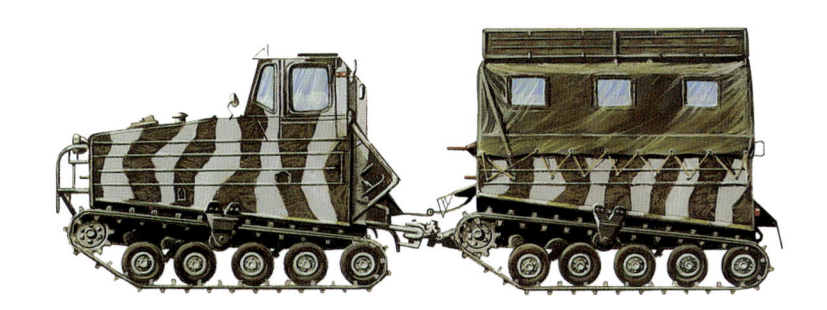

Bandkanon
- 乗　　員：5名
- 重　　量：53,000キログラム
- 全　　長：11メートル
- 全　　幅：3.37メートル
- 全　　高：3.85メートル
- エンジン：1×179kW（240馬力）ロールスロイス・ディーゼル、1×224kW（300馬力）ボーイング ガスタービン
- 速　　度：28キロメートル
- 行動距離：230キロメートル
- 兵　　装：1×155ミリ榴弾砲、1×7.62ミリ対空機関銃

▲BV202兵員輸送車
スウェーデン軍スカラボリ連隊、1982年、スウェーデン

ボルボ社によって開発された。ケグレス式ハーフトラックが2両連結しており、動力装置のある前部車体に乗員が乗りこみ、後部トレーラーで兵士8名を輸送する。1964～81年に生産された。最後に使用したスウェーデン軍騎兵部隊は、軍で訓練任務を担当している。

BV 202
- 乗　　員：2+8名
- 重　　量：2,900キログラム
- 全　　長：6.17メートル
- 全　　幅：1.76メートル
- 全　　高：2.21メートル
- エンジン：68kW（91馬力）ボルボB18 4気筒ディーゼル
- 速　　度：39キロメートル
- 行動距離：400キロメートル
- 兵　　装：なし
- 無線機：不明

スイス 1970～91年

近年になってスイス軍が軍を動員した例は稀だが、自衛のための機甲旅団2個はつねに待機させている。機甲旅団は、歩兵旅団4個と山岳旅団3個を補足する戦力となる。

スイス軍はドイツのレオパルト2A4主力戦車に87年式戦車（パンツァー87、Pz87）という制式名称をつけて、380両程度保有している。ほかにも、アメリカ製のM113装甲兵員輸送車500両以上が、1990年代まで軍で使用されていた。またスウェーデンのCV9030歩兵戦闘車の派生型であるAPC2000装甲兵員輸送車は、21世紀に入ってすぐに買いつけられた。

スイスのモワク社は、1970年代に装甲兵員輸送車シリーズを次々と世に送りだした。ロラント、MR8、そしてロラントの更新型であるグレナディアといった車両である。65年式装甲回収車（エンパヌングスパンツァー65、EntpPz65）はそれより前に、スイス国営のRUAGランド社によって開発されて、1970年に就役した。

MOWAG Grenadier	
乗　員	1+8名
重　量	6,100キログラム
全　長	4.84メートル
全　幅	2.3メートル
全　高	2.12メートル
エンジン	150kW（202馬力）モワク8気筒ガソリン
速　度	100キロメートル
行動距離	550キロメートル
兵　装	1×20ミリ機関砲

◀ モワク・グレナディア装甲兵員輸送車
スイス軍第11機甲旅団、1984年、スイス

7.62ミリ軽機関銃か、大口径のエリコンKAA20ミリ機関砲を小型の砲塔に搭載している。モワク社が開発したグレナディア装甲兵員輸送車は、ロラント戦闘車の近代化改修バージョンで、1970年代末にスイス軍での使用が開始された。

Entpannungspanzer	
乗　員	5名
重　量	38,000キログラム
全　長	7.6メートル
全　幅	3.06メートル
全　高	3.25メートル
エンジン	525kW（704馬力）MTU MB 837 8気筒ディーゼル
速　度	55キロメートル
行動距離	300キロメートル
兵　装	1×7.5ミリ機関銃、8×発煙弾発射機
無線機	不明

▼ 65年式装甲回収車（エントパヌングスパンツァー65、EntpPz65）
スイス軍第1機甲旅団、スイス、1971年

大型のウインチを装備している。スイス国営のRUAGランド・システムズが1960年代に開発した。60年代末には試作1号の評価試験が行なわれ、1970年にスイス軍に第1陣が納品された。

NATO－イギリス 1970～91年

冷戦が長引くと、ヨーロッパ大陸のNATO軍に配備されたイギリス軍は、より強力で汎用性の高い装甲戦闘車両を続々と配備した。

1970年代を通じてイギリス陸軍ライン軍団は、3個師団の規模を維持していたが、70年代末には4個師団となり、各師団には大規模な装甲兵力が配備された。70年代半ばにはここに、大量のチーフテン主力戦車がくわわった。チーフテンは、長らく使用されてきたセンチュリオン主力戦車の後継として1960年代に開発され、主砲にもっとも強力なL11A5 120ミリライフル砲を搭載して、当時の同タイプの車両の中で最強の武装をそなえていた。装甲は防御性に優れ、レーザー測距による射撃統制システムが導入されたために、従来の測距機関銃は廃された［訳注:測距機関銃は主砲と同軸にあり、先に標的に命中させてから主砲を発射する］。

最終生産モデルのMk5もほかの更新型と同じく、NBC兵器に対する万全の防御で身を固めていた。ただしそのせいで、スピードと機動性が犠牲になっていた。そのためT-64、T-72主力戦車といった、ワルシャワ条約機構軍の最新式のソ連製戦車が猛進してきたとき、チーフテンの機動性ではたして迅速に反撃できるのか、という懸念はたえずつきまとっていた。チーフテンの派生型には装甲回収車や架橋戦車といった、専門性の高いものが多く、こうした車両もNATO軍に配備された。

柔軟反応

ワルシャワ条約機構の攻撃があった場合、イギリス陸軍ライン軍団は、「柔軟反応構想」にもとづいて、その進撃を食い止める役割を担う。基本的にこれは、3段階に分かれる行動指針のうち、第1段階にあたる。ソ連が核攻撃で先制してきた場合を除いて、NATO軍は敵と同種の攻撃でやり返す。

第1段階は直接防御と呼ばれ、ワルシャワ条約機構軍の通常型攻撃を通常軍で阻止する。第2段階は計画的拡大だ。東側の通常軍が数の優位でNATO軍を圧倒してくることは、十分にありえる。そのためここで戦術核兵器での反撃に出る。第3段階の全面的な核報復は、アメリカのケネディ大統領下の国防長官、ロバート・S・マクナマラが唱えた「相互確証破壊」理論と一致するだろう。

ワルシャワ条約機構軍の戦術教義では、スピードが縦深攻撃の成否を決したが、ソ連軍が先導する装甲車両と歩兵の波に相対するNATO軍の阻止計画においても、即応できるかどうかがそれと

Alvis Saracen Armoured Personnel Carrier

乗　　員	2＋9名
重　　量	8,640キログラム
全　　長	5.233ミリ
全　　幅	2.539メートル
全　　高	2.463メートル
エンジン	119kW（160馬力）ロールスロイスB80 Mk 6A 8気筒ガソリン
速　　度	72キロメートル
行動距離	400キロメートル
兵　　装	2×7.62ミリ機関銃
無 線 機	不明

▶ アルヴィス・サラセン装甲兵員輸送車
イギリス軍ライン軍団第3機甲師団、
1978年、ドイツ

イギリス軍での制式名称はFV603。アルヴィス社が1960年代から1970年代にかけて生産した、装甲戦闘車両シリーズのひとつ。敵の歩兵からの防御のために軽機関銃をそなえている。輸送定員は9名。

▲チーフテンMk5主力戦車
イギリス軍ライン軍団第7機甲旅団、1976年、ドイツ

強力なL11A5 120ミリライフル砲に世界最高水準の重装甲を組み合わせた。最終生産モデルのMk5は、NBC兵器への防御システムとレーザー測距儀をそなえている。

Chieftain Mk5 Main Battle Tank
- 乗　　員：4名
- 重　　量：54,880キログラム
- 全　　長：10.795メートル
- 全　　幅：3.657メートル
- 全　　高：2.895メートル
- エンジン：560kW（750馬力）レイランド6気筒多燃料対応型
- 速　　度：48キロメートル
- 行動距離：500キロメートル
- 兵　　装：1×120ミリライフル砲、1×7.62ミリ同軸機関銃、12×発煙弾発射機
- 無線機：クランズマン（陸軍戦術通信装置）VRC353 VHFトランシーバー・セット、1×C42 1B47ラークスパー VHF無線

◀FV432装甲兵員輸送車
イギリス軍ライン軍団第2師団、1975年、ドイツ

1960年代に開発され、20年以上にもわたってイギリス軍の主要な装甲兵員輸送車として活躍した。輸送定員は10名。1980年代には2500両以上が配備されていた。

FV432 Armoured Personnel Carrier
- 乗　　員：2+10名
- 重　　量：15,280キログラム
- 全　　長：5.251メートル
- 全　　幅：2.8メートル
- 全　　高：（機銃を含む）2.286メートル
- エンジン：170kW（240馬力）ロールスロイスK60 6気筒多燃料対応型
- 速　　度：52.2キロメートル
- 行動距離：483キロメートル
- 兵　　装：1×7.62ミリ機関銃
- 無線機：不明

同じくらい重要だった。1983年には、イギリス陸軍ライン軍団にはさらに、チーフテンを改良した主力戦車、チャレンジャー1が配置された。東側の攻勢を阻止すべく、突撃するイギリス軍の一翼を担うために、チャレンジャー1は威力に定評のあるL11A5 120ミリライフル砲をチーフテンから譲り受けた。しかも路上での最高速度は時速56キロと、チーフテンをはるかにしのいでいた。

チャレンジャーは意外にも420両しか製造されていないが、装甲の防御力を飛躍的に向上させた好例でもある。チャレンジャー1には、軽量のチョバム・アーマーが初の試みとして導入されている。チョバムはセラミックと金属の複合装甲で、圧延鋼板の何倍もの防御力を発揮する。チャレンジャー1はヨーロッパのイギリス軍に配備されたほかに、1991年の湾岸戦争の「砂漠の盾」作戦や「砂漠の嵐」作戦では、イギリスの最新型の主力戦車として戦闘に臨み、イラク軍の戦車を相手に輝かしい実績をうち立てた。1980年代半ばにチャレンジャー1が配備されている間も、後継のチャレンジャー2はまだ計画段階にあった。チャレンジャー1から革新的な進化を遂げたチャレンジャー2は、20世紀末までに完成する予定になっていた。

イギリス陸軍第2王立戦車連隊、1989年

冷戦が終結に近づくと、第2王立戦車連隊の戦力組成は、イギリス陸軍ライン軍団の機甲部隊とよく似た特徴を示すようになった。チャレンジャー56両は大口径のL11A5 120ミリ主砲を搭載し、それを支援する歩兵は、老朽化しつつあったFV432装甲兵員輸送車で移動していた。アルヴィス社のFV105スルタン装甲指揮車とFV101スコーピオン軽戦車は、旧式化したダイムラー・フェレット装甲車とともに、指揮、偵察、火力支援の任務に組みこまれた。

連隊（56×チャレンジャー、4×スルタン、8×スコーピオン、10×FV432、8×フェレット）

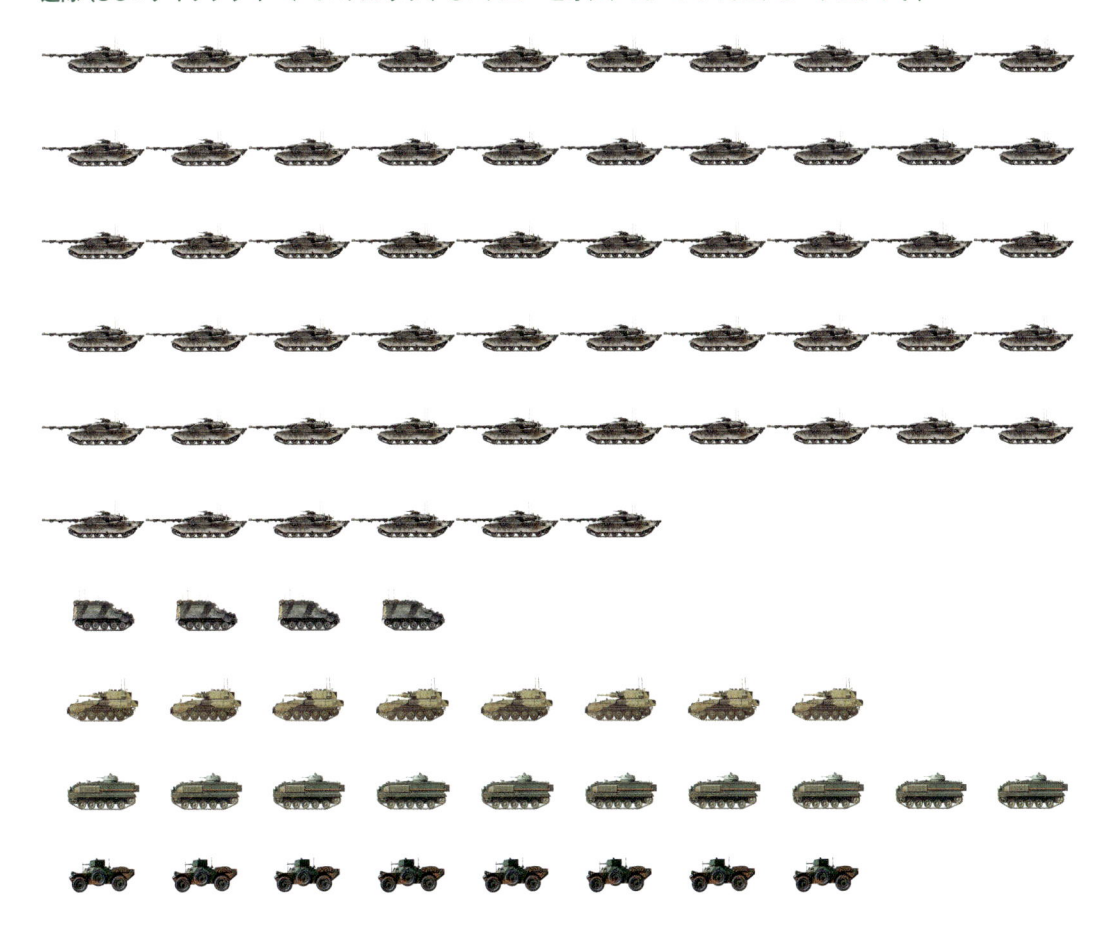

装甲戦闘車両

　1970年代には、アルヴィス・サラセンやその後のFV101スコーピオン戦闘偵察車のようなイギリスの装甲戦闘車両は、火力支援や偵察など、幅広い任務に投入された。1960年代に就役したFV432装甲兵員輸送車は、戦闘歩兵10人の輸送が可能だった。

　1972年、イギリスの設計技師はソ連製のBMP歩兵戦闘車の性能を評価し、それに匹敵する車両としてウォーリア装甲兵員輸送車の開発に着手した。ウォーリアはまた老朽化してきたFV432に替わる車両となるため、不整地での速度を最大限にアップすることと、後にはヨーロッパでチャレンジャー1、2主力戦車について行けることを目的に、走力が強化された。だが開発はじれったくも遅々として進まず、試作車の完成は1979年にずれこんだ。おまけに、この新型車両は1987年まで軍で使用されなかった。それでも30ミリラーデン機関砲と7.62ミリ機関銃で武装したウォーリアは、実戦で威力を発揮し、1990年代まで長期の更新・維持計画が継続された。

▼FV101スコーピオン戦闘偵察車（装軌式）
イギリス軍ライン軍団第7機甲旅団、1984年、ドイツ

アルヴィス社が生産した7種類の装甲車両のうちのひとつ。1973年にイギリス軍に就役して以来、20年以上も使用されつづけた。偵察任務に従事した。当初は76ミリ砲を装備していたが、やがて90ミリ砲に換装された。

FV101 Scorpion CVR(T)
- 乗　　員：3名
- 重　　量：8,073キログラム
- 全　　長：4.794メートル
- 全　　幅：2.235メートル
- 全　　高：2.102メートル
- エンジン：142kW（190馬力）ジャガー4.2Lガソリン
- 速　　度：80キロメートル
- 行動距離：644キロメートル
- 兵　　装：1×76ミリ砲、1×7.62ミリ同軸機関銃
- 無 線 機：クランズマンVRC353

▼FV120スパルタン装甲兵員輸送車（ミラン小型砲塔搭載型、MCT）
イギリス軍ライン軍団第1機甲師団、1977年、ドイツ

アルヴィス社製のFV103スパルタン装甲兵員輸送車の対戦車型。ミラン対戦車ミサイル（ATGM）発射機を2人用砲塔に搭載した。ミサイルは発射機に装填されている2発のほか、11発が収容されていた。

FV120 Spartan with MILAN Compact Turret (MTC)
- 乗　　員：3+4名
- 重　　量：8,172キログラム
- 全　　長：5.125メートル
- 全　　幅：2.24メートル
- 全　　高：2.26メートル
- エンジン：142kW（190馬力）ジャガー6気筒ガソリン
- 速　　度：80キロメートル
- 行動距離：483キロメートル
- 兵　　装：1×ミランATGM発射機、1×7.62ミリ機関銃
- 無 線 機：クランズマンVRC353

▼FV106サムソン装甲回収車・戦闘偵察車（装軌式）
イギリス軍ライン軍団第3機甲師団、1978年、ドイツ

FV120スパルタン装甲兵員輸送車を装甲回収車に改造した派生型。装備しているウインチで、自走不能になったり戦闘で損傷したりした車両を撤去する。防御用の軽機関銃を積んでいる。

FV106 Samson CVR(T) Armoured Recovery Vehicle
- 乗　　員：3名
- 重　　量：8,740キログラム
- 全　　長：4.78メートル
- 全　　幅：2.4メートル
- 全　　高：2.55メートル
- エンジン：145kW（195馬力）ジャガーJ60 N01 Mk100B 6気筒ガソリン
- 速　　度：55キロメートル
- 行動距離：483キロメートル
- 兵　　装：1×7.62ミリ機関銃
- 無 線 機：不明

▼ **ランドローヴァー４×４ライト・ユーティリティ・ビークル**
イギリス軍ライン軍団第２歩兵師団、1980年、ドイツ
ランドローヴァー・ディフェンダー・シリーズを軍用車に改修したバージョン。この４×４ライト・ユーティリティ・ビークル（軽量多目的車）は、ヨーロッパに配備されたイギリス軍の頑強な移動手段だった。悪路をものともしない走行で、戦闘部隊を迅速に配備した。

Land Rover 4×4 Light Utility Vehicle	
乗　　員	1名
重　　量	2120キログラム
全　　長	3.65メートル
全　　幅	1.68メートル
全　　高	1.97メートル
エンジン	30kW（51馬力）4気筒OHVディーゼル
速　　度	105キロメートル
行動距離	560キロメートル
兵　　装	なし
無線機	不明

NATO－アメリカ　1970～90年

NATO軍に配備されたアメリカの機甲戦力には、最新世代の主力戦車のほかにも、ワルシャワ条約機構軍の地上攻撃を撃破するための高性能な火器システムがあった。

NATOでは1960年代以来、「敵後続部隊攻撃構想」（FOFA）にもとづく戦術が標準的な作戦手順だった。しかしその後NATO同盟軍の地上防衛構成部隊の役割は、早期警戒や「（罠の）仕掛け線」的な関わり方から、対峙するワルシャワ条約機構軍の装甲車両や歩兵を撃破するところにまで発展した。前述した「柔軟反応」と並行して、「敵後続部隊攻撃構想」では戦闘を連携させて敵に立ち向かう。この攻撃には３要素が盛りこまれている。長距離攻撃と近距離攻撃、そして軍団の相互支援である。

長距離攻撃では、攻撃目標は敵の出撃準備地域になる。進軍しようとする兵士や戦車の部隊が、輸送のために集合したり、縦列隊形をとって道路を埋め尽くしたりするため、一番のウィークポイントになると思われる場所だ。近距離攻撃では、防御をもっとも必要とする地域を特定して兵力を集中させ、敵軍の指揮官が次の効果的な手を打てないようにする。軍団の相互支援では、遠方の敵軍の後続部隊を攻撃して、特定区域に向かう敵の兵力を削ぐ。

装甲車両部隊

1980年代に入っても、パットン・シリーズがアメリカ軍にとって重要な主力戦車であるのは変わりなく、最新バージョンのM60A3はとくに頼もしい戦力となった。このパットンは1978年に着手された改良計画の成果で、主砲の105ミリライフル砲は、弾道コンピュータと砲の安定化システムにより射撃精度が向上している。

だがアメリカ軍の上層部は、パットンを世代交代させる必要性を痛感していた。1960年代のMBT-70の開発計画は中止され、西ドイツと戦車を共同で開発しようとする試みは立ち消えになった。が、つづく1972年頃にはXM815、のちにM1エイブラムズとなる主力戦車の研究開発が

開始された。M1エイブラムズの第1号車は、その8年後にアメリカ軍での使用が開始された。主砲はロイヤル・オードナンスのL7砲をライセンス生産したM68 105ミリライフル砲だったが、M1A1にアップグレードする際に、M256 120ミリ滑腔砲に換装された。M256はドイツのラインメタル社が、レオパルト2主力戦車のために開発した戦車砲である。1986年にはM1A1が生産の主力となり、「砂漠の嵐」作戦で実戦配備された。

M1A1エイブラムズは、イギリスのチョバム・アーマーによく似た複合装甲で身を固めて、1120kW（1500馬力）ガスタービン・エンジンで駆動する。後に「囁く死」（ウィスパリング・デス）なるニックネームをつけられた。NBC防御システムが加圧式になって乗員の生存率を高め、先進的な射撃管制装置が導入されてきわめて高い射撃精度が実現した。

開発が遅々として進まなかったM2/M3ブラッドレー戦闘車も、1981年にようやく歩兵戦闘車と騎兵戦闘車（装甲偵察車）という形で配備が開

▲ **M1A1エイブラムズ主力戦車**
アメリカ陸軍第1機甲師団、1987年、ドイツ
1980年代半ばにアメリカ軍で配備され、エイブラムズ主力戦車の代表的な改良型となった。搭載する120ミリ滑腔砲は、ドイツのラインメタル社によって開発され、2470メートルを超える射程で標的を正確に狙い撃つ。

M1A1 Abrams Main Battle Tank

乗　員：4名
重　量：57,154キログラム
全　長：（主砲を含む）：9.77メートル
全　幅：3.66メートル
全　高：2.44メートル
エンジン：1119.4kW（1500馬力）テキストロン・ライカミングAGT1500ガスタービン
速　度：67キロメートル
行動距離：465キロメートル
兵　装：1×M256 120ミリ滑腔砲、
　　　　1×12.7ミリ機関銃、2×7.62ミリ機関銃
無線機：不明

▲ **M901 TOW戦車駆逐車**
アメリカ陸軍第1歩兵師団、1987年、ドイツ
M113A1装甲兵員輸送車の車体に、2連装のM27 TOW対戦車ミサイルを搭載している。1978年に生産が開始された。発射前にいったん停車しなければならないが、TOWが照準を定めて発射するまで20秒しかかからない。再装填は約40秒で完了する。

M901 TOW APC

乗　員：4、5名
重　量：11,794キログラム
全　長：4.88メートル
全　幅：2.68メートル
全　高：3.35メートル
エンジン：160kW（215馬力）デトロイト・ディーゼル6V-53N 6気筒ディーゼル
速　度：68キロメートル
行動距離：483キロメートル
兵　装：1×TOW 2 ATGW（2連装）、1×7.62ミリ機関銃
無線機：不明

始された。どちらのタイプもチェーンで駆動するM242 25ミリチェーンガンとTOW対戦車ミサイルを搭載し、7名の戦闘歩兵を輸送した。ブラッドレーに必要とされた重要条件は、戦闘時にM1エイブラムズ主力戦車に遅れずについて行きつつ、歩兵を安全に輸送し、歩兵への直接火力支援を行なうことだった。

LVTP7 Amphibious Vehicle

- 乗　　員：3＋25名
- 重　　量：22,837キログラム
- 全　　長：7.943メートル
- 全　　幅：3.27メートル
- 全　　高：3.263メートル
- エンジン：298kW（400馬力）デトロイト＝ディーゼル8V-53Tエンジン
- 速　　度：64キロ
- 行動距離：482キロ
- 兵　　装：1×M2HB 12.7ミリ重機関銃、Mk19 40ミリ自動擲弾銃（オプション）
- 無線機：AN/VIC-2インターコム・システム

▲LVTP7水陸両用車
アメリカ海兵隊第31海兵遠征部隊、1990年

就役したのは1980年代初めで、現時点でアメリカ海兵隊の水陸両用装甲兵員輸送車の主力となっている。兵員25名の輸送が可能で、自動擲弾銃もしくは25ミリチェーンガンで武装している。

▲M270多連装ロケット・システム（MLRS）
アメリカ陸軍第1歩兵師団、1989年、ドイツ

アメリカ軍で1983年に使用が開始された。M269発射モジュールは、多様なロケット弾またはミサイルを、毎分12発の速度で発射する。

M270 Multiple Launch Rocket System (MLRS)

- 乗　　員：3名
- 重　　量：25,191キログラム
- 全　　長：6.8メートル
- 全　　幅：2.92メートル
- 全　　高：2.6メートル
- エンジン：373kW（500馬力）カミンズVTA-903 8気筒ターボ・ディーゼル
- 速　　度：64キロメートル
- 行動距離：483キロメートル
- 兵　　装：2×ロケット弾用コンテナ。各コンテナに、ロケット弾6発を収納。
- 無線機：不明

M88A1 Armoured Recovery Vehicle

- 乗　　員：4名
- 重　　量：50,803キログラム
- 全　　長：8.27メートル
- 全　　幅：3.43メートル
- 全　　高：2.92メートル
- エンジン：730kW（980馬力）コンチネンタルAVDS-1790-2DR 12気筒ディーゼル
- 速　　度：42キロメートル
- 行動距離：450キロメートル
- 兵　　装：1×ブローニングM2HB 12.7ミリ重機関銃
- 無線機：不明

▲M88A1装甲回収車
アメリカ陸軍第1機甲師団、1985年、ドイツ

M88装甲回収車の更新型で、世界でも最重量級の装甲回収車。M88A1中装甲回収車は、1977年にアメリカ軍に就役した。ディーゼル・エンジンで駆動。弾薬や補給品の輸送にも使われた。

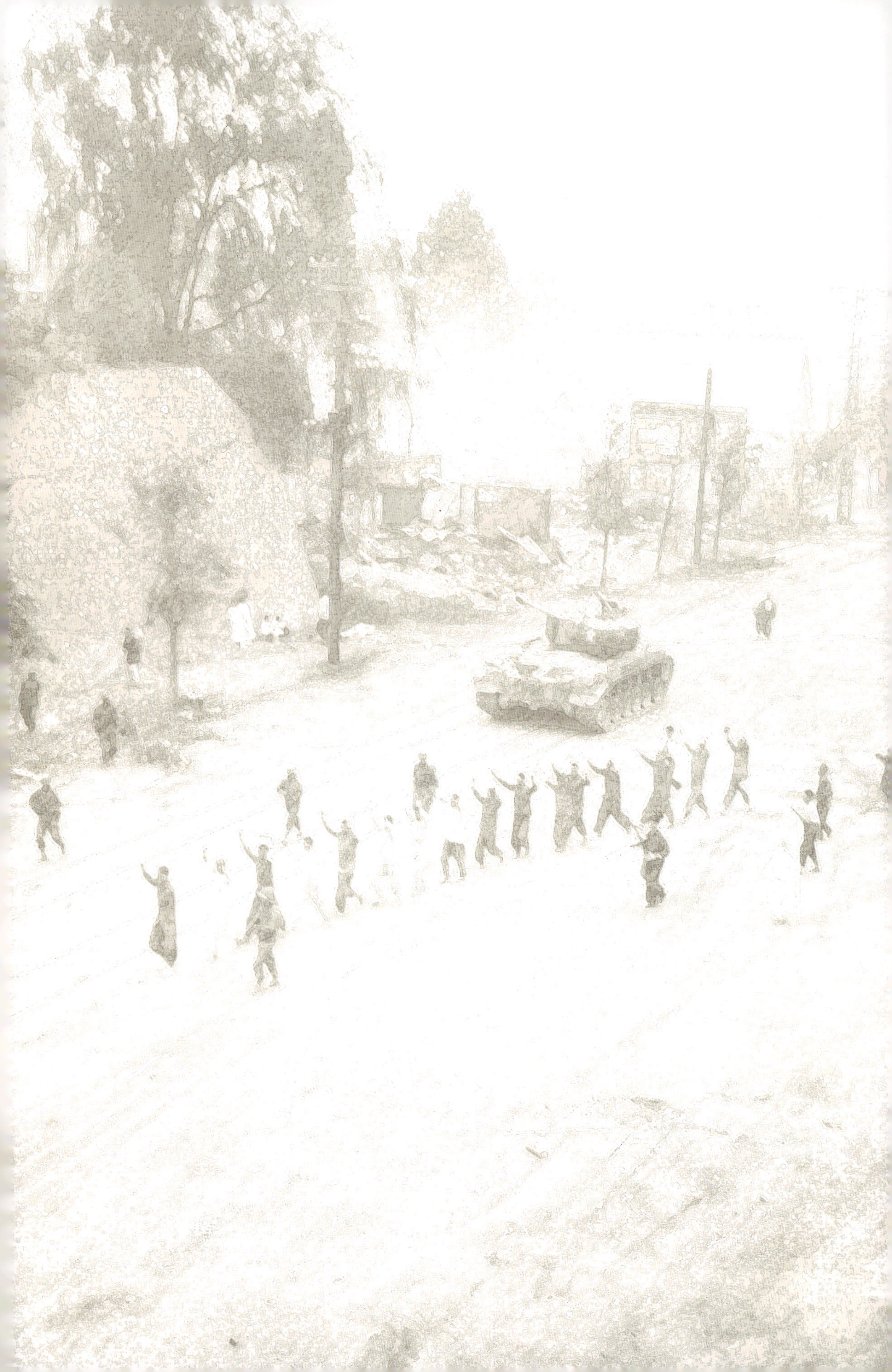

第2章
朝鮮戦争 1950〜53年

1950年6月25日、朝鮮人民軍（北朝鮮軍）は38度線を越えると、その前に立ちはだかる南の大韓民国軍（韓国軍）を呆気なく撃破した。この共産軍の攻勢の先鋒に立ったのは、ソ連で開発されたT-34中戦車だった。T-34は第2次世界大戦の戦場で実績を残して、世界でもトップクラスの評価を受けていた。やがてアメリカ軍とイギリス連邦軍を主力とする国連軍が、南の韓国軍の支援に乗りだすと、西側の新世代の戦車と装甲車両が戦域に続々と集結しはじめた。朝鮮戦争はそのため何よりも、現代の戦場で装甲戦闘車両が果たしえる役割の中で、革新的な戦術やテクノロジーを試す機会となった。

▲**アメリカ海兵隊の装甲車両**
アメリカ海兵隊のM26パーシング重戦車が韓国の村を通過するそばで、列をなした捕虜が収容所まで連行されている。1950年9月。

組織と装甲車両

核の時代が到来すると、世界各国の軍上層部の計画立案者は、通常戦の定義を根本から見直しはじめた。

　朝鮮戦争の攻防が繰り広げられる中、新世代の戦車の機動性と火力はますます重要度を増していった。第2次世界大戦中は、装甲戦闘車両が目覚ましい発達を遂げた。急激なテクノロジーの進歩と、戦場という願ってもない実験場のおかげで、装甲戦闘車両の開発と配備、運用教義に飛躍的進歩がもたらされたのだ。とりわけ北アフリカの砂漠、ヨーロッパの広域にわたる西部戦線、東部ソ連の広大なステップでの戦いは貴重な経験となった。地上軍の武器庫の中でも、戦車が機動力のある強力な打撃手段であるのはまちがいない。ところがそうして機甲部隊の威力が否応なく痛感されたときに、絶対数の不足が表面化したのである。

　アメリカ合衆国では、『陸軍省装備委員会報告書』が1946年1月に出版された。装備委員会が俗にスティルウェル委員会と呼ばれたのは、第2次世界大戦の英雄ジョゼフ・スティルウェル将軍が議長を務めたからだ。委員会の答申は、戦闘時には地上軍と空軍が密に連携をとるべきで、戦車は歩兵の支援なしには運用できないと結論づけた。また装甲車両の役割は、地上の敵に対して突破口を開くものとして定義された。

　戦車は機動性のある火力となったが、独力ではその利点をいつまでも維持できない。そのため、兵科を組み合わせる方法が妥当と考えられた。今後の戦車のもっとも高度にして最良の投入は、歩兵と航空資源と協力する形になるだろう。このような兵科の組み合わせを促進するために、アメリカ歩兵師団には戦車大隊が配属された。

　さらにアメリカ軍は、戦車駆逐車部隊を配備しなくなった。大火力を放つ最新型の戦車が出現したために、戦車駆逐車は存在価値が薄れたのだ。たとえばM26パーシング重戦車は、90ミリ主砲を配する砲塔が密閉構造だったので、大戦期の最新式の戦車駆逐車より乗員を守る防御性に優れている。3種類の戦車が提案された。哨戒、偵察、防衛境界線の警戒にあたる軽戦車、戦闘で強襲をかけて前進する中戦車、さらにそれ以上に戦術的利点を拡大する重戦車である。

▼戦車駆逐車
アメリカ製のM36戦車駆逐車。第2次世界大戦の終戦間際に軍での使用が開始され、朝鮮戦争にも実戦投入された。後のインドシナ戦争、インド・パキスタン戦争でも配備された。

戦闘における新世代の戦車の役割が拡大されたのをよそに、戦争で疲弊した国の現状や戦後の緊縮財政のために、軍機構も陸軍師団に所属する大隊規模の戦車部隊を大幅に削って、中隊規模にまで落とさざるをえなくなった。しかも朝鮮戦争の直前までは、M24チャーフィー軽戦車やM26パーシング重戦車につづいて、M46パットン中戦車までも生産が極端に縮小されていた。中止された例もあった。おかげで朝鮮戦争が勃発した当初は、第2次世界大戦型のM4シャーマン中戦車を頼みの綱にするよりなかった。

戦争突入

財政難に苦しむイギリス軍もやはり、大戦中の機甲戦から得られた教訓を活かそうとしていた。また巡航戦車のクロムウェル、センチュリオン［訳注：巡航戦車として開発され、のちに中戦車モデルができる］、歩兵戦車チャーチルに改修をくわえて、野戦の見直しを行なった。だが冷戦の冷ややかな雰囲気が定着するにつれて、西側の防御態勢は、否応なく西ヨーロッパの安全保障に焦点を合わせたものになった。一方ソ連にとっては、国境の警備や東欧衛星国への支配力の強化は至上命令だったが、それでも北朝鮮には軍備を増強するべく支援の手を差しのべた。大戦中には膨大なT-34中戦車が生産され、その武装強化型のT-34/85中戦車も入手可能になっていた。

戦争準備を整えつつある北朝鮮は、陸軍を完全編成の歩兵師団8個と未充足の歩兵師団2個、その他の独立部隊と第105機甲旅団で構成した。第105機甲旅団は、総勢6000人以上の練度の高い兵を抱え、T-34中戦車120両を戦車連隊3個に均等に配分して、2500人規模の機械化歩兵連隊の支援を受ける形になっていた。それとは対照的に、1950年の韓国軍が擁していた歩兵師団8個には、1両の戦車も配属されていなかった。

北朝鮮軍が38度線を越えてから2週間も経たないうちに、アメリカ軍の第24師団第21歩兵連隊の軽武装の小部隊が、釜山に空輸されて侵攻軍と立ち向かうために北に急行した。T-34中戦車を先鋒とする北朝鮮軍は、タスクフォース・スミスを一方的に弄んで、150人以上の人的損耗をもたらした。ちなみにこの部隊は、指揮官のチャールズ・B・スミス中佐の名を冠している。8月には第1臨時海兵旅団と、旅団所属のM26パーシング重戦車が釜山に到着した。と同時に陸軍の機甲部隊も配備されて、多少なりとも安定感を添えた。

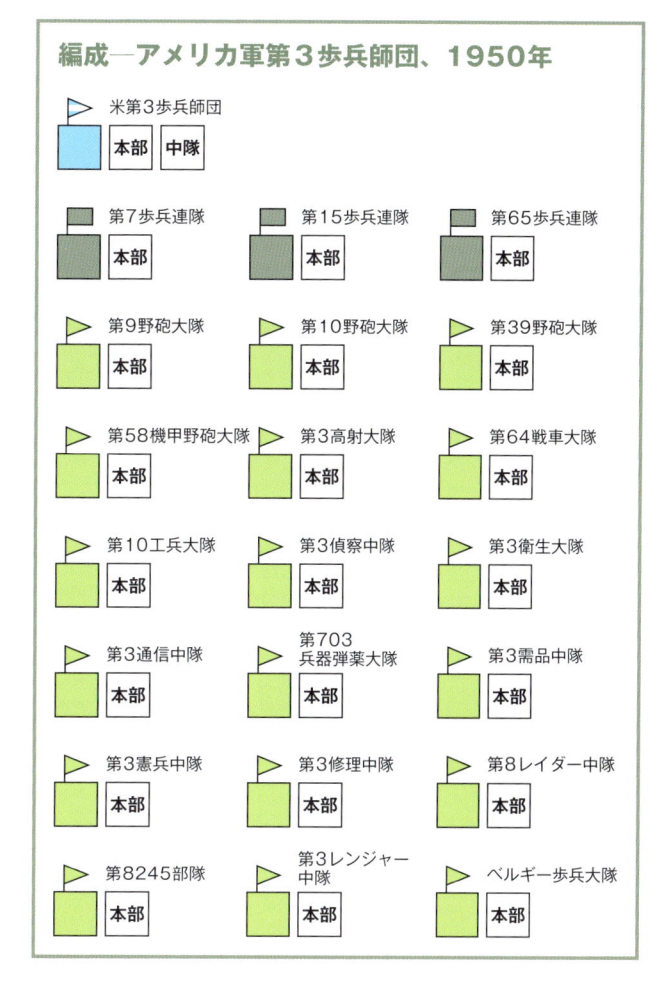

装甲車両のメリット

地形的な特徴をはじめとするいくつかの理由から、朝鮮戦争での戦車の戦術的価値は疑問視されている。戦車が数多くの交戦の勝敗に直接影響した、という見方もあるだろう。だが全体として捉えれば、戦車のおかげで戦況全般が変わったとまでは断定できない。朝鮮半島に渡った国連軍の戦車の総数は、どの時点でも600両を超えていなかったとされる。その中にはシャーマン中戦車、

編成—アメリカ軍第3歩兵師団、1950年

- 米第3歩兵師団
  - 本部　中隊
- 第7歩兵連隊　本部
- 第15歩兵連隊　本部
- 第65歩兵連隊　本部
- 第9野砲大隊　本部
- 第10野砲大隊　本部
- 第39野砲大隊　本部
- 第58機甲野砲大隊　本部
- 第3高射大隊　本部
- 第64戦車大隊　本部
- 第10工兵大隊　本部
- 第3偵察中隊　本部
- 第3衛生大隊　本部
- 第3通信中隊　本部
- 第703兵器弾薬大隊　本部
- 第3需品中隊　本部
- 第3憲兵中隊　本部
- 第3修理中隊　本部
- 第8レイダー中隊　本部
- 第8245部隊　本部
- 第3レンジャー中隊　本部
- ベルギー歩兵大隊　本部

巡航戦車クロムウェル、チャレンジャー主力戦車、といった大戦経験組も多く混じっていた。北朝鮮軍で群を抜いて多く配備されていた戦車は、それと同じ年代のT-34/85中戦車だった。実のところこの戦いのあいだに、中国の装甲部隊も配備されていたようだが、敵対行動には出ていない。

実験場としての朝鮮半島

それでも北朝鮮軍は戦車を圧倒的な攻撃力として利用し、突破の勢いを駆って南へとなだれ込んだ。対する国連軍は、装甲車両が到着したおかげで総崩れになるのを逃れた。そしてここでもまた、装甲部隊の航空攻撃に対する弱さが確認されたのである。大規模な機甲戦はほとんどなく、多数の戦車同士がぶつかり合うことは稀だったが、朝鮮戦争の実戦経験をとおした評価は続けられた。

朝鮮半島の狭い戦場は、アメリカのパットン中戦車初期型のいわば実験場となった。パットン・シリーズはたえず改良を重ねてその後30年間、アメリカの機甲部隊の基幹戦力となった。イギリス軍はすでにセンチュリオン主力戦車に、第2次世界大戦中に得られた多くの教訓や、前世代の巡航戦車クロムウェルの欠点を補う設計を盛りこんでいた。

イギリスの後のチャレンジャー、チーフテンといった主力戦車の改良には、明らかに朝鮮半島の結果が反映されていた。しかもソ連は休むことを知らぬように、T-54/55主力戦車のシリーズを続々と開発した。このシリーズは、やがて世界中の国々の軍隊に配備されるようになる。

火力と機動性、装甲の防御力が、その後の合言葉になった。より大きく、より強力で、より速い戦車の実現の兆しが見えてきて、軽、中、重戦車のあいだで引かれていた分業の線が、目に見えて薄れてきた。冷戦のあいだは、技術力と経済力が必要だった。そうして、力の均衡を保ち経済を活性化させたことが、現代の主力戦車の開発につながったのである。

朝鮮戦争が主力戦車の開発に与えた影響は、過小評価されているきらいがある。異論や反論はさておき、21世紀の主力戦車はある程度、旧型モデルの経験と、大戦後に朝鮮半島の実戦で試された、革新的な機能によって形づくられているのだ。

▼M24チャーフィー軽戦車
大韓民国軍訓練センター、1953年、光州

武装も装甲も軽装の軽戦車。韓国軍にはアメリカから大量のチャーフィー軽戦車とM4E8シャーマン中戦車がまわされる予定になっていたが間に合わず、朝鮮戦争が勃発したとき韓国軍には戦闘に投入できる戦車が1両もなかった。

Light Tank M24

乗　　員：5名
重　　量：18.28トン
全　　長：5.49メートル
全　　幅：2.95メートル
全　　高：2.46メートル
エンジン：2×82kW（110馬力）キャデラック44T24 V型8気筒ガソリン
速　　度：55キロメートル
行動距離：282キロメートル
兵　　装：1×M6 75ミリ戦車砲、1×12.7ミリ重機関銃（対空）、2×7.62ミリ機関銃（同軸1、車体前部の球型銃座1）
無 線 機：SCR 508

釜山 1950年8～9月

追い詰められた国連軍と韓国軍が、押し寄せる北朝鮮軍をとどめて釜山橋頭堡を防御しようとしたときに、頼りになったのは装甲兵力の支援だった。

1950年の晩夏、敵に増援が到着すると北朝鮮軍は進軍の勢いを失い、韓国・国連軍はソウル、烏山（オサン）と敵を駆逐し、さらに北上しながら連戦連勝を重ねた。韓国の南東端にある釜山橋頭堡は、主にアメリカの機甲部隊の配備が功を奏して防御された。朝鮮戦争が激しさを増すと、アメリカ軍では大量のM26パーシング重戦車を、M46A1パットン中戦車に更新する計画が持ち上がった。主に機械的トラブルに対処してエンジンの性能アップを図り、改良された懸架装置を導入するためである。その代わりパーシングの主砲である90ミリライフル砲は、M46A1パットンにも引き継がれて、韓国で先が見えなかった最初の数カ月間も、その威力を見せつけていた。M4シャーマン中戦車の発展型もおおいに利用価値があった。そのひとつ「ファイアフライ」は76ミリ高初速戦車砲を搭載しており、シャーマン系戦車は防勢作戦の心強い戦力となった。

北朝鮮軍の戦車の定数の半分以上が、改良型のT-34/85中戦車だった。一方76ミリ主砲を搭載した原型モデルのT-34中戦車も、多数配備されて大きな脅威となっていた。時間とともにシャーマン中戦車、パーシング重戦車、パットン中戦車、センチュリオン主力戦車、巡航戦車クロムウェル、さらには歩兵戦車チャーチルが続々と集結した。戦車同士の戦闘では、国連軍の戦車は少なくとも伝説のT-34に勝るとも劣らない力量を発揮した。第2次洛東江（ナクトンガン）攻勢の最中の1950年9月3日には、117高地の付近でアメリカ海兵隊のM26パーシングの1個小隊が、3両のT-34中戦車と激突して3両とも撃破している。

1950年8月の末には、釜山橋頭堡に500両を超えるアメリカ軍の戦車が到着した。そのほとんどをM26パーシングとM4シャーマンが占め、M46パットンは1個大隊のみの配備となった。緒戦の数週間に北朝鮮軍が見せた歩兵と装甲車両による矢のような攻勢とは対照的に、連合軍が釜山橋頭堡の包囲をようやく突破したときには、

M26 Pershing Heavy Tank

乗　員	5名
重　量	41.86トン
全　長	8.61メートル
全　幅	3.51メートル
全　高	2.77メートル
エンジン	373kW（500馬力）フォードGAF V型8気筒ガソリン
速　度	48キロメートル
行動距離	161キロメートル
兵　装	1×M3 90ミリライフル砲、1×12.7ミリ対空機関銃、2×7.62ミリ機関銃（同軸1、車体前部の球型銃座1）
無線機	SCR508/528

▼**M26パーシング重戦車**
アメリカ第8軍第1海兵師団第1戦車大隊
第2次世界大戦では終戦近くに配備されたため、戦闘に参加した例は少なかった。朝鮮半島では、機械的信頼性の低さから来る不信から、能力を発揮できないまま改良型M46パットン中戦車への移行が急がれた。

The Korean War, 1950-53

こうした戦車を支援する歩兵の防御が明暗を分けた。この突破と合わせて、はるか北方で9月15日に行われた仁川上陸作戦でも、同じことがいえた。

初期段階の機甲戦は、北朝鮮軍のT-34中戦車とアメリカ製のM24チャーフィー軽戦車との対決になった。チャーフィーは専用に開発された75ミリ戦車砲を搭載していたが、共産主義国の戦車を相手に力不足を露呈した。チャーフィーの予定されていたアメリカ軍での退役が、少なくとも書類上は迫っていた。新型のM41「ウォーカー・ブルドッグ」軽戦車は開発の途上にあった。この愛称は、1950年12月に韓国でのジープの事故で、落命したウォルトン・ウォーカー将軍にちなんでつけられている。

戦争が長期化すると機甲戦は少なくなり、戦車

▶M45中戦車
アメリカ第8軍第6戦車大隊

アメリカのM26パーシング重戦車の改良型。歩兵の近接支援用に開発され、強力な105ミリ榴弾砲を搭載した。1945年の夏に生産が開始され、第2次世界大戦にM45の名称が標準化された。第6戦車大隊は、1950年の釜山橋頭堡での防御戦に投入された。

M45 Medium Tank
- 乗　員：5名
- 重　量：41.86トン
- 全　長：8.61メートル
- 全　幅：3.51メートル
- 全　高：2.77メートル
- エンジン：373kW（500馬力）フォードGAF V型8気筒ガソリン
- 速　度：48キロメートル
- 行動距離：161キロメートル
- 兵　装：1×M4 105ミリ榴弾砲、1×12.7ミリ対空重機関銃、2×7.62ミリ機関銃（同軸1、車体前面の球型銃座1）
- 無線機：SCR508/528

▼M46A1パットン中戦車
アメリカ第8軍第7歩兵師団第73重戦車大隊

1950年から翌年にかけての冬、第73重戦車大隊のM46パットン中戦車は、第7歩兵師団の班とともに作戦行動を遂行した。この部隊は朝鮮戦争中に6会戦に参加し、数多くの隊員が武勇を称えて表彰を受けた。

M46A1 Patton Medium Tank
- 乗　員：5名
- 重　量：44トン
- 全　長：8.48メートル
- 全　幅：3.51メートル
- 全　高：3.18メートル
- エンジン：604kW（810馬力）コンチネンタル AVDS-1790-5A V型12気筒空冷ツインターボ・ガソリン
- 速　度：48キロメートル
- 行動距離：130キロメートル
- 兵　装：M3A1 90ミリライフル砲、1×12.7ミリ対空重機関銃、2×M1919A4 7.62ミリ機関銃
- 無線機：SCR508/528

の役割は歩兵の支援にシフトした。とはいえ、統計分析からは重要な情報が読み取れる。アメリカの支配域で破壊されたT-34中戦車256両を調査すると、97両が国連の装甲車両に無力化されたことがわかった。そのうち45両がM4シャーマン中戦車の戦果、32両がM26パーシング重戦車、19両がM46パットン中戦車、1両がM24チャーフィー軽戦車の戦果である。逆にアメリカ軍が失った戦車の中で、T-34中戦車による損害は16%程度だった。

M29C Weasel

- 乗　　員：4名
- 重　　量：3.9トン
- 全　　長：3.2メートル
- 全　　幅：1.5メートル
- 全　　高：1.8メートル
- エンジン：48kW（70馬力）ステュードベーカー・モデル6-170チャンピオン
- 速　　度：58キロメートル
- 行動距離：426キロメートル

▼ **M29Cウィーゼル装軌車**
アメリカ第8軍

ステュードベーカー社によって、雪道を走行できる仕様に開発された。朝鮮戦争では、補給・兵員輸送車として利用された。浮航タンクをそなえている。

▼ **M7 105ミリ自走榴弾砲**
アメリカ第8軍

イギリス軍兵士から「プリースト」（神父）の愛称で親しまれていたのは、シャーシ上で屹立する環状機銃座が教会の説教壇に似ていたからだ。機動力を活かして歩兵への砲撃支援を行なった。

105mm Howitzer Motor Carriage M7

- 乗　　員：7名
- 重　　量：26.01トン
- 全　　長：6.02メートル
- 全　　幅：2.88メートル
- 全　　高：2.54メートル
- エンジン：298kW（400馬力）コンチネンタルR975 CI
- 速　　度：42キロメートル
- 行動距離：201キロメートル
- 兵　　装：1×M1A2 105ミリ榴弾砲、1×12.7ミリ重機関銃（「説教壇」対空マウント）
- 無線機：SCR608

155mm Gun Motor Carriage (GMC) M40

- 乗　　員：8名
- 重　　量：40.64トン
- 全　　長：9.04メートル
- 全　　幅：3.15メートル
- 全　　高：2.69メートル
- エンジン：295kW（395馬力）コンチネンタル9気筒星形ガソリン
- 速　　度：39キロメートル
- 行動距離：161キロメートル
- 兵　　装：1×M1A1 155ミリカノン砲
- 無線機：SCR608

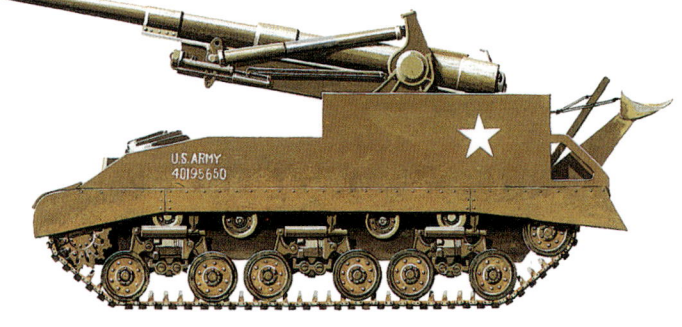

▲ **M40 155ミリ自走砲**
アメリカ第8軍第25歩兵師団第937野砲兵大隊

第2次世界大戦の終盤にアメリカ軍に導入された。M4A3シャーマン中戦車の車体を改造して利用している。155ミリカノン砲で、歩兵への機動力を活かした重砲支援を行なった。

GAZ-67B Command Vehicle

乗　　員	運転手1名
重　　量	1.32トン
全　　長	3.35メートル
全　　幅	1.685メートル
全　　高	1.7メートル
エンジン	37.25kW（50馬力）4気筒ガソリン
速　　度	90キロメートル
行動距離	450キロメートル
無 線 機	不明

▼GAZ-67B指揮車
朝鮮人民軍

第2次世界大戦中にソ連が作った多目的車両のひとつで、北朝鮮軍の機甲部隊に供与された。アメリカの名車ジープを意識した設計で、1943年に生産が始まった。

▼BA-6装甲車
朝鮮人民軍

1930年代の初めにソ連で開発された。通常は45ミリカノン砲を簡単な造りの砲塔に搭載している。朝鮮戦争が始まった頃には、旧式化していた。

BA-6 Armoured Car

乗　　員	3名
重　　量	5.1トン
全　　長	4.65メートル
全　　幅	2.1メートル
全　　高	2.2メートル
エンジン	30kW（40馬力）GAZ-A
速　　度	55キロメートル
行動距離	200キロメートル
兵　　装	20-k 45ミリカノン砲、2×DT7.62ミリ機関銃

▼SU-76M自走砲
朝鮮人民軍

第2次世界大戦中、T-34中戦車に次いで2番目の生産数を誇る。出動機会が多かった、SU-76 76ミリ自走砲の代表的な改良型である。旧式化したT-70軽戦車の車体をベースにしている。多数が朝鮮半島の共産軍によって使用された。

SU-76M SP Assault Gun

乗　　員	4名
重　　量	10.8トン
全　　長	4.88メートル
全　　幅	2.73メートル
全　　高	2.17メートル
エンジン	2×52kW（70馬力）GAZ 6気筒ガソリン
速　　度	（路上）45キロメートル
行動距離	450キロメートル
兵　　装	1×76ミリカノン砲、1×7.62ミリ機関銃

ソウル 1950年7月～1951年9月

朝鮮戦争中の10カ月間、戦争で疲弊したソウル市は、韓国の首都の支配をめぐる4次の会戦を耐え忍んだ。

　朝鮮戦争勃発後の1年間、韓国の首都の支配権は北と南の間で何度も争奪された。開戦から1週間もしないうちに、北朝鮮軍はソウルを制圧したが、その支配は短命だった。1950年9月には、ダグラス・マッカーサー将軍を司令官とする国連軍が、釜山橋頭堡の強行突破を皮切りに、港湾都市仁川で敵を牽制しながら鮮やかな上陸を果たした。それからソウルをめぐる血みどろの戦闘が始まった。1950年12月、共産主義の中国が武力介入して国連軍を後退させると、ソウルはふたたび侵攻軍の支配下に入った。その翌年の春、国連軍はソウルの奪還にまたもや成功し、その後は敵に明け渡すことがないまま、戦況の膠着状態から、交渉、休戦にいたった。

　1950年の秋に朝鮮半島に到着したアメリカ機甲部隊は、北朝鮮軍の進軍を鈍らせ、釜山の前線を安定化させるうえで決定的な役割を果たした。北朝鮮軍の先鋒を務めたのは、百戦錬磨のT-34中戦車の縦隊だった。これはソ連や東側ブロックの衛星国から提供されたもので、量産されたSU-76自走砲のような自走砲の支援を受けていた。共産軍の機甲部隊に対する防御では、国連軍が制空権を握ったことが、もうひとつの重要な要素となった。

　戦車は朝鮮戦争の重要な戦闘に必ずといってよいほど投入されたが、山と森林が国土の大半を占めていたため、大規模な機甲戦で戦況に貢献することはなかった。そのため戦争が進むにつれて戦車戦は減少していった。朝鮮戦争で機甲部隊が大結集したのは、1950年9月の第2次ソウル会戦である。

仁川とその後

　9月15日の仁川上陸後、ソウルへの進軍ははかばかしくなく苦難の道のりとなった。国連の航空戦力は、日中活動している北朝鮮軍のT-34中

Light Tank M24

乗　　員	5名
重　　量	18.28トン
全　　長	5.49メートル
全　　幅	2.95メートル
全　　高	2.46メートル
エンジン	2×82kW（110馬力）キャデラック44T24 V型8気筒ガソリン
速　　度	55キロメートル
行動距離	282キロメートル
兵　　装	1×M6 75ミリ戦車砲、1×12.7ミリ重機関銃（対空）、2×7.62ミリ機関銃（同軸1、車体前部の球型銃座1）
無線機	SCR 508

▼**M24チャーフィー軽戦車**
アメリカ第8軍第25歩兵師団第79戦車大

主砲に75ミリ戦車砲を搭載する。アメリカ軍の第79戦車大隊のチャーフィーは、1950年夏の第4次ソウル会戦に投入され、漢江で北朝鮮軍と交戦した。また1951年春季攻勢でも戦列に並んだ。

戦車の姿を見かけると、徹底的に叩きのめした。北朝鮮が何度反撃を繰り返しても撃退し、M26パーシング重戦車は、戦車戦でやや優位に立った。上陸の朝、アメリカ軍航空機は227キロメートル爆弾で北朝鮮のT-34中戦車を3両吹き飛ばした。アメリカ海兵隊のM26パーシングも、さらに3両を鉄クズにしている。その翌日には、第5海兵隊D中隊のパーシングがT-34を5両血祭りにあげたが、6両目はバズーカ砲（対戦車ロケット発射筒）の戦果だった。この交戦で国連軍は海兵隊員ひとりの負傷者を出しただけだったが、北朝鮮軍側では200人以上が戦死した。

9月17日、ソウルへの接近を図る第1海兵隊のM26パーシング重戦車は、T-34中戦車4両を撃破した。その2日後には、またもや第1海兵隊の班が攻撃に出て、北朝鮮軍の1個大隊とT-34を5

▶ 90ミリ自走砲 M36戦車駆逐車
アメリカ第8軍

M36戦車駆逐車は第2次世界大戦の終盤に配備された。朝鮮半島では、90ミリ砲が敵の装甲車両に威力を発揮した。朝鮮戦争中に配備されたM36の多くが、車体の球型銃座に機関銃を据えつけていた。

90mm Gun Motor Carriage, M36 Tank Destroyer

乗　　員	5名
重　　量	28.14トン
全　　長	6.15メートル
全　　幅	3.05メートル
全　　高	2.72メートル
エンジン	373kW（500馬力）フォードGAA V型8気筒ガソリン
速　　度	48キロメートル
行動距離	241キロメートル
兵　　装	1×M3 90ミリライフル砲、1×12.7ミリ対空重機関銃
無線機	SCR610

Sherman M4A3(76)W Dozer

乗　　員	5名
重　　量	33.65トン
全　　長	6.27メートル（ドーザー・ブレードを含む）
全　　幅	3メートル
全　　高	2.97メートル
エンジン	298kW（400馬力）コンチネンタルR975 C1ガソリン
速　　度	48キロメートル
行動距離	193キロメートル
兵　　装	M1A1 76ミリライフル砲、1×1M2HB 2.7ミリ機関銃、1×M1919A4 7.62ミリ同軸機関銃
無線機	SCR508/528/538

▼ M4A3(76)Wシャーマン中戦車ドーザー装備
アメリカ第8軍第3工兵戦闘大隊（ハイザーズ・タイガーズII）

1951年春の「リッパー」作戦（第4次ソウル会戦）と、2度目の大攻勢である「キラー」作戦で、ハイザーズ・タイガーズIIこと、アメリカ陸軍第3工兵戦闘大隊とともに行動していた。主砲に76ミリライフル砲を搭載しているのが特徴的だ。

両殲滅した。朝鮮戦争では、戦車戦は小規模になるのが通例だった。たとえば第73戦車大隊B中隊の戦車が、北朝鮮軍の2両のT-34とぶつかったときは、双方が1両の戦車を失った。9月22日、国連軍の先兵であるアメリカ海兵隊が首都に入城し、その3日後にソウルの解放が公式に宣言された。その間南部方面の釜山付近でまだ交戦中だった北朝鮮軍は、にわかに孤立の危機に陥った。だが、国連軍の目的であるソウルの解放が優先されたため、北朝鮮軍の兵士3万人以上が撤退を許された。

国連軍はそのまま進撃して、中国の国境まで達した。マッカーサーは鴨緑江（おうりょくこう）を渡河しそうな構えを見せて、戦争を大幅に拡大させた。12月に中華人民共和国が大規模な攻撃に出ると、朝鮮半島の軍事情勢はまったく新しい局面を迎えた。

OT-34/76 Medium Tank

乗　　員：4名
重　　量：26.5トン
全　　長：5.92メートル
全　　幅：3メートル
全　　高：2.44メートル
エンジン：373kW（500馬力）V-2-34 V型12気筒ディーゼル
速　　度：（路上）：53キロメートル
行動距離：400キロメートル
兵　　装：1×F-34 76ミリ戦車砲、1×ATO-41火炎放射器（車体に搭載）、1×DT 7.62ミリ同軸機関銃
無 線 機：10R

▲OT-34/76中戦車
朝鮮人民軍

ソ連から供給され、朝鮮人民軍の機甲部隊に早いうちから配備された。1940年に生産が始まった。当時としては革新的な戦車で、防御力を高めた傾斜装甲に、強力な76ミリ戦車砲をとり合わせていた。OT-34中戦車は火炎放射型で、大戦中に開発されて1944年にはじめて軍に配備された。200リットルの燃料を積み、有効射程は90メートルにおよんだ。

▲58式（T34/85）中戦車
中国人民志願軍

ソ連のT34/85中戦車1944年モデルの中国製コピー・バージョン。T-34/76中戦車を重武装化した後継のT-34/85は、85ミリ戦車砲を搭載していた。朝鮮戦争では、85ミリ砲は国連軍の最新型戦車を撃破することができた。

Type 58（T34/85）Medium Tank

乗　　員：5名
重　　量：32トン
全　　長：6メートル
全　　幅：3メートル
全　　高：2.6メートル
エンジン：372kW（493馬力）V-2 V型12気筒ディーゼル
速　　度：（路上）55キロメートル
行動距離：360キロメートル
兵　　装：1×ZiS-S-53 85ミリ戦車砲、2×DT 7.62ミリ機関銃（球型銃座1、同軸1）
無 線 機：10R

臨津江（イムジン河）1951年4〜5月

イギリス第29歩兵旅団が、圧倒的に不利な状況で壮絶な戦いを挑んで伝説化したとき、敵の前に大きく立ちはだかったのはセンチュリオン主力戦車だった。ソウルを奪還しようとした中国の大攻勢は、その途上で失速する運命にあった。

1950年11月14日に、釜山に到着したイギリス陸軍ライン軍団の第8キングズ・ロイヤル・アイルランド騎兵連隊は、センチュリオンMk3主力戦車の3個分隊を伴っていた。センチュリオンMk3は主砲を原型モデルより大口径の84ミリ戦車砲に換装している。センチュリオンはドイツの傑作車パンター中戦車（Ｖ型戦車）とティーガー重戦車（Ⅵ号戦車）に対抗するために第2次世界大戦中に開発されたが、後世に残る名声をうち立てたのは朝鮮半島の戦場だった。

51.8トンのセンチュリオンは開発に出遅れて、西欧でドイツの装甲車両と対決する機会を失ったが、その代わり冷戦が始まったばかりの1945年後半に、イギリスの主要な主力戦車として登場した。歩兵戦車チャーチルや巡航戦車クロムウェルのような前モデルを最終的には一掃する目的で、原型のセンチュリオンには76ミリ主砲が搭載された。朝鮮半島に配備される頃には、更新型のMk3により大口径の主砲が換装されたほか、車体前面の傾斜装甲上に予備履帯をおくスペースと、主砲の安定化システムが追加された。こうして強力な戦車ができあがったが、朝鮮戦争では共産軍の装甲車両との直接対決よりも、歩兵の危機を救った支援活動のほうが印象に残った。

センチュリオンの原型とMk2〜12の改良型は、485kW（650馬力）のロールスロイス・ミーティアMk ⅣBエンジンを搭載していた。行動距離が短く速度もあまり出ないのが大きな弱点だったが、全体的な性能は優れていたため、イギリス軍の「万能戦車（ユニヴァーサル・タンク）」として多様な役割に就けるのではないかという期待もあった。

臨津江（イムジン河）の防御

1951年4月22日、中国の共産軍は韓国の首都ソウルの北で布陣を張る国連軍に対して春の攻勢を試みた。中国軍は、臨津江下流で前線突破後すかさず戦果を拡張する方針で、イギリス第29歩兵旅団が保持する陣地に強大な共産軍部隊を差し向けた。敵陣を一気に突破すれば、翼側の東と西

Centurion Mk3 Main Battle Tank

乗　　員：4名
重　　量：51.8トン
全　　長：7.6メートル
全　　幅：3.38メートル
全　　高：3.01メートル
エンジン：485kW（650馬力）ロールスロイス・ミーティア
速　　度：34キロメートル
行動距離：450キロメートル
兵　　装：84ミリ対戦車砲、1×ブローニング7.62ミリ機関銃
無 線 機：不明

▼センチュリオンMk3主力戦車
イギリス連邦占領軍第29歩兵旅団
第8キングズ・ロイヤル・アイルランド騎兵連隊

20年近い生産期間の間、センチュリオンの10数種類の改良型は、総計で4400両以上製造された。イラストのMk3は機銃座を追加している。後期型は主砲の口径を上げて105ミリライフル砲に換装した。

にいる国連の支援部隊を包囲して、敵前線を分断し、ソウルへの道を開くことができるだろう。戦闘が次々と展開する中で、イギリス、ベルギー、アメリカ、フィリピン、韓国の兵士が、中国軍を迎え撃った。

イギリス軍とベルギー軍は圧倒的に不利な戦況のなかで、屍の山を築きながらも中国軍の勢いをそいだ。フィリピン軍のM24チャーフィー軽戦車とイギリス軍第8アイルランド騎兵連隊のセンチュリオンによる混成部隊は、235号高地で包囲されかけていた、イギリスのグロスターシャー連隊第1大隊の陣地を解放しようとした。ところが先頭の戦車が中国の攻撃で破壊されたために、目指す陣地から約1800メートルのところで救出は断念された。第29歩兵旅団の残りの兵力が数日間勇敢に防御した高地から撤退する際には、第8騎兵連隊のセンチュリオンが援護にまわった。その間失われた戦車は5両、そのうち3両が敵の攻撃による損耗だった。

センチュリオンの奮闘

中国軍の圧倒的な数量に押されて、臨津江（イムジン河）付近のイギリス軍陣地はたびたび蹂躙された。すると第8騎兵連隊の戦車が敵の砲火をものともせずに、孤立して逃げ場を失った歩兵をたびたび救出した。戦車は味方の歩兵の支援を受けていたが、中国兵は執拗に攻撃してきた。砲塔やハッチをこじ開けて中に手榴弾を投げ入れようとするのだ。戦車の機関銃が味方の戦車に向かって火を噴き、なかなか口を開けない車体にしがみついている中国軍歩兵を掃射した。ある目撃談によると、川床から姿を現した3個小隊の中国兵が、センチュリオンの攻撃で壊滅状態になったという。第8騎兵連隊C騎兵大隊指揮官のヘンリー・フート少佐は、臨津江での勇敢な行為を称えて、殊勲賞を授与された。少佐は第29歩兵旅団の撤退を「長くて血にまみれた待ち伏せ攻撃」と称した。

第8騎兵連隊の戦車は、銃火をかいくぐりながら大勢の兵士を脱出させた。ある兵士は当時を振り返る。「突破はもう無理で山に登ったほうが安全だろうといわれていた。ところがそれでも、我々数人は一か八かで戦車の後ろによじ上ったんだ。中国人はその時も戦車の脇を走って、手榴弾を投げつけて戦車を無力化しようとしていたな。だからといってこっちは、大したことはできなかったよ。何しろ手ぶらだったんだ。ただおとなしくそ

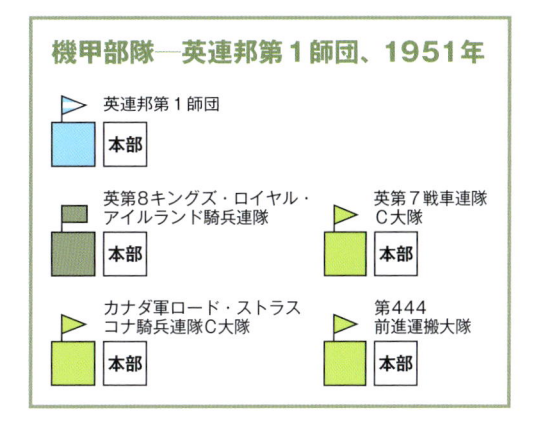

機甲部隊—英連邦第1師団、1951年

- 英連邦第1師団 本部
- 英第8キングズ・ロイヤル・アイルランド騎兵連隊 本部
- 英第7戦車連隊C大隊 本部
- カナダ軍ロード・ストラスコナ騎兵連隊C大隊 本部
- 第444前進運搬大隊 本部

Cruiser Mk VIII Cromwell IV

- 乗　　員：5名
- 重　　量：27.94トン
- 全　　長：6.35メートル
- 全　　幅：2.9メートル
- 全　　高：2.49メートル
- エンジン：447kW（600馬力）ロールスロイス・ミーティアV型12気筒ガソリン
- 速　　度：64キロメートル
- 行動距離：280キロメートル
- 兵　　装：1×OQF75ミリ砲、2×ベサ7.92ミリ機関銃
- 無 線 機：ワイヤレス・セットNo19

▶ 巡航戦車Mk VIII クロムウェルIV
イギリス連邦占領軍第29歩兵旅団第8キングズ・ロイヤル・アイルランド騎兵連隊

1940年代初めに開発されたイギリスの巡航戦車クロムウェルは、速度、火力、防御力の3拍子を揃えようとした、包括的な設計が特徴的だ。1950年にはほぼ旧式化していた。

こにじっと横になって見ていただけだ。戦車のキャタピラーの下で奴らが踏みつけられる音が聞こえてきたよ」

臨津江付近は、戦車にとって理想的な地形では決してなかったが、第8騎兵連隊は第29歩兵旅団の撤退を助ける重要な役割を果たしながら、中国の攻勢兵力を徐々に侵食した。あるアメリカ軍将校は熱をこめて語った。「センチュリオンに乗った第8騎兵連隊は、新しい形の戦車戦を編み出した。戦車が通れる場所はどこでも、戦車の戦域だということがよくわかったよ。たとえそれが山のてっぺんでもな」

中国第63軍は、臨津江の戦いで1万人以上の人的損耗を出して、戦闘任務から外されたという。第29歩兵旅団で死傷者および捕虜となった者は、1100人近くにおよんだ。

▼M4シャーマン・ファイアフライ中戦車
イギリス連邦占領軍

第2次世界大戦中に、アメリカ製のシャーマン中戦車を原型にイギリスが改良したバージョン。ファイアフライと呼ばれる。75ミリ砲の火力を増強するために高初速の76ミリ砲が導入された。朝鮮戦争でも実戦配備された。

Sherman M4 Firefly
乗　　員：4名
重　　量：32.7トン
全　　長：7.85メートル
全　　幅：2.67メートル
全　　高：2.74メートル
エンジン：316.6kW（425馬力）クライスラー・マルチバンクA57ガソリン
速　　度：40キロメートル
行動距離：161キロメートル
兵　　装：1×OQF17ポンド（76ミリ）砲、1×7.62ミリ同軸機関銃
無 線 機：ワイヤレス・セットNo19

M4A3 Sherman Flail
乗　　員：5名
重　　量：31.8トン
全　　長：8.23メートル
全　　幅：3.5メートル
全　　高：2.7メートル
エンジン：373kW（500馬力）フォードGAA V型8気筒ガソリン
速　　度：46キロメートル
行動距離：100キロメートル
兵　　装：1×M3 75ミリ戦車砲、1×12.7ミリ対空重機関銃、1×7.62ミリ機関銃
無 線 機：ワイヤレス・セットNo19

▶M4A3シャーマン
フレイル地雷処理戦車
イギリス連邦占領軍第7戦車連隊C中隊

第2次世界大戦中の頑丈なシャーマン中戦車の数多い派生型のひとつ。シャーマンは朝鮮戦争でも、終始使用されつづけた。車体に取りつけられたフレイル（回転式チェーン）で、地雷を強制的に爆発させて処理する。

▼ダイムラー偵察車
イギリス連邦占領軍

第2次世界大戦をとおして、イギリスで生産された。武装、装甲とも軽装で、現場での評価がよかったため、運用期間が朝鮮戦争が終わるまで延長された。

	Daimler Scout Car
乗　員	2名
重　量	3.22トン
全　長	3.23メートル
全　幅	1.72メートル
全　高	1.5メートル
エンジン	41kW（55馬力）ダイムラー6気筒ガソリン
速　度	89キロメートル
行動距離	322キロメートル
兵　装	1×7.62ミリ機関銃
無線機	ワイヤレス・セットNo19

ロード・ストラスコーナ騎兵連隊戦車騎兵大隊（カナダ）

朝鮮戦争中とその後の1951～54年の期間は、ロード・ストラスコーナ騎兵連隊のA、B、C騎兵大隊が交代で、第1イギリス連邦師団に配属された。各騎兵大隊は本部車両となる戦車1両と、それぞれ戦車3両を擁する5個騎兵中隊で構成されていた。連隊にははじめ、アメリカ製のM10戦車駆逐車が配備されたが、のちにM4A3シャーマン中戦車がまわされるようになった。1951年7月以降、英連邦第1師団は、イギリス、カナダ、オーストラリア、ニュージーランド、インドなど、朝鮮半島に集結した全イギリス連邦地上部隊を束ねる組織となった。

本部（1×M10戦車駆逐車）

第1騎兵中隊（3×M10戦車駆逐車）

第2騎兵中隊（3×M10戦車駆逐車）

第3騎兵中隊（3×M10戦車駆逐車）

第4騎兵中隊（3×M10戦車駆逐車）

第5騎兵中隊（3×M10戦車駆逐車）

第3章
ヴェトナム戦争 1965〜75年

インドシナ半島の紛争は、過熱と沈静化を繰り返して、30年以上も紛糾しつづけた。傍目から見れば、ヴェトナム戦争中の機甲部隊の配備など、そうした紛争全体のつけ足し程度の意味しかもたない。現地の司令官は、主に第2次世界大戦や朝鮮戦争での戦闘体験と、フランスによる装甲車両投入の失敗を根拠に、装甲車両に対する態度を決めていたが、フランスが極東の植民地帝国を失うまいとして、立ち向かわせた装甲車両はほんのわずかな数でしかなかった。現にヴェトナムでの戦争が継続されるうちに、装甲車両が成り行きで投入されるケースも出てきて、結局は条件さえ整えば戦闘の決定力になりえることが実証されるのである。

▲オーストラリア軍の装甲車両
ロイヤル・オーストラリア機甲軍団（RAAC）の乗員が、センチュリオン主力戦車とともに任務を遂行している。オーストラリア軍は1967年から1970年の間に、ヴェトナムにセンチュリオンを58両投入し、主に活動する歩兵の火力基盤として使用した。

概要

NATOとソ連圏は、冷戦に集中して取り組んでいたため、多くの軍事戦略家にとって、ヴェトナムでの装甲車両を用いた戦闘は、アジアとの距離と同じくらい現実から遠いものだった。

ヴェトナム戦争期の米ソの機甲戦の戦闘教義では、明白に「ヨーロッパの戦場」に焦点が当てられていた。たしかに大きな規模で装甲車両が投入されるとしたら、西欧がその舞台となる確率は高かっただろう。太平洋戦争でも、南海に広がる島々を解放する戦いに戦車の大部隊は差し向けられなかったし、中国からミャンマー、インドにいたる戦域でも装甲車両同士の大々的な衝突は起こらなかった。

アメリカ軍はヴェトナムで徐々に存在感を増していったため、戦車の役割は限定的に捉えられるのが関の山だった。朝鮮戦争では、戦車に使い道があった。ところがヴェトナムでの戦争は短期で終わるという見通しがあったため、朝鮮半島で国連軍の装甲車両が行なった貢献が分析され、戦術に活かされることはなかった。そのうえヴェトナムでフランス軍が戦闘に臨んだ経験から、東南アジアで装甲車両を投入した際の苦い教訓が学ばれていたのだ。1954年の春、当時の仏領インドシナにフランスが配備した軍勢は、450両以上の戦車と戦車駆逐車、2000両近くのハーフトラックと装甲車両、装輪水陸両用車を擁していた。こうした装備の大部分はアメリカの協力で調達されたが、その内容はM24チャーフィー軽戦車、M4シャーマン中戦車といった、第2次世界大戦期の古いモデルばかりだった。

フランス軍は、ディエンビエンフーの悲運の空挺堡を防御するために戦車を少数配備した。ところがそれでは、ヴェトミン共産軍の強襲を食い止めることはできなかった。ちなみにヴェトミン（ヴェトナム独立同盟会）とは、ホー・チ・ミンが結成した独立運動組織である。このインドシナ半島のはるか北部での壊滅的敗北以外にも、第100機動グループ（GM100）として知られるフランス軍のタスクフォースの敗退が、東南アジアにおける西側の機甲戦の戦闘教義に重くのしかかっていた。あるいはその欠如に影響したといえる。GM100は機甲部隊であるとよく誤解されるが、実際は歩兵と装甲車両、支援部隊の混成兵力だった。1954年の春、GM100は無防備な陣地からあわてて撤退するうちに、ヴェトミンの待ち伏せ攻撃に遭ってほとんど壊滅状態になったのだ。

地形への過剰な警戒

アメリカ軍の計画立案者は、ヴェトナムのうっそうとしたジャングルや水田、内陸の中部高原にそびえる山々を警戒しすぎていた。後にヴェトナムのアメリカ軍司令官になった、ウィリアム・ウェストモーランド将軍の何気ない発言にもそれは表れている。「数カ所の海岸地帯以外は、（中略）ヴェトナムには戦車や機械化歩兵部隊の活動できる場所はない」。

1960年代初めに機甲旅団の作戦行動について書かれたアメリカ陸軍の野戦教範には、通行が困難な地形での戦術を扱った項目がたったひとつしかなく、14ページしか割かれていない。そんなところにも、装甲車両は大編成で北欧の平原で強襲をかけるもの、というアメリカの先入観がうかがえる。野戦教範によると、機甲部隊は通行困難な地域を迂回して、歩兵にその難路を切り開かせるのだ。機甲部隊投入に失敗したフランス軍の弱腰を反映して、このような教義は、装甲車両は走行に適した道路がなく身動きできなくなればひとたまりもなくやられる、と決めつけており、それが致命的な欠点となっている。アメリカ軍上層部は公式に戦車は「対反乱作戦には不適当」と断定したが、ヴェトナムの戦闘の実情によって結局はそうでないことが証明された。

ジャングルや山地での危険にくわえて、東南アジアの雨季も機甲作戦には障害になった。実際モンスーンにあたる数カ月間、ヴェトナムの特定地域は、戦車や装甲兵員輸送車など装軌車両の立ち入り禁止区域に指定されていた。ところが1967年にこの国を調査したアメリカの将校グループは、ヴェトナムの半分近くが年間のほとんどの時期、装甲車両の使用に適していると報告したので

ある。調査団はとくにM24チャーフィー軽戦車、M41ウォーカー・ブルドッグ軽戦車、M48パットン中戦車といった、アメリカの保有する戦車が前線で示した実力を熟知していた面々だった。

増大する影響

1968年の冬に、共産軍のテト攻勢が勢いを失った頃には、集中砲火の威力を見せつけた戦車が、ヴェトナムでの利用価値を示していた。実のところ、最初に南ヴェトナム、次にアメリカとオーストラリアの部隊が、M113装甲兵員輸送車に機関銃と防盾、さらに小型の砲塔まで追加して本格的な戦闘車に改造した結果、戦車の適用範囲は大幅に拡張されていた。かたや共産軍は、戦争が長引く中でも機甲戦力の優位性を守りとおそうとした。南で数を増やしつつある北ヴェトナム軍には、ソ連製のPT-76水陸両用軽戦車、T-34中戦車の改良型、後期型のT-54/55主力戦車を擁する機甲部隊があった。それを扱っていたのはよく訓練された共産軍で、ゲリラのベトコンは少数だった。

ヴェトナムでは、対戦車火器も成熟期を迎えた。

▼ **軽支援**
フランス軍が1950年代初めからインドシナに配備していた、多用途のM24チャーフィー軽戦車。チャーフィーは歩兵の支援任務に最適で、とくに山岳地帯やジャングルで役に立った。

共産軍は殺傷性の高い肩撃ち式のRPG（ロケット擲弾発射器）を大量に配備し、アメリカ軍はLAW（軽対戦車ロケット弾）とTOW（発射筒発射・光学追尾・有線誘導）対戦車ミサイルで対抗した。強力な対戦車地雷は多大な犠牲をもたらし、装甲車両の前進をはなはだしく遅らせた。その多くが車道に埋められるか、ブービートラップとして仕掛けられて、一部の戦車や軽装甲車両を破壊したり、重量のある戦車なら履帯を吹き飛ばしたりする威力を発揮した。

始末屋

半世紀以上の歴史をもつアメリカの機甲戦の戦闘教義で、おそらく最大の振れ幅を生じたのは、ヴェトナムでの戦闘時の戦車の役割の変化だろう。無論、歩兵の直接支援作戦で、戦車の放つ圧倒的火力は否定しがたい。時には限定的であるにしても、機動性もおおいに発揮した。敵の兵士に与える心理的ショックも相当なものだ。

ところがそれ以前の戦争で戦車は、敵前線を突破して戦果を拡張する武力として想定・投入されていた。だがヴェトナムではきっちり決まった戦線というのはめったになかった。猛攻をかけてきた敵が、ジャングルや農村部に紛れこんでしまうことも日常茶飯事だった。そのため戦車が敵の「始

末屋」として大活躍した。戦闘にくわわって標的を足止めして重火器で叩きのめすのだ。戦車、支援する歩兵の組み合わせと連動して、空中機動戦の構想も実現化された。戦車が後方の敵をなぎ倒しながら進むより、ヘリで輸送された戦闘歩兵が包囲戦力になることが多かった。

　超大国が長期にわたって準備してきた直接の武力衝突を避けて、代理戦争に走ったため、その後ヨーロッパを除く世界各地で戦闘が起こった。大規模な戦車部隊が活動するにしては、東南アジアが理想的な実験場でなかったのは確かだが、ヴェトナムでの戦車の運用法は、その後の紛争の傾向を暗示するものとなった。

アメリカ軍と南ヴェトナム軍 1965～75年

アメリカ軍と南ヴェトナム軍は、巧みに逃げる敵に日常的に相対するうちに、装甲戦闘車両を頼りにするようになった。ただし、装甲車両同士のぶつかり合いはめったに起こらなかった。

　1969年の夏にはアメリカ合衆国は、ヴェトナムの戦闘地域に戦車600両以上とそれ以外の装甲車両2000両を配備していた。この数字は、軍の上級戦略家がはじめに抱いた思惑とは、まったく違った事実を示していた。装甲車両の投入は、軽武装の反乱者との戦いではほとんど無意味に近いだろうと思われていたのだ。アメリカが考えを変えたのはおそらく、より練度が高くてより重武装な北ヴェトナム軍の部隊が、南に現れたせいだと思われる。

　それはともかく、見解の著しい変化がもっともよく表れているのは、かつてのヴェトナムの装甲車両の敵、ウィリアム・ウェストモーランド将軍

M41A3 Light Gun Tank 'Bulldog'
乗　　員：5名
重　　量：46,500キログラム
全　　長：12.3メートル
全　　幅：3.2メートル
全　　高：2.4メートル
エンジン：261.1kW（350馬力）ベッドフォード12気筒ガソリン
速　　度：21キロメートル
行動距離：144キロメートル
兵　　装：1×76ミリライフル砲、1×12.7ミリ機関銃、1×7.62ミリ機関銃
無 線 機：不明

▼M41A3「ウォーカー・ブルドッグ」軽戦車
南ヴェトナム共和国軍（ARVN）

南ヴェトナム軍はフランス軍からM24チャーフィー軽戦車を受け継いでいたが、1964年にM41軽戦車がその後継に選ばれた。M41A3の第1陣は1965年1月に到着し、南ヴェトナム軍の5個中隊に配備された。1965年10月、15両のM41が、包囲されたプレイミー特殊部隊キャンプの救援部隊にくわわって、初陣を飾った。

の指令だろう。1968年のテト攻勢の直後に出された指令である。ウェストモーランドは、その先東南アジアに派遣される増援部隊は、歩兵ではなく装甲車両にするべきだと断言した。また彼は、ヴェトナムへのアメリカ軍の戦車の第1陣が、偶然に近い形で上陸していることを指摘していたふしもある。1965年3月9日には、第3海兵戦車大隊B中隊第3小隊にもともと配属されていた装甲車両が、海兵大隊上陸チームとともにダナンに到着していたのだ。すでに「国内にいた」指揮官の中には、どうやらM48A3パットン中戦車が戦力に含まれているのに気づいていない者もいたようだ。

8月には、さらに1個のアメリカ海兵大隊上陸チームが南ヴェトナムに着岸し、つづいて第1歩兵師団の班とともに、ヴェトナムにはじめてアメリカ陸軍機甲部隊が到着した。海兵隊の戦車がヴェトナム戦争に参加した初期の戦闘で記録に残っ

アメリカ装甲騎兵大隊、1969年

ヴェトナム戦争時の標準的なアメリカ装甲騎兵大隊は、すさまじい火力を集めていた。M113装甲兵員輸送車を転用した装甲騎兵戦闘車（ACAV）と歩兵輸送用のM113の改良型が配属され、後者は兵員を11人輸送した。軽量のM551シェリダン軽戦車は空輸が可能だったが、実戦での評価はかんばしくなかった。1個中隊には、90ミリライフル砲を搭載したM48A3パットン4両が配備され、M109 155ミリ自走榴弾砲1両が強力な砲撃支援を行なった。

本部（1xM577指揮車）

装甲騎兵中隊（3xM113装甲騎兵戦闘車、2xM551シェリダン軽戦車、1xM113歩兵戦闘チーム）

装甲騎兵中隊（3xM113ACAV、2xM551シェリダン、1xM113歩兵戦闘チーム）

榴弾砲中隊（1xM109 155mm自走榴弾砲）

装甲騎兵中隊（3xM113ACAV、2xM551シェリダン、1xM113歩兵戦闘チーム）

戦車中隊（4xM48A3パットン中戦車）

ているものに、1965年夏の「スターライト」作戦がある。2日間にわたる激戦で、アメリカ軍は戦車に助けられて数多くのベトコンの拠点を破壊し、大量の武器を鹵獲して68人の反乱者を殺害した。この戦闘で戦車7両が破壊され、1両が修理不能になった。

戦争の初期段階では、アメリカ歩兵旅団は1個騎兵中隊の支援を受けることが多かった。騎兵中隊は主にM114偵察装甲車で構成されていたが、M114はのちにM113に置き換えられた。以前は歩兵とともに配備されていた、M48A3パットン中戦車の大半は「ジャングル戦」から除外された。

説得はある程度必要だったが、戦車はやがて戦闘に投入されるようになった。ヴェトナムでの装甲車両の使用を先頭に立って提案したのは、フレデリック・ウィーアンド少将だった。少将はアメリカ第25歩兵師団の指令官で、配下の機甲部隊の派遣を要請していた。第4騎兵連隊第3大隊、第5（機械化）歩兵連隊第1大隊、第69機甲連隊第1大隊、といった部隊である。

ヴェトナムで進化し、採用された機甲戦の戦闘教義の典型例となったのが、タスクフォース・ドラグーンの活動だった。第4騎兵連隊第1大隊のB、C中隊、第2歩兵連隊第1大隊のB中隊で編成された部隊で、1966年7月にはアンロク付近で、手強いベトコン軍を罠にはめるのに成功した。M48A3パットン中戦車と機関銃を搭載したM113装甲兵員輸送車が敵を引きつけておいて、

M109 155mm SP Howitzer

乗　　員	6名
重　　量	23,723キログラム
全　　長	6.612メートル
全　　幅	3.295メートル
全　　高	3.289メートル
エンジン	302kW（405馬力）デトロイト・ディーゼル8V-71Tディーゼル
速　　度	56キロメートル
行動距離	390キロメートル
兵　　装	1×155ミリ榴弾砲、1×12.7ミリ対空重機関銃
無線機	不明

▶ **M109 155ミリ自走榴弾砲**
第1歩兵師団第4騎兵連隊第1大隊
主砲は155ミリ榴弾砲。1962年にはじめてアメリカ陸軍の軍備にくわわり、ヴェトナム戦争を通じて数知れない機甲部隊で使用され、諸兵科連合作戦の重砲の火力となった。

M110A2 SP Howitzer

乗　　員	5名
重　　量	28,350キログラム
全　　長	5.72メートル
全　　幅	3.14メートル
全　　高	2.93メートル
エンジン	335.5kW（405馬力）デトロイト・ディーゼルV型8気筒
速　　度	56キロメートル
行動距離	520キロメートル
兵　　装	1×203ミリ榴弾砲
無線機	不明

▲ **M110A2 203ミリ自走榴弾砲**
アメリカ第15砲兵連隊第7大隊A砲兵中隊
ヴェトナム戦争期のアメリカ軍の武器庫の中で最大だった自走砲。M110A2の203ミリ砲にはダブル・バッフル型の砲口制退器が装着されているので、旧型のM110A1と見分けやすい。

第3章　ヴェトナム戦争 1965〜75年

歩兵が側面から接近したのだ。少なくとも2両のM113が使いものにならなくなったが、240人以上のベトコンを片づけた。

南ヴェトナム軍は、この戦争の最初から最後までアメリカ軍の軍備に頼っていた。1950年代の南ヴェトナム軍の装甲騎兵部隊には、軽戦車と装甲兵員輸送車が配備されていた。1966年には、歩兵師団に装甲騎兵大隊6個と戦車のみの部隊が追加された。1969年には、戦車等の車両を擁した機甲旅団2個が編成された。1971年の春は、第20戦車連隊が結成されてM48パットンが配備され、その翌年の北によるイースター攻勢後は、M48戦車連隊2個が追加された。

▼M578軽回収車
アメリカ第4砲兵連隊第8大隊

自走榴弾砲のM110 203ミリ、およびM107 175ミリと同じシャーシを利用している。戦闘時には砲身が短時間で摩耗するため、砲身を交換するための車両として開発された。

M578 Light Recovery Vehicle

乗　　員	3名
重　　量	24,300キログラム
全　　長	6.42メートル
全　　幅	3.15メートル
全　　高	2.92メートル
エンジン	302kW（405馬力）ゼネラルモーターズ8V-71T 8気筒ディーゼル
速　　度	55キロメートル
行動距離	725キロメートル
兵　　装	1×ブローニングM2HB12.7ミリ機関銃

北ヴェトナム軍 1959〜75年

1950年代半ばには北ヴェトナム軍にも装甲車とハーフトラックが揃い、対戦車戦術が開発されて、機甲部隊が形を整えはじめた。

北ヴェトナム軍は早くも1956年には装甲車両部隊を創設していたが、防御を重視してソ連製の57ミリ砲やドイツ製のPak40 75ミリ砲のような牽引式の対戦車砲を数多く集めていた。1959年、北ヴェトナム軍初の戦車部隊である、第202装甲連隊が誕生した。この部隊には、T-34/85中戦車35両とSU-76自走砲16両が配備された。ちなみに部隊名の202という数字は、ソ連と中国で訓練を受けた指揮・幹部要員の人数を指してしている。

1965年には正式な全軍本部が発足して、機甲戦の戦闘教義が検討され、歩兵と装甲車両、砲兵の部隊の連携構想が練られた。第202戦車連隊は、戦力を拡張して3個大隊を配下に収め、戦後型のT-54/55主力戦車とSU-76自走砲、PT-76水陸両用軽戦車を編成にくわえた。

北ヴェトナム軍は、機甲戦力が十分でないのを承知していたので、小出しにする方針をとった。使用可能な戦車は100両もなかったようだ。戦車は主に攻勢作戦に配備して損耗を抑える。しかもいついかなる時も、必要最小限の戦車しか交戦させないようにした。装甲車両と歩兵の緊密な連携が、必要不可欠だと考えられた。北ヴェトナム軍の装甲車両が目に見えて増強して、脅威となり

北ヴェトナム軍戦車連隊、1971年

部隊種別	個数	車両	配備数
本部	—	T34/85中戦車	1
戦車大隊	3		
本部	1	T34/85	1
戦車中隊	3	T34/85	10
偵察小隊	1	T34/85	3〜5
偵察大隊	1		
本部	1	BTR-40装甲兵員輸送車	1
軽戦車中隊	1	T34/85	7〜10
偵察中隊	2	BTR-60PA装甲兵員輸送車	5
高射大隊	1	BTR-40A対空装甲車かZSU-57-2自走対空砲	2

えるようになったのは、ようやく1967年になってからだった。

編成

機甲部隊の標準的な編成がおおまかに組まれていたが、独立して活動する派遣部隊や戦車大隊が、枠にとらわれずにさまざまなタイプの車両を混合することも珍しくなかった。たとえば1個戦車大隊にPT-76水陸両用軽戦車もしくはT-34/85中戦車の1個以上の中隊と、BTR-50装甲兵員輸送車の1個以上の中隊が配属されることもあった。1個戦車大隊には、定数で40両もの戦車または35両の装甲兵員輸送車が配備された。

北ヴェトナム軍の装甲連隊は1971年に再編され、第202戦車連隊の配下の組織は3個大隊になり、各大隊が3個中隊に分かれた。各中隊にはソ連製のBTR-50PK装甲兵員輸送車か中国製の63式装甲兵員輸送車が最大で11、12両配備された。

T-34/85M Medium Tank

- 乗　　員：5名
- 重　　量：32トン
- 全　　長：6メートル
- 全　　幅：3メートル
- 全　　高：2.60メートル
- エンジン：433kW（581馬力）モデルV-55 12気筒 38.88Lディーゼル
- 速　　度：（路上）55キロメートル
- 行動距離：360キロメートル
- 兵　　装：1×ZiS-S-53 85ミリ戦車砲、2×DT7.62ミリ機関銃（前方銃座、同軸）
- 無　線　機：R-123

▼T-34/85M中戦車
北ヴェトナム軍第202戦車連隊

ソ連製のT-34/85中戦車は、北ヴェトナム軍の初期の機甲部隊の主力となった。1969年型とも呼ばれるT-34/85Mは、1960年代末に開発された。あらたにV-54ディーゼル・エンジンを搭載して、T-55型の幅広の転輪を履かせたほか、改良型の無線装置や燃料補給を容易にする車外燃料ポンプを追加するなど、さまざまな近代化改修が行なわれた。

北ヴェトナム軍戦車連隊、1971年

ヴェトナム戦争ピーク時の北ヴェトナム軍戦車連隊は、3個大隊に定数で90両以上の戦車を配備した。1個大隊は3個中隊、偵察小隊、本部車両で構成されていた。機械化歩兵は、最大35両のBTR-50装甲兵員輸送車か、63式装甲兵員輸送車によって輸送された。1975年には、北ヴェトナムの機甲兵力は9個連隊にまで増強し、戦車600両と装甲兵員輸送車400両以上を保有していたと見られる。

編成―北ヴェトナム軍戦車連隊、1971年

- 北ベトナム軍戦車連隊
  - 本部
  - 高射部隊
  - 第1戦車大隊：本部、1、2、3、偵察小隊
  - 第2戦車大隊：本部、1、2、3、偵察
  - 第3戦車大隊：本部、1、2、3、偵察
  - 第1偵察大隊：本部、1、2、軽戦車中隊

本部

第1大隊本部　　偵察小隊（3xT-34/85中戦車）

第1戦車中隊（10xT-34/85）

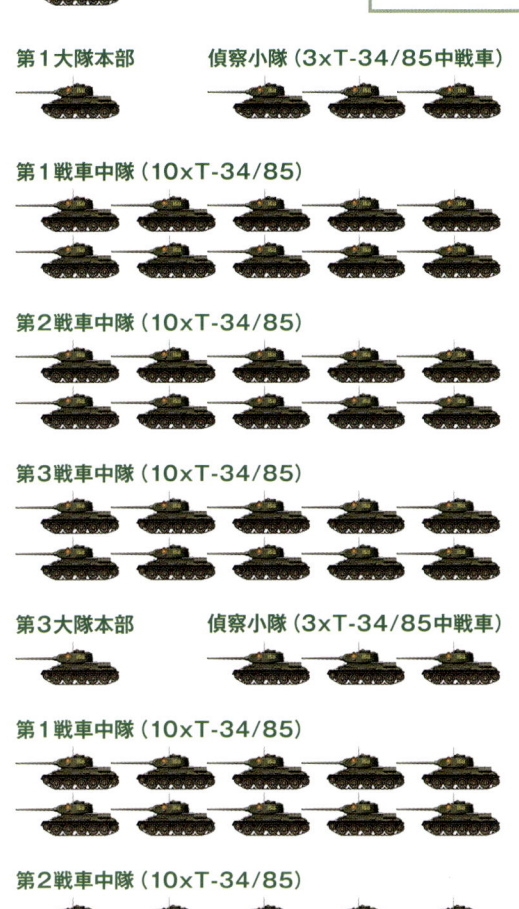

第2戦車中隊（10xT-34/85）

第3戦車中隊（10xT-34/85）

第2大隊本部　　偵察小隊（3xT-34/85）

第1戦車中隊（10xT-34/85）

第2戦車中隊（10xT-34/85）

第3戦車中隊（10xT-34/85）

第3大隊本部　　偵察小隊（3xT-34/85中戦車）

第1戦車中隊（10xT-34/85）

第2戦車中隊（10xT-34/85）

第3戦車中隊（10xT-34/85）

1970年代には、中華人民共和国から北ヴェトナムへの供与が始まり、ソ連のT-34中戦車のコピー版で中国唯一の国産である59式主力戦車や、これもやはりソ連製のPT-76とうりふたつの63式水陸両用軽戦車が調達された。中国はまた63式装甲兵員輸送車を供給しており、このモデルが北ヴェトナム軍の装甲兵員輸送車の主流となった。

北ヴェトナム軍の装甲車両が数を頼んで突っこもうとしたときは、たいてい結果は見えていた。たとえば1972年のイースター攻勢では、アメリカが制空権を握っていたためにその多くが航空攻撃のために黒コゲになった。さらに6月中旬には80両以上の戦車が無力化された。攻勢が収束し

The Vietnam War, 1965-75

た頃には、戦車と装甲兵員輸送車をあわせた損害は、400両以上におよんでいた。対戦車ミサイルの攻撃や、アメリカ・南ヴェトナム軍のM48パットン中戦車との遭遇戦でも、軽武装のPT-76はいたるところで煙をくすぶらせる鉄クズになった。

北ヴェトナム軍は、イースター攻勢で大量の装甲車両を失ったため、ソ連の補給を受けて機甲部隊にT-54/55主力戦車やT-34/85中戦車、PT-76水陸両用軽戦車を補充した。戦術も修正されて、攻撃が2段構えになった。まずは急襲をかけて敵を混乱に陥れ、敵陣に奥深く突入するための道を開く。それから敵後方で破壊の限りを尽くすのだ。

アメリカの撤退後の1975年に、南ヴェトナムに決定的な攻勢をかけたとき、北は戦車連隊9個という堂々たる軍容を揃えて、その配下に29個大隊を従え、戦車600両以上とその他の装甲車両400両を擁していた。最終決戦は当然の結果に終わり、サイゴンの大統領府の門を突き破るT-54主力戦車の写真は、共産主義の勝利を象徴するものとなった。

Norinco Type 63 Amphibious Light Tank

乗　員：4名
重　量：18,400キログラム
全　長：8.44メートル
全　幅：3.2メートル
全　高：2.52メートル
エンジン：298kW（400実馬力）モデル12150-L V型12気筒ディーゼル
速　度：64キロメートル
行動距離：370キロメートル
兵　装：1×85ミリライフル砲、
　　　　1×12.7ミリ重機関銃、1×7.62ミリ機関銃
無線機：不明

▼63式水陸両用軽戦車
北ヴェトナム軍第574戦車連隊

中国北方工業公司（ノリンコ）で製造され、ソ連のPT-76水陸両用軽戦車とよく似ている。1963年に生産が始まった。北ヴェトナムが1969年に発注した150両は、その後3年かけて納入された。

▲BTR-40水陸両用装甲偵察車
北ヴェトナム軍第198戦車大隊

第2次世界大戦後のソ連が、装輪式の装甲兵員輸送車を好んでいたことを示す好例。大量のBTR-40が北ヴェトナムに輸出されて、ヴェトナム戦争中には指揮、偵察、哨戒用の車両として使われた。

BTR-40 Amphibious Armoured Scout Car

乗　員：2+8名
重　量：5,300キログラム
全　長：5メートル
全　幅：1.9メートル
全　高：1.75メートル
エンジン：60kW（80馬力）GAZ-40 6気筒
速　度：80キロメートル
行動距離：285キロメートル
兵　装：1×7.62ミリ機関銃

ZSU-57-2 SP Anti-Aircraft Gun (SPAAG)

乗　員：6名
重　量：28,100キログラム
全　長：8.48メートル
全　幅：3.27メートル
全　高：2.75メートル
エンジン：388kW（520馬力）モデルV-54 V型
　　　　　12気筒ディーゼル
速　度：50キロメートル
行動距離：420キロメートル
兵　装：2×57ミリ対空機関砲
無線機：不明

▼ZSU-57-2自走対空砲
北ヴェトナム軍第201戦車連隊
T-34中戦車の車体に、2連装の57ミリ高射機関砲が搭載されている。1950年半ばからソ連での使用が開始され、ヴェトナム戦争では北ヴェトナム軍で敵の航空機に対し、機動力を活かした防御を行なった。

テト攻勢－フエ攻略戦 1968年

ヴェトナム戦争では、装甲車両による直接的な戦闘参加は稀だったが、配備された戦車や装甲兵員輸送車は、数多くの戦闘行為の中で要となる役割を果たした。共産軍に勝利を収めたテト攻勢はその顕著な例だ。

　1968年1月26日、テト攻勢の開始まで1週間を切った時点で、共産軍は南ヴェトナムの戦場にはじめて戦車を送りだした。かくしてタマイの南ヴェトナム軍の陣地が強襲され、南ヴェトナム軍は陣地を放棄せざるをえなくなった。この時第24歩兵連隊の兵士を支援したのは、第198戦車大隊第3中隊のPT-76水陸両用軽戦車だった。北ヴェトナム軍はさらに前進して、ランヴァイにあるアメリカ特殊部隊の陣地を攻撃してPT-76を6両失ったが、駐屯部隊を圧倒した。その駐屯部隊が撤退した先のアメリカ海兵隊のケサン基地は、それから何カ月ものあいだ敵に包囲されていた。

　ヴェトナムで損傷したアメリカ軍と南ヴェトナム軍の装甲車両の大多数が、B-40ロケット・ランチャーや強力な地雷といった、対戦車火器にやられていた。戦争が進むにつれて、地雷による損耗や損傷を最小限に抑えるために、車体底面に増加装甲キットを装着した車両が多くなった。また戦車は遮蔽用の金網をつけるようになった。RPGから発射されたロケット弾を爆発させて、車体や砲塔の装甲への直撃を避けるためだ。北ヴェトナム軍の装甲車両は戦術・戦略爆撃機、または重武装の攻撃ヘリである、AH-1Gヒューイコブラ・ガンシップにたびたび餌食にされた。

テト攻勢の戦車

　1968年1月31日、共産軍がヴェトナムの旧正月テトの祝日を狙って、南ヴェトナム全域で統制

M48A1 Medium Tank	
乗　　員	4名
重　　量	47,273キログラム
全　　長	7.3メートル
全　　幅	3.6メートル
全　　高	3.1メートル
エンジン	604kW（810馬力）AV1790-7C V型12気筒空冷ガソリン
速　　度	42キロメートル
行動距離	216キロメートル
兵　　装	1×105ミリライフル砲、3×7.62ミリ機関銃
無線機	不明

▼M48A1パットン中戦車
アメリカ第11装甲騎兵連隊第3大隊M中隊

原型のM48の車長用キューポラを復活させているのが特徴的。ここからM2HB 12.7ミリ対空機関銃を、戦車内にいながらにして装填も含めて操作できる。初期型のM48が多数M48A3に改造されて、ヴェトナムで配備された。

攻撃を開始。正規軍、ゲリラ軍が軍事目標、非軍事目標を襲って大混乱になると、アメリカのメディアがそれを大々的に取りあげた。テト攻勢は軍事的には、共産軍の惨敗に終わった。ところが南ヴェトナムの首都サイゴンの市街戦や、アメリカ大使館の敷地での戦闘の中継が、共産主義者にとって都合のよい宣伝工作になった。アメリカの世論は反戦に向かい、結果的にヴェトナムからのアメリカの撤退を早めることになった。

アメリカ軍と南ヴェトナム軍がしかるべき戦力の装甲車両を繰りだしたときは、結果はおおむね良好だった。クアンガイ市では、南ヴェトナム軍の戦車とM113装甲兵員輸送車の火力を集中させて、共産軍の根城だったこの都市を8時間で制圧した。タムキーに近いパイナップル・フォレストでの2日間の戦闘では、装甲騎兵部隊がベトコンと北ヴェトナム兵180人を殺害した。

フエ攻略戦

テト攻勢の中でもっとも長く、もっとも過酷な戦いとなったのは、トゥアティエン＝フエ省の省都フエをめぐる攻略戦だった。この戦いは26日間続いた。共産軍の兵士は城壁をめぐらした「城砦」の中で民家や行政機関の建物を占拠していたが、装甲騎兵連隊とアメリカ海兵隊の戦車がそれを根絶した。火炎放射器を搭載している戦車もあった。戦いは熾烈をきわめ、アメリカ軍の戦車の乗員は1日ごとの交替を繰り返した。戦車1両にRPGのロケット弾が何発も命中するなど、厳しい攻撃を受けたからだ。

海兵隊のM48パットン中戦車は、立てこんだ市街戦向きではなかったし、対戦車火器に弱いこともわかっていたが、その火力はまちがいなくフエの奪還に貢献した。市街戦のための簡単な戦術が考案された。パットンと6連装砲を積んだオントス106ミリ自走無反動砲を前後に配置するようなやり方だ。戦車数両が失われたが、共産軍のほうは5000人の死傷者を出した。

装甲車両同士の対決

敵対する装甲車両が戦闘で遭遇するという、ヴェトナムでの希少な例が、1969年3月3日にベンヘトであった。北ヴェトナム軍の第202機甲連隊第4機甲大隊のPT-76水陸両用軽戦車が、アメリカ軍の第69機甲連隊第1大隊のM48A3パットン中戦車と鉢合わせになったのだ。パットン1両がPT-76の76ミリ砲弾の直撃を食らったが、損傷は微細だった。PT-76 1両が地雷に触れて吹

▶ M50オントス
106ミリ多連装自走無反動砲
アメリカ第1海兵師団第1対戦車大隊

ヘリで空輸が可能な戦車駆逐車。軽武装だが6連装の106ミリ無反動砲から大火力を放つ。ヴェトナムでは主に歩兵の支援に使われた。1970年代半ばには退役した。

Rifle, Multiple 106mm, Self-propelled, M50 Ontos

乗　　員	3名
重　　量	8,640キログラム
全　　長	3.82メートル
全　　幅	2.6メートル
全　　高	2.13メートル
エンジン	108kW（145馬力）ゼネラルモーターズ302ガソリン
速　　度	48キロメートル
行動距離	240キロメートル
兵　　装	6×106ミリ無反動砲、4×M8C 12.7ミリスポッティング・ライフル
無線機	不明

◀ M42自走高射機関砲
**アメリカ第3海兵師団
第44砲兵連隊第1大隊**

自走式のM42「ダスター」高射機関砲は1950年代に開発された。ヴェトナムに送られたのは、先に配備されていた対空ミサイルが不評だったためだ。40ミリ機関砲は、歩兵の火力支援でもすばらしい威力を発揮した。

M42 SP Anti-Aircraft Gun

乗　　員	6名
重　　量	22,452キログラム
全　　長	6.35メートル
全　　幅	3.225メートル
全　　高	2.847メートル
エンジン	373kW（500馬力）コンチネンタルAOS-895-3 6気筒空冷ガソリン
速　　度	72.4キロメートル
行動距離	161キロメートル
兵　　装	2×40ミリ高射機関砲、1×7.62ミリ機関銃
無線機	不明

き飛んだ。さらに2両がパットンの90ミリ弾で破壊された。北ヴェトナム軍は、アメリカ軍が自軍より大型の戦車を配備しているのに仰天して退却した。ヴェトナム戦争中に、アメリカ軍の戦車の損耗は概算でM48パットンが150両、M551シェリダン軽戦車が200両だったが、北ヴェトナム軍の損耗はそれをはるかに上回っていることがわかっている。

▲M551シェリダン軽戦車
アメリカ第4装甲騎兵連隊第3大隊A中隊

軽量で歩兵支援用の空挺戦車として開発された。ヴェトナムでは多くの装甲騎兵連隊に装備されたが、地雷の爆発には弱かった。ミサイルと砲弾の両方の発射が可能なガンランチャーを搭載する。そこから放たれるシレイラ対戦車ミサイルは期待外れだったが、152ミリ砲弾の火力は喜ばれた。

M551 Sheridan Light Tank
- 乗　　員：4名
- 重　　量：15,830キログラム
- 全　　長：6.299メートル
- 全　　幅：2.819メートル
- 全　　高：2.946メートル
- エンジン：224kW（300馬力）6気筒デトロイト6V-53Tディーゼル
- 速　　度：70キロメートル
- 行動距離：600キロメートル
- 兵　　装：1×152ミリガンランチャー、1×12.7ミリ対空重機関銃、1×7.62ミリ同軸機関銃
- 無 線 機：不明

▲M113A1装甲兵員輸送車
アメリカ第11装甲騎兵連隊

1964年に就役し、M113のガソリン・エンジンを信頼性の高い158kW（212馬力）ディーゼル・エンジンに換装した。防盾と機関銃が追加されて、M113A1はのちにACAV（装甲騎兵戦闘車）と命名された。

M113A1 Armoured Personnel Carrier
- 乗　　員：2+11名
- 重　　量：11,343キログラム
- 全　　長：2.52メートル
- 全　　幅：2.69メートル
- 全　　高：（車体の上まで）1.85メートル
- エンジン：158kW（212馬力）ゼネラルモーターズ6V53 6気筒ディーゼル
- 速　　度：61キロメートル
- 行動距離：480キロメートル
- 兵　　装：1×12.7ミリ重機関銃
- 無 線 機：不明

第4章
アジアの冷戦

21世紀をとおして冷戦とその影響は世界の隅々まで広がり、地政学的な論争や領土問題、宗教への熱情によって紛争に火がつけられた。第2次世界大戦の終結時には、極東と中央アジアであらたに独立または再建した国が、国家としてのまとまりを内外に認めさせるために腐心した。国境が引かれ、政府は軍を編成して防衛にも征服にもあてたが、多くの場合その背後には超大国の強力な支援があった。勢力範囲の色分けが明確になりはじめていた。戦車と装甲戦闘車両は、ほかの何よりも軍事力を象徴する存在となり、こうした軍隊の核心的要素として、第2次世界大戦後最大級の機甲戦を演じた。

▲鹵獲されたM47パットン中戦車
1965年のインド・パキスタン戦争で、無惨な姿になったアメリカ製のM47パットンを見物するインドの市民。1960年代初めにはM47パットンは旧式化していたが、インド軍が配備していたM4A3シャーマン中戦車のような、軽量な装甲車両が相手なら勝負になった。また歩兵の火力支援にも投入された。

概要

多くのアジア諸国で機甲部隊は大規模な軍の中心戦力となり、戦車の最新設計とそれに対する防御という両面で、進歩しつつあるテクノロジーの実験例となった。

広大なアジア大陸には、石油資源の豊富な中央アジア、天然資源と原材料を産出する東南アジア、膨大な人口を抱え、アジアに秀でた2大共産国のソヴィエト連邦と中華人民共和国が分布する。冷戦中はここがたびたび軍事衝突の表舞台になった。

ソ連と中国、アメリカは、アジア全土に影響力を行使しながら、この地域での優位性を奪い合った。石油の供給確保や国境の安全維持、侵略に発展しそうな行為の芽を摘むことがその目的だ。また懸案事項も山積みだった。宗教的、民族的、経済的、政治的対立が悪意となって表面下でくすぶり、ときおり爆発して戦争に発展した。

アメリカ中央情報局（CIA）が1980年12月に出した報告書によれば、ソ連がその前年に、第3世界の国々に供与した武器と軍事援助は70億ドル相当におよんでおり、5万人以上のソ連の軍事顧問が世界各地に派遣されている。この報告書が正確なのは間違いないだろうが、アメリカ合衆国も世界的な武器取引にどっぷりと浸かっていた。イギリスやフランスといったNATO諸国、さらにワルシャワ条約機構の国々も例外ではない。武器輸出のおかげで、不安定な経済を支える強い通貨がもたらされ、勢力範囲も広がって、領土を狙う攻撃を防止する効果も生まれる。武器売買が急成長して巨万の富を生むようになると、違法な武器取引という副産物も生まれた。小火器にその傾向は強く、闇市場は何十億ドルもの利益で沸いた。

1950年以来アメリカは、中央アジアへの領土拡張の動きがあるような場合は、パキスタンが緩衝材として役に立つと考えていた。一方ソ連は、インドとの友好関係を維持した。インドは最貧国で人口の多さは世界の一、二を争う。経済基盤を構築するためにソ連の技術力を、また近隣の敵に対する防衛のためにソ連の戦車を必要としていた。そのため武力衝突が起こると、決まってアメリカ製のM47とM48を中心とするパットン系の中戦車とM24チャーフィー軽戦車が、ソ連製のT-54/55、T-62主力戦車、PT-76水陸両用軽戦車

▼ソ連の侵攻
1980年、アフガニスタンの軍事作戦中に、道端に停止するソ連のBTR-60装甲兵員輸送車。BTR-60は、肩撃ち式のRPGの攻撃に弱かった。

とぶつかる構図になった。

極東の緊張

朝鮮戦争後に不安定な平和が訪れると、北朝鮮の共産主義政権は、国の経済への悪影響をものともせずに、莫大な金を注ぎこんで軍備を増強しつづけた。一方韓国軍は、国内に駐留するアメリカ軍に支えられていた。北朝鮮は、ソ連や中国の製造した戦車で機甲部隊の近代化を進めていたが、しばらくすると独自の主力戦車の開発計画にも着手した。

ヴェトナムでは、戦車はいくぶん限定的な基準で用いられ、装甲車両の戦術的配備や戦闘での役割、さらに新世代の対戦車火器に対する装甲の防御力は、実戦をとおして試された。

中華人民共和国は、長らくソ連に頼って機甲部隊に装甲車両を配備していたが、旧式化したT-34中戦車の国産バージョンである59式中戦車も生産していた。中国はその後、近代的な主力戦車をはじめとする独自の装甲車両の開発に乗りだした。

▶ **戦利品**
鹵獲したパキスタン軍のT-55主力戦車に乗るインド軍の兵士。1971年の印パ戦争中に停戦が成立した後の光景。

インドとパキスタン 1965～80年

多大な犠牲者を出して、第2次世界大戦後最大の戦車戦が展開された戦争も、領土紛争を解決できず、この問題は21世紀に持ち越された。

1947年8月にイギリス領インド帝国から分離・独立して以来、ヒンズー教徒中心のインド連邦とイスラム教徒中心のパキスタンは、あいだに挟んだカシミール地方の領有と、バングラデシュ（元東パキスタン）の独立をめぐって、武力衝突を繰り返した。この間印パ双方とも超大国の助けを借りて、充実した機甲部隊を築きあげた。インドは主として武器をアメリカ、イギリス、フランス、そして後にソ連から供与されており、パキスタンはインド亜大陸へのソ連の影響力に対する牽制で、アメリカと中華人民共和国から供与を受けていた。

1950年代の半ばにパキスタンとアメリカは、パキスタンの軍がインドの兵力と不安定ながらもバランスを保てる程度の戦闘能力をそなえることで合意していた。そうした増強戦力には、機甲師団1個と独立機甲旅団1個があり、装備は主にアメリカの武器によってまかなわれた。ところが1965年に印パ戦争が勃発した頃には、パキスタン軍はすでにアメリカと合意した上限を超える規模まで拡張していた。どうやら1960年代前半にインド軍の戦力が大幅に増加したため、それに対抗しようとしたためらしい。

パキスタン軍第6機甲師団が編成されてから、1年も経たない1965年にインドとの戦端が開か

れた。この機甲師団の傘下には、第100独立機甲旅団があった。ただアメリカが、新設された師団を武装するのを拒んだために、既存の軍備が配置された。最大兵力に達したとき第6機甲師団はいくつもの機甲大隊を擁し、一時的に第10誘導騎兵連隊、第11アルバート・ヴィクター王子騎兵連隊、第13槍騎兵連隊、第22騎兵連隊を配属することもあった。師の装甲車両は、90ミリ主砲を搭載した160両以上のM48パットン中戦車と、これもやはり90ミリ砲を搭載し、1個部隊分の配備数があるM36B戦車駆逐車から成っていた。

パキスタン軍の第1機甲師団には、第3、第4、第5の3個機甲旅団が属しており、この戦力がまもなく起こったアサル・ウッタルの戦いで、激戦を繰り広げた。その主力になったのはパットン中戦車と自動車化歩兵である。パキスタンの武器庫には、75ミリ砲を搭載したM24チャーフィー軽戦車と、百戦錬磨のM4シャーマン中戦車も収められていた。このシャーマンの一部には、近代化改修がほどこされていた。

インド軍は、老朽化しつつあるが出し惜しみせずに投入できるだけのシャーマン中戦車を揃えていた。その中にはフランスの高初速CN 75 50 75ミリ戦車砲に換装したスーパーシャーマンもあった。また強力なロイヤル・オードナンスL7 105ミリライフル砲を搭載したイギリスのセンチュリオンMk7主力戦車、75ミリライフル砲または90ミリ滑腔砲を搭載したフランスのAMX-13軽戦車、第2次世界大戦モデルのアメリカ製のM3ステュアート軽戦車なども保有していた。

1965年に戦争が勃発したときは、パキスタン軍の2個師団が、およそ15個の装甲騎兵連隊を展開したが、その一部は別働隊として動いていた。各騎兵連隊は50両近くの戦車を、3個大隊に配分していた。パキスタン軍は、大量のM47、M48パットン中戦車にくわえて、M24チャーフィー軽戦車150両、M4シャーマン中戦車200両を揃えていた。

1965年8月には、インドとソ連はかなり親密化しており、76ミリライフル砲を搭載したソ連製のPT-76水陸両用軽戦車がインド軍に提供された。そのPT-76は、第7軽騎兵連隊にまっ先に配備された。またインド軍の将校3人がソ連を訪れて、赤軍の戦車の乗員とともに訓練を受けた。

第1機甲師団はインド軍の誇りであり、軍に

Light Tank M24

乗　　員	5名
重　　量	18.28トン
全　　長	5.49メートル
全　　幅	2.95メートル
全　　高	2.46メートル
エンジン	2×82kW（110馬力）キャデラック44T24 V型8気筒ガソリン
速　　度	55キロメートル
行動距離	282キロメートル
兵　　装	1×M6 75ミリ戦車砲、1×12.7ミリ対空重機関銃、2×7.62ミリ機関銃（同軸1、車体前部の球型銃座1）
無線機	SCR 508

▼**M24チャーフィー軽戦車**
パキスタン軍第1機甲師団第12騎兵連隊
第2次世界大戦中にアメリカで生産され、パキスタン軍では第1機甲師団の偵察連隊に配備された。主砲の75ミリ戦車砲は威力を失っておらず、火力はインドの軽戦車と互角だった。

第11プリンス・アルバート・ヴィクターズ・オウン（PAVO）騎兵連隊（パキスタン）

パキスタン軍第6機甲師団は1965年初めに編成された。第11PAVO騎兵連隊はその所属部隊で、M48A3パットン中戦車の大隊2個とM36B2ジャクソン戦車駆逐車の大隊1個を擁していた。ちなみにジャクソンもアメリカ製の近代的なパットンも、90ミリライフル砲を搭載していた。第6機甲師団はチャウィンダの激戦で、インド軍の第1機甲師団を敗退させた。

本部＋2個大隊（30×M48A3パットン）

1×戦車駆逐車大隊（13×M36B2ジャクソン）

属する唯一の機甲師団だった。その傘下には、1800年代初頭や、イギリス植民地時代に起源を遡る、伝統ある部隊もあった。第18騎兵連隊ほか、第62騎兵、第2ロイヤル槍騎兵、第7軽騎兵、第16騎兵、第4ホドソンズ騎兵、第17騎兵、プーナ騎兵といった連隊である。第17騎兵連隊もプーナ騎兵連隊も、大口径砲に主砲を換装したM4シャーマン中戦車と重量のあるイギリスのセンチュリオン主力戦車を配備されていた。1965年、インド軍は騎兵連隊17個で構成され、AMX-13軽戦車160両以上、センチュリオン主力戦車188両、大量のシャーマン中戦車とステュアート軽戦車を保有していた。PT-76は、パキスタンとの開戦のほんの数時間前に到着したので、戦車砲の砲腔照準を合わせる暇もなく戦闘に送りだされたといわれている。

アサル・ウッタル

1965年9月8〜10日の3日間にわたる激戦中に、第2次世界大戦以来最大規模になる戦車戦が、インドのパンジャブ州アサル・ウッタルで繰り広げられた。投入された装甲車両の兵力の概算は、大きく幅がある。ただ、数百両以上の装甲車両が戦闘に参加したことはまちがいないようだ。

9月10日、パキスタン軍の第1機甲師団下の第19、第6槍騎兵連隊および第12、第24、第

4、第5騎兵連隊等の兵力はうかつにも罠にはまった。インド軍の第3、第8騎兵、デカン騎兵の機甲連隊3個が隠れながら、「U」字型の防御隊形をとって待ち受けているところに迷いこんだのだ。インド軍部隊はシャーマン中戦車、AMX-13軽戦車、センチュリオン主力戦車のあわせて140両から成る軍勢だった。そこにパキスタン軍のM47パットン中戦車、チャーフィー軽戦車による約300両が向かっていった。パキスタン軍の戦車のほうが、インド軍の大半の戦車より新しいモデルで重武装だったが、それに続く交戦でパキスタン軍は目を覆うばかりの戦術のまずさをさらけ出した。

パキスタン軍はインド軍の砲撃の弾幕の中に突っこむ形になった。一方インド軍の戦車は、密生している背の高いサトウキビの中で身を隠して、至近距離まで敵を引きつけてから砲弾を浴びせはじめた。パキスタン軍はインド軍が防御態勢を整えていることを、偵察し損ねたことにくわえて、戦車乗員の多くが訓練不足だったのがたたった。パキスタン軍の火器は敵よりはるかに優れていたかもしれないが、操作手の熟練度が低くて威力を発揮しきれなかった。

インドの戦車から放たれた75ミリ砲と90ミリ砲の集中砲火で、100両近くのパキスタン軍の戦車が破壊され、何十両もの戦車がそのまま放棄された。インド軍は32両の戦車を失いながらも、攻勢に向かおうとするパキスタン軍の勢いを殺ぐことに成功した。破壊され、鹵獲されたおびただしい数のパキスタン軍の戦車は、インドが制圧した領土で、何カ月ものあいだ見世物にされていた。

チャウィンダ

パキスタン軍随一の機甲部隊はアサル・ウッタルで血祭りにあげられたが、インド軍の第1機甲師団も9月6〜22日の戦闘で叩きのめされている。この2週間におよんだ交戦は、チャウィンダの戦いと総称される。戦闘が長引くあいだに第1師団は袋叩きの目に遭い、インド軍は120両以上の戦車を失った。これはパキスタン軍の損失の3倍以上にあたる。パキスタン空軍もまた、インド軍の戦車を餌食にした。アサル・ウッタルとチャウィンダの戦いで、戦車がその後の地上戦で主要な戦力になることが明らかになった。だがその後は要領を得ない戦略が結果的に膠着を招き、決着は交渉のテーブルに持ち越された。

バングラデシュの武装蜂起

1971年12月のたった13日間の戦争で、インド軍は東パキスタンのパキスタン軍を降伏させた。インド軍は、相変わらずAMX-13軽戦車かPT-76水陸両用軽戦車を集めて機甲戦力としていた。が、それではパキスタン軍のM47、M48パットン中戦車を相手にした戦車戦になった場合にはいささか劣勢になる。ただしパキスタン軍は、

M47 Patton Medium Tank

乗　　員：5名
重　　量：46トン
全　　長：8.56メートル
全　　幅：3.2メートル
全　　高：3.35メートル
エンジン：604.5kW（810馬力）コンチネンタル AVDS-1790-5B V型12気筒ガソリン
速　　度：48キロメートル
行動距離：129キロメートル
兵　　装：1×M36 90ミリライフル砲、2×12.7ミリ機関銃、1×7.62ミリ機関銃
無 線 機：不明

▶ **M47パットン中戦車**
パキスタン軍第1機甲師団、1965年

1950年代初めに開発されるとアメリカ陸軍と海兵隊の主要な戦車となり、中戦車のM46パットンとM4シャーマンを退役させた。1957年にアメリカ陸軍で使用不適切に分類されたあとは、何百両ものM47がパキスタンに売却された。1965年9月のアサル・ウッタルの戦いで、数十両が破壊された

第4章　アジアの冷戦

2、3両だけの編成で配備する傾向があり、火力の優位性を帳消しにしていた。そうなるとインド軍の軽戦車大隊が大挙して1000メートル以内に接近してから、発砲してきたときなどは勝ち目がなかった。めったになかったことだが、インドの軽戦車が遮る物のない場所で捕まったときは、結果は目に見えていた。一部のチャーフィーのはなはだしく摩耗した75ミリ砲や旧式化したシャーマンの75ミリ砲でも、PT-76の薄い装甲板は突き破られた。

インドでは国産のヴィジャンタ主力戦車が、1965年に導入された。ベースとなったのはイギリスのヴィッカーズMk1主力戦車で、L7A2 105ミリライフル砲を搭載した。はじめて投入されたのは、1971年のバングラデシュをめぐる戦いだった。その一方で1970年代の後半は、ソ連とワルシャワ条約機構で製造されたT-54/55主力戦車が、インドに途切れることなく供給され、数を増やしつづけた。パキスタン軍は1979年には、中国の59-II式主力戦車の国産バージョンを生産しはじめたが、少数ながらもT-54/55や、アップグレードしたM47、M48パットンは軍での使用が継続された。パキスタン軍はまた、装甲兵員輸送車のBMP、M113を大量配備した。

Vijayanta Main Battle Tank

乗　　員	4名
重　　量	39トン
全　　長	7.92メートル
全　　幅	3.168メートル
全　　高	2.44メートル
エンジン	484.7kW（650実馬力）レイランドL60 6気筒多燃料対応型
速　　度	48キロメートル
行動距離	480キロメートル
兵　　装	1×105ミリライフル砲、1×12.7ミリ機関銃、2×7.62ミリ機関銃
無 線 機	クランズマンVRC353 VHFトランシーバー・セット

▼**ヴィジャンタ主力戦車**
インド軍第66機甲連隊、1971年

イギリスのヴィッカーズMk1主力戦車を、インドがライセンス生産したバージョン。ヴィジャンタ（「勝利」の意）は1960年代初めに開発され、1971年のパキスタンとの戦いに投入された。L7A2 105ミリライフル砲を搭載した。2008年に第一線から退いた。

T-55 Main Battle Tank

乗　　員	4名
重　　量	39.7トン
全　　長	（車体）6.45メートル
全　　幅	3.27メートル
全　　高	2.4メートル
エンジン	433KW（581実馬力）V-55 12気筒
速　　度	48キロメートル
行動距離	400キロメートル
兵　　装	1×D-10T 100ミリライフル砲、1×DShK 12.7ミリ対空機関銃（砲塔搭載）、2×DT 7.62ミリ機関銃
無 線 機	R-113

▼**T-55主力戦車**
インド軍第72機甲連隊、1971年

1971年の印パ戦争で、インドは西パキスタンのチャム付近でT-55を繰りだし、パキスタン軍のアメリカ製のM48パットン中戦車と中国製の59式主力戦車と戦わせた。改良型のT-55は、T-54をベースにした59式より質的に優れていることが、戦場での対決で判明した。

ソ連のアフガニスタン侵攻 1979年

親ソ政権を支援するために戦闘に投入された赤軍は、ゲリラ相手には従来の戦術や重装甲車両が通用しにくいことを思い知らされた。

　1979年12月、ソ連の歩兵と機械化部隊の大軍勢がアフガニスタンの国境を越えた。その後の9年間の軍事介入は多くの犠牲を強いるものになり、赤軍兵士1万5000人以上が命を失い、戦車150両近くと装甲戦闘車両や兵員輸送車1300両以上など、大量の軍需物資が破壊された。ソ連のアフガンへの軍事的関与は急速に深まり、1981年には、空挺師団1個、自動車化狙撃師団4個、その他の部隊から10万人の兵士がこの国に派遣された。さらに戦車1800両以上、装甲戦闘車両2000両以上が投入された。

　強力な赤軍に立ち向かったのは、ムジャヒディーン（「聖戦士」の意）と称する何千人というイスラム武装勢力だった。装備は貧弱で満足な訓練も受けていなかったが、武装勢力はそれでもソ連軍とその代理軍であるアフガン軍を相手に、低強度戦争を有利に進めた。この紛争のあいだ、ムジャヒディーンはアメリカを筆頭に多くの国々から莫大な援助を受けていた。CIAがこの紛争を冷戦の最前線だと見たからである。対戦車火器が供給され、アメリカ製の肩撃ち式FIM-92スティンガー対空ミサイルがゲリラの手に渡ると、ソ連機は無防備に低空飛行できなくなった。

ソ連の関与

　アフガニスタンは山が多い地形だったために、ソ連の装甲車両を使った作戦は難航した。ゲリラが一撃離脱戦術（ヒット・エンド・ラン）をとり、一般市民や交通機関、首都カブールなど行政の中枢を頻繁に襲撃するので、ソ連軍は市街地に装甲兵員輸送車と戦車を配備せざるをえなくなった。それ以外にも、道路や発電施設を統制下に置いて補給施設に物資を輸送し、また車列を防護するためには、ほとんどといってよいほど装甲車両の配備が必となった。

　1984年には、アメリカはムジャヒディーンに年間2億ドルもの援助をするようになった。金銭的な援助以外にも、この武装勢力は中華人民共和国から69式RPG等の小火器にくわえて、少数な

▲ BMD-1 空挺水陸両用歩兵戦闘車
ソ連第40軍第103親衛空挺師団

他の歩兵戦闘車に比べると小型で軽量だ。輸送機からのパラシュート降下で展開できる設計になっており、1969年に赤軍の空挺部隊で使用が開始された。主砲の73ミリ低圧砲はセミ・オートマチック式。副武装として機関銃と対戦車誘導ミサイル発射機を搭載している。

BMD-1 Airborne Amphibious Tracked Infantry Figting

乗　　員	3+4名
重　　量	6.7トン
全　　長	5.4メートル
全　　幅	2.63メートル
全　　高	1.97メートル
エンジン	179kW（240馬力）5D-20 V型6気筒液冷
速　　度	70キロメートル
行動距離	320キロメートル
兵　　装	1×2A28 73ミリ「グロム」低圧滑腔砲、7.62ミリ機関銃（同軸1、前方銃座2）、1×AT-3「サガー」対戦車誘導ミサイル
無線機	R-123

がらも中国製の59式主力戦車も貰い受けていた。アフガニスタンでは赤軍に対して、地雷や爆発物、さらに鹵獲したソ連軍の武器も使われた。

ソ連は最先端のテクノロジーをいくらでも投入できたはずなのに、主力戦車のT-72とT-80を大量には配備していなかったといわれる。ソ連がアフガニスタンに送った戦車の大部分は、旧式のT-54/55、T-62主力戦車の改修バージョンだった。その生産第1号は、1959年に完成している。

1979年の春には、ソ連はこうした戦車250両近くをアフガン軍に派遣した。だがゲリラ戦では、重量のある装甲車両は機動性に富む軽量の装甲車両ほど活躍できないことを、見落としてはならない。戦車連隊全体がアフガニスタンでは使い道がないとして、1980年代半ばにソ連に帰されたのも無理はないのだ。ソ連がアフガンから撤退したときは、多くの装甲車両が遺棄された。今日も景色の中に、錆ついたT-55とT-62の車体が取り

BTR-60PB Amphibious Armoured Personnel Carrier

- 乗　　員：2+14名
- 重　　量：10.3トン
- 全　　長：7.56メートル
- 全　　幅：2.825メートル
- 全　　高：2.31メートル
- エンジン：2×67kW（90馬力）GAZ-49B 6気筒ガソリン
- 速　　度：80キロメートル
- 行動距離：500キロメートル
- 兵　　装：1×KPVT14.5ミリ重機関銃、2×7.62ミリ機関銃
- 無 線 機：R-113

▲BTR-60PB水陸両用装甲兵員輸送車
ソ連第40軍第108親衛自動車化狙撃師団

アフガン侵攻時には、20年前の車種になっていた。BTR-60装甲兵員輸送車は、ソ連製の初期型の8輪戦闘車両だった。KPVT14.5ミリ重機関銃を搭載し、軍では1959年に採用された。輸送定員は14名。

BTR-70 Armoured Personnel Carrier

- 乗　　員：2+7名
- 重　　量：11.5トン
- 全　　長：7.53メートル
- 全　　幅：2.8メートル
- 全　　高：2.23メートル
- エンジン：179kW（240馬力）ZMZ-4905 8気筒ガソリン
- 速　　度：80キロメートル
- 行動距離：600キロメートル
- 兵　　装：1×KPVT14.5ミリ機関銃、1×PKT7.62ミリ同軸機関銃
- 無 線 機：R-123

▲BTR-70装甲兵員輸送車
ソ連第40軍第5親衛自動車化狙撃師団

装甲板が厚くなり、タイヤまわりも強化された。もともとはBTR-60と入れ替える目的で、1972年に赤軍での使用が開始された。輸送定員は7名と少なくなり、14.5ミリと7.62ミリの機関銃で武装した。

残されている。

　ソ連はアフガンに年季の入った装甲兵員輸送車のBTR-60、歩兵戦闘車のBMP-1、BMD-1を配備した。が、そうした車両の薄い装甲は防御力が弱く、肩撃ち式のミサイルや地雷、小火器より口径が大きな弾体は防げなかった。ガソリン・エンジンはまた危険を排除できないまま使用され、数多くの車両が燃料タンクに引火して吹き飛んだ。

ソ連軍戦車大隊、1979年

1970年代の赤軍の標準的な戦車大隊は、それぞれ3個小隊から成る3個中隊、トラック1両と軽輸送車から成る本部隊、1個補給トラック班で構成されていた。装甲車両の完全定数を満たす場合、36両以上のT-72主力戦車が配備されることになっていた。アフガニスタンで運用されたソ連の重戦車は、幹線道路の移動や施設の防御以外は、活躍の場が少なかった。

本部（1×T-72主力戦車、1×指揮車、1×装甲兵員輸送車）　　　補給班（7×トラック）

第1中隊第1小隊（4×T-72）

第2小隊（4×T-72）

第3小隊（4×T-72）

第2中隊第1小隊（4×T-72）

第2小隊（4×T-72）

第3小隊（4×T-72）

第3中隊第1小隊（4×T-72）

第2小隊（4×T-72）

第3小隊（4×T-72）

第4章　アジアの冷戦

が、後になってディーゼル駆動の装甲兵員輸送車であるBTR-70、BTR-80が導入されると、残存性は大幅に改善した。

不適切な戦闘教義

おそらく山の多い地形や、決然とかかってくる敵と同じくらい手強かったのは、ソ連の機甲戦の戦闘教義だったろう。そもそもこの教義は、ヨーロッパのNATO軍と戦うために考案されたものだ。さらに軍事的成果の妨げになったのは、ソ連軍が領土を奪取して支配したとしても、野に下ったムジャヒディーンを討伐するためには、戦力と資金を湯水のように投入しなくてはならない、という単純な事実だった。しかもこの戦いは終わりが見えなかったため、どこかで区切りをつけざるをえなかった。結局のところソ連の火力も、実体のつかみにくい敵には通用しなかったのだ。

当時45歳だったボリス・グロモフ中将は、アフガニスタンを去った最後のソ連軍の高官となった。テルメズにあるソ連軍の辺境駐屯地からとある橋にさしかかったとき、グロモフは装甲兵員輸送車から降りて、息子とともにこの最後の距離を踏みしめた。「私は振り返らなかった」と彼は口にしたという。

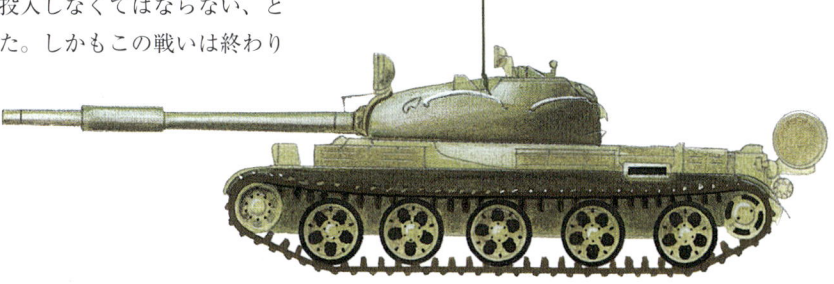

T-62 Main Battle Tank

乗　　員：4名
重　　量：39.9トン
全　　長：9.34メートル
全　　幅：3.3メートル
全　　高：2.4メートル
エンジン：432kW（580馬力）V-55-5 V型12気筒液冷ディーゼル
速　　度：60キロメートル
行動距離：650キロメートル
兵　　装：1×U-5TS 115ミリ滑腔砲、1×7.62ミリ同軸機関銃
無線機：R-130

▲T-62主力戦車
ソ連第40軍第201自動車化狙撃師団

1961～75年に生産された。旧式化してきたT-55主力戦車の後継になる予定だったが、T-55の生産ラインは閉じられなかった。T-62はU-5TS 115ミリ滑腔砲を搭載する。アフガニスタンでは、多くが装甲を追加して補強された。

▲T-72A主力戦車
ソ連第40軍第5親衛自動車化狙撃師団

T-72主力戦車は1971年にソ連軍での実用試験が開始され、1973年に制式採用が決まって以来、現在まで使用されつづけている。多様な改良型が大量に輸出されているが、アフガンに配備されたのは主に、2A46M 125ミリ滑腔砲を搭載した原型モデルの「ウラル」だった。

T-72A Main Battle Tank

乗　　員：3名
重　　量：41.5トン
全　　長：9.53メートル
全　　幅：3.59メートル
全　　高：2.37メートル
エンジン：626kW（840馬力）V-46 V型12気筒ディーゼル
速　　度：80キロメートル
行動距離：550キロメートル
兵　　装：1×2A46M 125ミリ滑腔砲、1×NSVT12.7ミリ対空重機関銃、1×PKT 7.62ミリ同軸機関銃
無線機：R-123M

極東

朝鮮半島で北朝鮮と韓国が休戦という対峙を続けるかたわらで、中華人民共和国は世界最大級の地上軍を維持しつづけた。

冷戦の発端はたしかにヨーロッパにあったのかもしれないが、朝鮮半島は冷戦がはじめて大規模な武力衝突として火を噴いた場所だった。不安定な休戦で撃ち合いは1953年に終わったが、南北は正式にはまだ交戦中で、38度線を挟んで互いに神経を尖らせながら睨み合っている。休戦後の数十年間は、どちらの側も軍備を増強した。だが共産主義の北にはとり憑かれたような勢いがあったのに対して、民主主義の南には侵略を許すまいとする冷静な決意があった。

かたや中華人民共和国は独自の近代化計画に着手して、ソ連で開発された装甲車両をただコピーすることが多かった武器メーカーから、独自の近代的な装甲車両の製造、配備、輸出を手掛ける一流の武器メーカーへと変貌しつつあった。

北と南

北朝鮮軍の正式名称は朝鮮人民軍といい、1960年には総計で約40万の兵員を抱えていた。1990年には100万人近くと見られている。大規模な攻勢・防勢作戦を遂行する能力をもつ北朝鮮軍ははじめ、建国直後の後援者であるソ連と中華人民共和国とよく似た編成をとっていた。

1960年代の北朝鮮軍には、戦車師団1個があり、その配下の機甲連隊5個のうち4個はソ連製のT-54主力戦車を、1個がそれより旧式のIS-3重戦車を使用していた。また、ソ連製のSU-76のような自走砲で、装甲部隊の火力を補強していた。さらに1970年代になると、ソ連製のT-62主力戦車の改修バージョンを国内で製造するようになった。

北朝鮮軍は秘密のベールに覆われて、兵力や軍備についての西側の推測のほとんどがおおまかな情報にもとづいているが、軍事パレードや特別な祝賀行事で、軍の兵器類をときたま垣間見ることができる。そうしたことから1950～60年代に入手したソ連や中国の戦車に、かなりの改修がくわえられているのがわかっている。

第820機甲軍団と配下の第105機甲師団は、長いあいだ北朝鮮機甲部隊の主力となっている。第105師団の将校は、明らかに第820機甲軍団内の下位部隊の中心的存在となっている。1990年には、北朝鮮の機甲部隊の武器庫には3000両以上の戦車が収められていた。そのほとんどがソ連製の初期型のT-54/55、中国製の59式主力戦車で、1960年代のソ連の主要な戦車だったT-62は800両程度だった。北朝鮮軍には多数の機械化部隊が存在し、装甲兵員輸送車と戦闘車を合わせて2500両を運用していた。

◀ **軍事パレードの戦車**
軍事パレード中に、ソ連の共産主義の指導者レーニン(左)とスターリン(右)の肖像の下で、整列する中国の59式主力戦車。59式は中国初の国産の主力戦車で、ソ連のT-54の単なるコピー版だった。

1980年代の初めに、北朝鮮はソ連製のT-62A主力戦車の改良計画に乗りだした。その結果できあがった「天馬号」主力戦車は、滑腔砲の115ミリ2A20もしくは125ミリ2A46を搭載していた。1980年以来、1200両以上の天馬号が生産されたと見られている。それが主力戦車のT-72、T-62、T-54/55、PT-76水陸両用軽戦車といったさまざまな戦車を揃えた部隊に補充されていった。

大韓民国の軍、すなわち韓国軍は、1950年に共産軍が攻撃してきたときは、実質的に装甲車両をまったく保有していなかった。休戦とともに韓国軍は防御にあてる装甲部隊の編成に手をつけた。その中核はアメリカ製のパットン・シリーズで、M47、M48パットン中戦車は20年以上第一線で活躍している。1980年代末には、ウクライナから少数のT-80U主力戦車が輸入されて、M48A3K、M48A5Kといったパットンの改良型を含む、西側の戦車の柱が増強された。1987年には各歩兵師団は、配属された1個の機甲大隊もしくは中隊の支援を受ける形になっていた。機械化歩兵師団は、騎兵大隊1個か9個ある機甲歩兵大隊のうちの1個を従えた。また同年にはK1主力戦車の配備も始まった。K1はジェネラル・ダイナミクス社が開発を手掛け、韓国の現代ロテム社が生産した。KM68A1 105ミリライフル砲を搭載している。

ミャンマーの軍国主義

1988年、ミャンマー政府が、この国の軍部によるクーデターで倒された。1960年代以降は、総数で337個の歩兵および軽歩兵大隊が、機甲偵察大隊と戦車大隊に支援を受ける形になっていた。配備された装甲車両は、中国の63式軽戦車、イギリスの第2次世界大戦型のコメット巡航戦車、中国の59式主力戦車などである。その後ミャンマーは、退役したウクライナのT-72主力戦車、インドのT-55主力戦車を買い足した。また、ソ連が設計した装甲兵員輸送車のライセンス製造も開始した。ミャンマー軍は、2個師団の中に10個機甲大隊を配している。そのうち5個が戦車を装備し、5個が装甲兵員輸送車または歩兵戦闘車とともに活動する。ソ連で開発されたBMP-1歩兵戦闘車、イギリスのディンゴ偵察車、中国の85式装甲歩兵戦闘車、ブラジルのEE-9カスカベル装甲偵察車などがそのラインナップである。

タイ王国陸軍

タイ王国陸軍は、近隣諸国からの攻撃を防御できる態勢を常時維持しつつ、長年国内の反乱勢力と戦っている。7個ある歩兵師団には、もともと固有の5個機甲大隊が支援についていた。それに独立機甲師団1個と装甲車両が配属された騎兵師団1個をくわえて、全機甲部隊の編成となる。この編成には、M48A3、M48A5パットン中戦車が300両以上と、中国の旧式の59式主力戦車をアップグレードした69-II式が100両程度配備されている。軽戦車には旧式のM41ウォーカー・ブルドッグ、イギリスのFV101スコーピオン、アメリカのスティングレーなどがある。スティングレーは105ミリL7A3ライフル砲を搭載し、タイ王国軍でのみ使用されている。

Stingray Light Tank

乗　　員：4名
重　　量：19.05トン
全　　長：9.35メートル
全　　幅：2.71メートル
全　　高：2.54メートル
エンジン：399kW（535馬力）デトロイト・ディーゼル・モデル8V-92 TAディーゼル
速　　度：69キロメートル
行動距離：483キロメートル
兵　　装：1×105ミリライフル砲、1×7.62ミリ同軸機関銃、1×7.62ミリ対空機関銃
無 線 機：長距離、指向性

▶ **スティングレー軽戦車**
タイ王国軍第1機甲師団、1990年、タイ
1980年代半ばに、もともとはアメリカ軍向けにテキストロン・マリーン&ランド・システムズ社によって開発された。が、現在配備しているのはタイ王国軍のみだ。L7A3 105ミリライフル砲を搭載している。

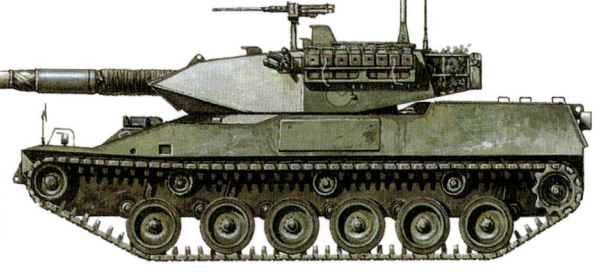

中国 1960〜91年

近代的な中国人民解放軍は、世界最大の地上戦闘部隊であり、戦闘部隊の40％が機械化を実現している。

人民解放軍も結成後間もない頃は、広大な中国を配下に収めるためにゲリラ戦を展開していた。この共産軍は必要に迫られて小火器とプロパガンダを武器に戦っていたが、あとからソ連から供給された戦車や装甲車両、火砲を戦備にくわえるようになった。長年にわたり比較的小規模な機甲軍団の主力だったのは、第2次世界大戦で勇名を馳せたT-34中戦車だった。だが1950年代末になると、中国の軍上層部は将来、装甲車両の戦闘能力を軍に取り入れるべきだと考えるようになった。

中国は朝鮮戦争に軍事介入し、1960年代には北ヴェトナムに武器を供与した。そしてその間に独自の装甲車両の生産を開始したが、その圧倒的多数が現存するソ連モデルのコピーか改修版だった。たとえば100ミリライフル砲を主砲とする59式主力戦車は、ソ連のT-54Aを忠実にコピーしたものだ。62式軽戦車は59式をベースにしているので、これもT-54Aのバリエーションといえる。1963年に採用された63式水陸両用軽戦車は、PT-76水陸両用軽戦車と驚くほどよく似ている。

1960〜90年の30年間で、人民解放軍の機甲戦力は、11装甲旅団が擁する約1万両に膨れあがった。純然たる国産戦車の開発は進んでいたが、中国の装甲車両のほとんど——少なくとも3分の2は、59式、62式主力戦車のコピー版で構成されていた。こうした主力戦車も老朽化してくると、多くが退役の運命をたどった。ただし新しいテクノロジーが導入可能になったために、更新されつづけたモデルもあった。そのよい例が63式軽戦車だ。これまで2000両ほど生産され、無数の近代化改修キットが組みこまれて、現在まで現役を保っている。

ソ連と北ヴェトナムとの関係が悪化したときには、ソ連とは1969年に、北ヴェトナムとは1979年に短期間だが激しい武力衝突を起こした。こうした国境紛争で中国軍は、戦車を機動性のある砲撃支援として利用し、装甲戦闘車両の価値を戦場で確認した。すると中国軍上層部が、前線の戦車の残存性が新型のソ連製の設計モデルに比べ

▼ **武力の示威**
北京郊外の観兵式で行進する、中国製の69式主力戦車。69式は基本的に59式主力戦車の改良バージョンで、射撃管制装置の性能と主砲の威力が向上している。

てはなはだしく劣っていることを問題視するようになった。それを受けて新型の中国産装甲車両の開発に取り組むために、戦車研究機関が立ち上げられた。1977年、共産党中央委員会は、武器の自立的な設計と生産が、第6次5カ年計画中に達成すべき目標である、との声明を採択した。

機械化と近代化

1980年代の人民解放軍には、69式と79式の主力戦車が配備された。どちらもベースにしていたのは、ソ連のT-54A主力戦車だった。いずれも、西側のテクノロジーを取り入れて、改良型の100ミリまたは105ミリライフル砲を搭載している。とはいえ中国の武器庫の中では、独自に開発された戦車第1号だった。第2世代の戦車には、80式、85式、88式の主力戦車がある。80式の存在は、1987年にはじめて西側のマスコミに明かされた。85式は輸出用で、パキスタンとの取引が成立し

た。実験的に作られた90式は、人民解放軍には採用されなかった。が、これもパキスタンに受注され、これをベースに中国とパキスタンの共同開発でMBT-2000「アル＝ハーリド」が誕生した。

1980年代には、人民解放軍はまた118個歩兵師団と13個装甲師団の規模にまで増強した。各装甲師団の配下には3個連隊があり、240両前後の主力戦車が配備された。ところがそれと行動をともにする歩兵部隊のほうが、恐ろしいほど輸送の機械化に遅れ、偵察能力もそなえていなかった。

1980年以降の近代的な装甲車両の開発は、ほとんど中国北方工業公司（ノリンコ）の資金でまかなわれている。ノリンコは大手の軍需企業で、重機や化学薬品等の有用品の製造も手掛けている。またソ連兵器のコピー版を製造しつづける一方で、

▼54-1式122ミリ自走砲
人民解放軍第6装甲師団、1965年

中国国内で開発された初期の自走砲。ソ連のM1938砲とよく似た122ミリ榴弾砲を、上部開放型の砲塔に搭載する。ノリンコYW531装甲兵員輸送車のシャーシを流用している。

Type 54-1 SP 122mm Gun

乗　　員	7名
重　　量	15.4トン
全　　長	5.65メートル
全　　幅	3.06メートル
全　　高	2.68メートル
エンジン	192kW（257馬力）ドイツ6150L 6気筒ディーゼル
速　　度	56キロメートル
行動距離	500キロメートル
兵　　装	1×122ミリ榴弾砲

▼63式（YW 531）装甲兵員輸送車
人民解放軍第34自動車化歩兵師団、1974年

1960年代の末にノリンコで製造され、人民解放軍に就役した。軽装甲で、12.7ミリ機関銃を航空機に対する防御用に搭載する。10名の戦闘員の輸送が可能で、戦闘員は車両の後部右側にある大型のドアから乗降する。

Type 63（YW 531）Armoured Personnel Carrier

乗　　員	2+10名
重　　量	12.5トン
全　　長	5.74メートル
全　　幅	2.99メートル
全　　高	2.11メートル
エンジン	192kW（257馬力）ドイツ6150L型6気筒ディーゼル
速　　度	50キロメートル
行動距離	425キロメートル
兵　　装	1×12.7ミリ機関銃
無線機	889式

最新の96式、99式主力戦車に代表される、独自設計の兵器も開発した。

機甲戦の戦闘教義

人民解放軍の初期の機甲戦の戦闘教義は、概してソ連の戦闘テクニックにもとづいていた。ところがその後、兵科を組み合わせて、地上軍と空軍のあらゆる要素を協働させる方法が脚光を浴びるようになった。戦闘群［訳注：現在でいうタスクフォース］なるコンセプトは、1960年代

▼59-1式主力戦車
人民解放軍、1980年

ソ連で開発されたT-54A主力戦車の中国製コピー版。1959年に人民解放軍での使用が開始された。はじめは100ミリライフル砲を搭載していたが、後に105ミリライフル砲に換装された。製造期間は、20年以上にもおよんだ。生産がついに終了した1980年代の末には、数多くの改良型をあわせて1万両が製造された。そのうち6000両が中国軍に納入され、残りはアジアやアフリカ、中東の開発途上国に輸出された。

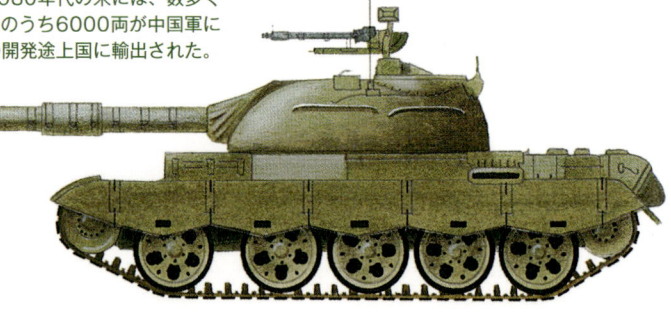

Type 59-1 Main Battle Tank

- 乗　　員：4名
- 重　　量：36トン
- 全　　長：6.04メートル
- 全　　幅：3.27メートル
- 全　　高：2.59メートル
- エンジン：390kW（520馬力）モデル12150L V型12気筒液冷ディーゼル
- 速　　度：50キロメートル
- 行動距離：50キロメートル
- 兵　　装：1×59式100ミリライフル砲、1×54式12.7ミリ対空機関銃、2×59式7.62ミリ同軸機関銃
- 無 線 機：889式

Type 62 Light Tank

- 乗　　員：4名
- 重　　量：21トン
- 全　　長：（主砲を含む）7.9メートル
- 全　　幅：2.9メートル
- 全　　高：2.3メートル
- エンジン：321kW（410馬力）12150L-3 V型12気筒液冷ディーゼル
- 速　　度：60キロメートル
- 行動距離：500キロメートル
- 兵　　装：1×62-85TC式85ミリライフル主砲、2×59式7.62ミリ機関銃（同軸1、前方銃座1）
- 無 線 機：不明

▲62式軽戦車
人民解放軍第10装甲師団、1965年

59式主力戦車をベースに開発され、1963年に人民解放軍に就役した。1989年まで製造された。アップグレードを経て現在でも中国軍装甲部隊の構成要素となっている。85ミリライフル砲を搭載している。戦闘にはじめて投入されたのはヴェトナム戦争だった。ヴェトナムがカンプチア（現カンボジア）に侵攻する前に、中国は北ヴェトナムに62式軽戦車を供給していたのだ。

第4章　アジアの冷戦

に形成された。歩兵中隊とその配下の小隊と分隊を重視する考え方だ。各小隊はたいてい、専属の砲兵と装甲車両の支援部隊をそなえている。中国は1990年代には軍の戦闘群を再編して、こうした兵力を師団の編成に組みこみなおし、必要に応じて重装甲車両を導入できるようにした。戦況に素早く適応することは何よりも重要だ。そのため理論上は装甲歩兵部隊が敵の戦車と遭遇したとき、いちはやく戦車部隊を呼ぶことができる体制を作ったのだ。

共産党の権威を維持して国境を防御する、それが人民解放軍が中国政府から課せられている使命だ。こうした信条は当然のことながら、1989年の天安門事件以降、台湾やロシア連邦、ヴェトナム、アメリカからの脅威が恒常的に感じられるこの時代に、とくに大きな意味をもつようになった。

▶ **63式自走対空砲**
人民解放軍第13独立機甲旅団、1966年

車体は、第2次世界大戦当時のソ連の旧式化したT-34中戦車のものを再利用している。そこに上部開放型の砲塔を載せ、2連装の37ミリ対空砲を搭載した。1960年代にかなりの数が北ヴェトナムに輸出された。

Type 63 SP Anti-aircraft Gun

乗　員：6名
重　量：不明
全　長：5.9メートル
全　幅：3メートル
全　高：2.6メートル
エンジン：372kW（493馬力）V-2 V型12気筒ディーゼル
速　度：50キロメートル
行動距離：300キロメートル
兵　装：2×63式37ミリ対空砲、1×DT7.62ミリ機関銃
無線機：なし

Type 69 Main Battle Tank

乗　員：4名
重　量：36.7トン
全　長：6.24メートル
全　幅：3.3メートル
全　高：2.8メートル
エンジン：430kW（580馬力）ディーゼル
速　度：50キロメートル
行動距離：440キロメートル
兵　装：1×62-85TC式100ミリライフル砲、2×59式7.62ミリ機関銃（同軸1、前方銃座1）
無線機：889式

▼ **69式主力戦車**
人民解放軍第10装甲師団、1980年

これもソ連で開発されたT-54A主力戦車をベースにしているが、中国の武器開発機構が独力で開発した初の戦車である。100ミリライフル砲を搭載しており、後継の79式主力戦車は105ミリライフル砲に換装した。

日本 1965〜95年

戦後制定された憲法による制約のために、日本は自衛のみを目的に装甲戦闘車両を開発・維持し、主力戦車の開発競争に参入している。

　日本国憲法第9条は、戦後アメリカ軍の占領下にあった時期に立案された。これにより日本政府は「武力による威嚇または武力の行使は、国際紛争を解決する手段として」禁じられている。2003年に日本が機甲部隊を多国籍軍占領下のイラクに派遣して、医療班等の専門部隊の防御にあてたのは、まさに歴史的な出来事だった。日本の戦闘部隊は、半世紀以上も国外に配備されていなかったからだ。冷戦中に陸上自衛隊が与えられた数少ない役割は、日本北端の北海道をソ連の攻撃から防衛することと、北朝鮮の攻撃的な軍事行動に対して、最大限の安全確保をすることだった。

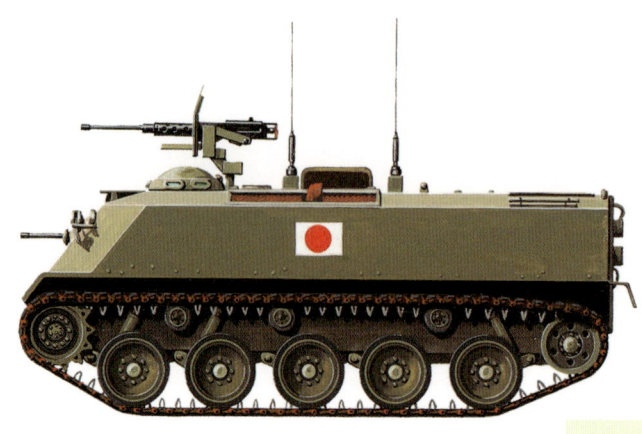

◀ 60式装甲車
陸上自衛隊、1973年

三菱重工と小松製作所の競争試作の末、三菱の設計が採用され、両社が生産を分担した。1960年に陸上自衛隊で制式採用され、1972年まで製造された。収容兵員の定数は6名で、12.7ミリと7.62ミリの機関銃を搭載している。

SU 60 Armoured Personnel Carrier

乗　　員	4+6名
重　　量	10.8トン
全　　長	4.85メートル
全　　幅	2.4メートル
全　　高	1.7メートル
エンジン	164kW（220馬力）三菱8HA21WT 8気筒ディーゼル
速　　度	45キロメートル
行動距離	300キロメートル
兵　　装	1×ブローニングM2 12.7ミリ機関銃、1×7.62ミリ機関銃
無線機	不明

Type 60 SP Recoilless Gun

乗　　員	3名
重　　量	8トン
全　　長	4.3メートル
全　　幅	2.23メートル
全　　高	1.59メートル
エンジン	89kW（120馬力）小松6T-120-2 6気筒ディーゼル
速　　度	55キロメートル
行動距離	130キロメートル
兵　　装	2×106ミリRCL無反動砲、1×12.7ミリ機関銃

▶ 60式自走無反動砲
陸上自衛隊、1980年

陸上自衛隊で、30年近くも戦車駆逐車としての役割を果たしていた。106ミリ無反動砲を搭載し、1960〜77年まで生産されて2008年に退役した。250両以上が製造された。

第4章　アジアの冷戦

現在は、1個のみの第7機甲師団が存在している。

アメリカの払い下げ

戦後まもなく日本で配備された戦車は、アメリカのM4シャーマン中戦車とM24チャーフィー軽戦車だった。だが1955年になると、三菱重工が主力戦車の開発に乗りだした。その成果である61式戦車は、90ミリライフル砲を主砲にしており、1961〜75年に560両が生産された。その後継である74式戦車は105ミリライフル砲を搭載し、1980年代の末まで製造された。さらに1989年には10年以上におよぶ研究開発を経て、90式戦車が登場した。ラインメタル120ミリ滑腔砲を搭載したその姿は、ドイツのレオパルト2主力戦車にそっくりだ。新たな主力戦車の開発は、1990年代に10式戦車という名称で始まった。

陸上自衛隊にはじめて導入された装甲兵員輸送車は、60式装甲車だ。1950年代に開発され、兵員6名の輸送が可能だ。派生型には自走砲もある。近代的な歩兵戦闘車である89式装甲戦闘車は、1980年代に三菱重工によって開発され、80年代末には自衛隊での運用が開始された。主武装は35ミリ機関砲で、兵員室に7名収容できる。

▶ 82式指揮通信車
陸上自衛隊第7機甲師団、1988年

陸上自衛隊から発注されて、三菱重工が1970年代半ばから開発をはじめた。輸出はされておらず、230両ほどが生産された。搭乗する乗員は8名。防御用の機関銃を積んでいる。

Type 82 Reconnaissance Vehicle

乗　員	8名
重　量	13,500キログラム
全　長	5.72メートル
全　幅	2.48メートル
全　高	2.38メートル
エンジン	227kW（305馬力）いすゞディーゼル
速　度	100キロメートル
行動距離	500キロメートル
兵　装	1×12.7ミリ重機関銃、1×7.62ミリ機関銃
無線機	不明

Mitsubishi Type 89 Infantry Fighting Vehicle

乗　員	3+7名
重　量	27トン
全　長	6.7メートル
全　幅	3.2メートル
全　高	2.5メートル
エンジン	450kW（600馬力）6SY31WA水冷6気筒ディーゼル
速　度	70キロメートル
行動距離	400キロメートル
兵　装	1×KDE35ミリ機関砲、2×79式対舟艇対戦車誘導弾発射装置、1×7.62ミリ同軸機関銃
無線機	不明

◀ 89式装甲戦闘車
陸上自衛隊、1993年

35ミリ機関砲を搭載し、1989年に制式採用された。ところが10年経っても60両足らずしか配備されず、2005年の時点でも70両程度しか生産されていない。乗員3名と兵員7名が搭乗できる。

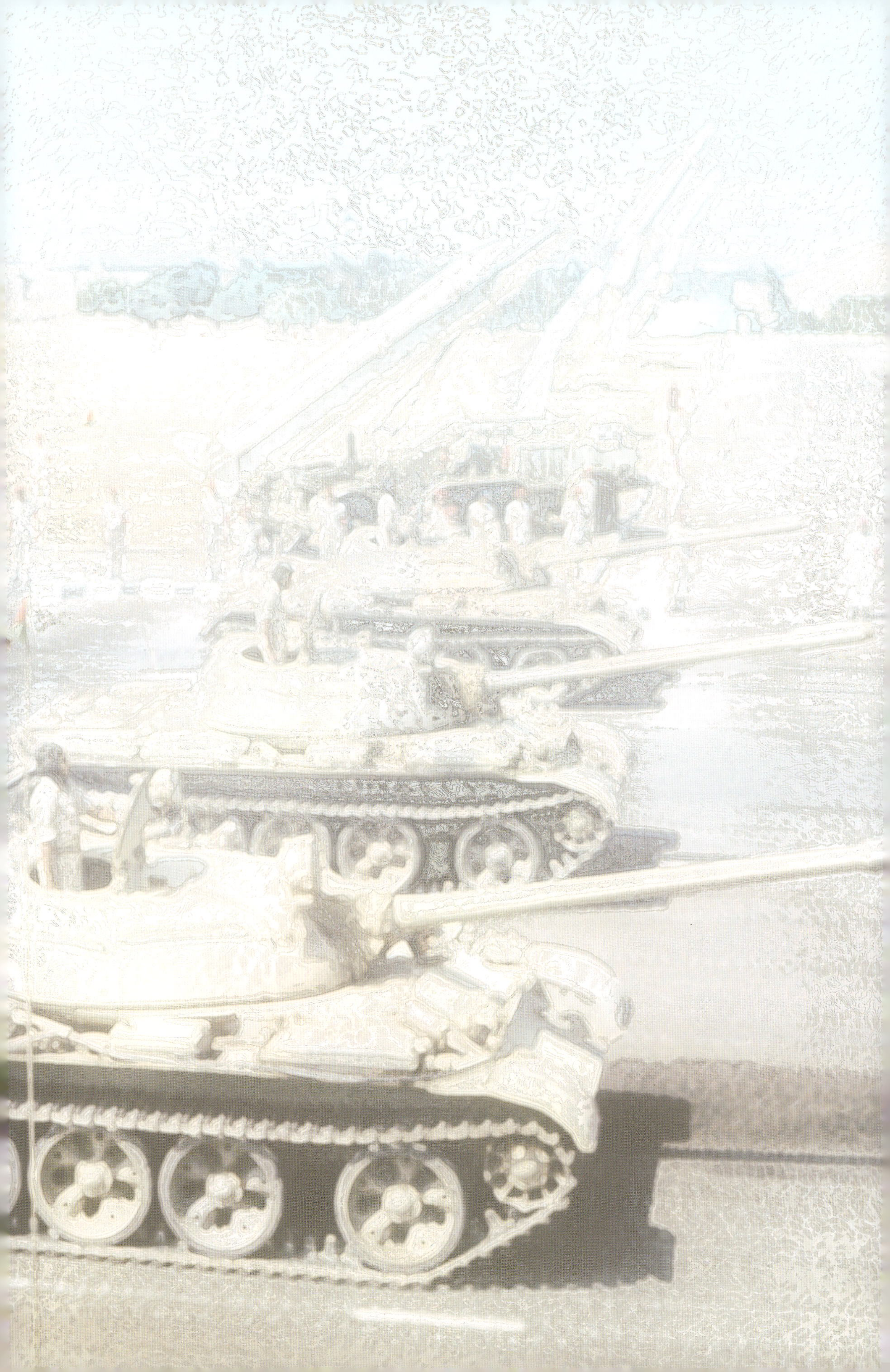

第5章
中東 1948〜90年

中東に広がる不毛の砂漠もまた戦争と無縁ではなかった。この地域では何世紀にもわたって、大国の覇権争いや民族、宗教をめぐる戦いが繰り返されてきた。近代に入ると中東での紛争の主役は装甲戦闘車両が務めるようになり、脆弱な民兵組織の寄せ集めでしかなかったイスラエル国家の守り手は、四半世紀も経たないうちに戦車部隊を主力とする世界最強の軍隊へと進化した。そのそばで拡大するイスラエルの軍事力を目の当たりにしたアラブ諸国は、戦車の攻撃力に対する認識を改めるのと同時に、対抗する防御手段の確保を迫られた。

▲ **威信の誇示**
パレードに参加するエジプト軍T-55主力戦車。大量のソ連製武器がシリア、エジプト等の中東の国々に売却された。

国家の誕生と民族主義

ユダヤ人国家の誕生は否応なしに周囲のアラブ諸国との軋轢を生みだした。建国後の50年間、武力衝突が頻発したが、その時主役を務めたのは戦車だった。

砂漠の戦いは大海原で繰り広げられる艦隊の戦いになぞらえられる。断続的に起こる激しい戦闘が戦況を一変させ、地政学的な情勢をも様変わりさせる。おそらくは、この果てしない砂漠の広がりが、他のどの戦場よりも戦車を戦闘の主役に押しあげるのだろう。現代では戦闘で獲得した広大な領地を支配して国境を守るためには、戦車の火力と機動力、装甲防御力が不可欠となる。

中東各国の軍で戦車が中核戦力となるのに、時間はさほどかからなかった。当初イスラエル軍の装甲車といえば民兵組織が急ごしらえで作りあげたわずかな数の「装甲自動車」くらいしかなかったが、このユダヤ人国家はその後すさまじい勢いで技術革新を成し遂げて、主力戦車を開発するまでにいたった。最初からあるものをこつこつと修理して使うのがイスラエルの流儀だった。しかしそれが絶え間ない改良とアップグレードの原点となったのだ。

M50/51スーパーシャーマン中戦車もそのようにして製造されたが、これは第2次世界大戦時にイギリスで作られたシャーマン・ファイアフライ中戦車によく似ている。ほかにもイギリスのセンチュリオンMk3主力戦車、あるいは105ミリ砲搭載のMk5を改良したショット、鹵獲したソ連製T-54/55主力戦車を改造したチラン・シリーズ、そしてイスラエルがはじめて独自開発した主力戦車メルカヴァといった車両がある。

余剰兵器

イスラエルもアラブ諸国も当初は、第2次世界大戦中にこの地で戦った大国が残していった武器を、ときには修理をほどこしながら使用した。購入はもっぱら武器商人をとおして行ない、終戦後本国に撤退する部隊からかすめとるようなことさえあった。

後に東西の二極化が進むと、アラブ諸国はソ連やその衛星国で開発、製造されたT-54/55やその後継車両の輸出型を主に調達するようになり、一方イスラエルのほうは最初はフランスをはじめとするヨーロッパの支援国から、そしてあとからはアメリカから供給を受けるようになった。

創設当初から現在にいたるまで、イスラエル軍上層部は近代的な機甲戦力を維持するうえでさまざまな問題に悩まされてきた。たとえばイスラエルのように人口が比較的少なく技術的基盤にも限りがある国家では、軍事に多額の予算をつぎこむことは政治的摩擦をもたらす。とはいうものの1948年の第1次中東戦争開戦前夜の時点ではハガナー[訳注:ユダヤ人の軍事組織]を中心に場当たり的に作られ、いくつかの民兵組織が寄り集まっただけのイスラエル国防軍（IDF）も、ここ50年のあいだにその実力がひろく世界に認められるまでに成長した。

創設当初、国防軍が保有していた装甲車両といえば、臨時の作業場でトラックに機関銃を搭載して金属板で防護したくらいのものでしかなかった。ほかにも南アフリカで設計されて、イギリス軍が採用したマーモン・ヘリントンなど、第2次世界大戦時代の装輪装甲車も数両保有していたが、敵のアラブ諸国も同じものを使用していた。一説によると、イスラエル軍にはじめて配備された正真正銘の戦車は、12両の古いオチキスH35軽戦車だったという。しかしイスラエルはこの1930年代製の中古をフランスで見つけて購入したという話や、フランス植民地軍がイスラエルに残していったものであるという説も存在する。1950年代半ばまではイスラエルが購入する戦車の大半は、AMX-13軽戦車などのフランス製だったが、建国以降の10年間では、アメリカ製のシャーマン中戦車やイギリス製の巡航戦車クロムウェル、さらにはあとからくわわった同じくイギリス製のセンチュリオン主力戦車が、イスラエル軍機甲戦力のおもな顔ぶれとなった。ほかにはアメリカ製のM3ハーフトラック数両があるくらいだった。

この時期、イスラエル国防軍では機甲戦力の骨格が確立しつつあったが、装備の大半は古く、整

備の水準も低かった。だが1956年のスエズ危機（第2次中東戦争）は限られた機甲戦力の実力を実戦で試す格好の機会となり、その後の戦術行動と技術の進歩におおいに役立った。スエズ危機終結後、フランスは中東のアラブ諸国と以前からあった植民地主義的なつながりを強め、ついにはイスラエルへの武器の輸出を停止した。その結果、イスラエル指導部は危機感を強めて、新たな武器供給源の開拓と既存の戦車や装甲車両のアップグレード、武器の国産化を進める必要に迫られた。

1967年の第3次中東戦争（六日戦争）に先立ってアメリカはイスラエル政府の要請に応え、同国に向けてパットン・シリーズをはじめとする各種装甲車両の輸出を開始した。一方イスラエルは既存の戦車と将来、購入可能な戦車の近代化と改良を実施する計画に着手すると同時に、国産主力戦車の開発に乗りだした。1970年代半ばにはメルカヴァ主力戦車の試作品の製作が始まっている。今日メルカヴァは驚異の装甲車両あるいは世界最強の戦車としてその名を馳せている。1980年代初頭からはイスラエル国防軍機甲部隊の中核を担い、エンジン、射撃統制、装甲防御力などで改良が重ねられている。

アラブの機甲戦力

イスラエルの建国に異を唱えて結集したアラブ諸国の側も事情は変わらなかった。第2次世界大戦直後という状況下にあって各国機甲部隊の能力には限界があった。主力戦闘車両としての装甲自動車のほかには、戦車、ハーフトラック、歩兵輸送用の自動車などの寄せ集めがあるだけだった。エジプト、シリアの軍隊やトランス・ヨルダン（現ヨルダン）のアラブ軍団ではイギリス、アメリカ、フランス、はてはドイツ製の装甲車がごた混ぜになっており、それほどまでではないにしてもイラク、レバノンの軍でも事情は似たようなものだった。東西冷戦の政治的駆け引きが顕在化する中で、大国は資金や技術のほかに武器の提供という形で中東に影響力をおよぼし始めていたのだ。1955年にはいわゆるエジプト・チェコスロヴァキア軍備協定によって、ソ連で開発されたIS-3重戦車、T-34中戦車、SU-100自走砲がエジプトに提供された。これによって以前からあった西側開発の装甲車両約450両に、ソ連圏から供給された新たな武器がくわわることとなった。シリアをはじめとする他のアラブ諸国でもソ連やチェコスロヴァキアなどの東欧諸国の戦車や装甲戦闘車両が配備されていた。

1960年代から1970年代にかけてソ連圏との

▼**改良型シャーマン**
1967年、六日戦争の開戦を控えて、シナイ半島の砂漠に集合するイスラエル国防軍のM50シャーマンの改良型。

関係が深まるにつれて、T-54/55、さらにはのちにくわわったT-62、T-72などの主力戦車がアラブ軍機甲戦力の基準となった。キャンプ・デービッド合意が実現したことによってイスラエルとエジプトおよび他のアラブ諸国政府との間で一定の和解が成立すると、西側製の最新装甲車両がふたたびアラブ各軍に姿を現すようになった。アメリカのM60パットン中戦車、主力戦車のイギリスのチーフテン、チャレンジャーなどが、ヨルダンやサウジアラビアあるいはエジプトの陸軍の前線部隊に配備された。1990年代に多国籍軍の一員として、クウェートからサダム・フセインの軍を追い出す戦いにくわわったアラブの国々は、機甲戦力の大半を西側の戦車で整えていた。

パレスチナ戦争（第1次中東戦争）1948年

イスラエル独立をめぐる戦争では装甲部隊の出る幕はそれほど多くはなかったが、両陣営の指揮官は、将来、中東での紛争において戦車が大きな役割を果たすであろうことを十分承知していた。

1948年10月16日、イスラエル軍戦車がテルアビブ近郊にあるロッド空港周辺のエジプト軍陣地に襲いかかった。だが敵の反撃によって巡航戦車クロムウェル2両が破壊され、中古のオチキスH35軽戦車は10両が故障するか敵の対戦車壕に落ちるかして使いものにならなくなり、シャーマン中戦車はただの1両も敵と交戦することなく戦闘が終わった。イスラエル国防軍の機甲部隊司令部にとっては不吉な予感のする始まりだった。だがアラブ軍装甲部隊のほうも事情はほとんど変わ

▲**歩兵戦車MkIVチャーチル**
イスラエル国防軍第8機甲旅団
第2次世界大戦中イギリスはきわめて汎用性の高いシャーシを開発し、それをベースに1ダースを超える派生型を作り出したが、その中でもっとも大量に生産されたのがチャーチルMkIV歩兵戦車だった。イスラエルは1950年まで譲り受けたり購入したりして手に入れた一握りのイギリス製戦車を、修理をほどこしながら使用した。

Infantry Tank Mk IV Churchill IV

重　　量	39.62トン
全　　長	7.44メートル
全　　幅	2.74メートル
全　　高	3.25メートル
エンジン	261.1kW（350馬力）ベッドフォード12気筒ガソリン
速　　度	25キロメートル
行動距離	193キロメートル
兵　　装	1×オードナンス6ポンド（57ミリ）砲、2×ベサ7.92ミリ機関銃（同軸機関銃1、車体前面の球型銃座1）
無 線 機	不明

らなかった。火力でも数のうえでも圧倒的に上回っていたにもかかわらず、結束の緩いアラブ側は互いの攻撃をうまく連携させることができず、せっかくのチャンスを逃してそのツケを払うことになる。

生き残りをかけた戦い

1948年5月20日、シリア軍はガリラヤ湖沿岸の入植地デガニアにあるキブツを攻撃した。キブツを守備していた民兵が装備していたのはライフルと自動火器、イギリス製の肩撃ち式火器PIAT（歩兵用対戦車擲発射器）がたった1基だけ、そしてあわてて作った火炎瓶だけだったという。圧倒的に優勢なシリア軍が擁していたのは、あわせて18両は超える戦車と装輪装甲車だった。5両の戦車がイスラエル軍の防衛線を突破したが、快進撃はすぐに終わった。フランス製戦車5両のうち2両がPIATと火炎瓶のコンビネーションによって破壊されたのだ。もう1両のルノー軽戦車R35もまた、火炎瓶の攻撃で動かなくなった。この1両は現在でも当時の戦闘を記念するモニュメントして、キブツに残されている。

アラブ軍は火力と数で勝っていたにもかかわらずいくつもあったチャンスを逃したが、機甲戦力の重要性を認識していなかったわけではなかった。1948年の戦闘開始前夜、エジプト軍が配備したのは少数のアメリカ製シャーマン中戦車とイギリス製の巡航戦車クルセーダーおよびマチルダ歩兵戦車、約300両のブレンガン・キャリア（装軌式汎用輸送車）、そして数両のマーモン・ヘリントン、スタッグハウンド、ハンバーなどの装輪装甲車だった。それによって戦車7両からなる軽戦車大隊が少なくとも1個と、装甲車35両で構成される機甲偵察大隊1個が編成されていた。

レバノン軍は戦車6両と装輪装甲車4両の機甲大隊1個を、イラク軍は戦車47両と機械化歩兵部隊を投入した。アラブ軍の中でも最高の練度を誇っていたトランス・ヨルダンのアラブ軍団は、自動車化歩兵を編成していたが、装輪装甲車はマーモン・ヘリントンが約12両あるだけだった。

本部

イスラエル国防軍戦車中隊、1948年

イスラエル国防軍初の装甲部隊は、1930年代に登場したフランスのオチキスH39軽戦車の中古車両10両で構成されていた。10両の戦車は、それぞれ3両からなる小隊3個と本部1両に分散されて、唯一の戦車部隊である第8機甲師団を編成した。1948年の戦いでは敵の攻撃と故障によって数両のH39が失われた。

第1小隊（3×オチキスH39軽戦車）

第2小隊（3×オチキスH39軽戦車）

第3小隊（3×オチキスH39軽戦車）

シリア軍はフランス製軽戦車のルノーR35およびR39あわせて45両で構成される大隊1個と装輪装甲車の大隊1個を擁していた。

イスラエル国防軍初の装甲部隊の主力は、オチキスH39軽戦車10両だった。第8機甲旅団と名づけられたこの部隊には、ほかにジープとハーフトラックが装備されていた。オチキス10両は1個中隊にまとめられ、ハーフトラックは装甲兵員輸送車として使われ、ジープは強襲中隊に組みこまれた。

テルアビブ近郊の都市ロッド（リッダ）の攻略をめぐる戦闘と、そのあとに続いた「十日間攻勢」においては、モーシェ・ダヤンが、第89機械化強襲大隊のジープ部隊のひとつを指揮していた。ダヤンは後にイスラエル国防軍の司令官となり、さらには国防相の職に就いた人物だ。ロッドの戦闘でダヤンはみずからジープを率い、銃を撃ちながら街に突入していったといわれている。この第89大隊こそが独立後のイスラエル軍機甲戦力の中核となる部隊である。

第1次中東戦争が終わる頃にはイスラエル国防軍は兵士10万人以上を擁し、第7、第8機甲旅団（前者は新たに創設された装甲部隊）にくわえて砲兵連隊数個を保有していた。第8機甲旅団の「機甲」は兵士の士気を鼓舞するためにだけつけられたようなもので、実態は大きくかけ離れていた。どれほどひいき目に見ても、訓練が行き届いているとはいえず、経験も浅く、装備も貧弱なため、戦場で活躍できるとは思えなかった。やがてはさまざまな中古戦車が混在する実態は見直され、徐々にアップグレードされることになるのだが、1948年の時点ではイスラエルの防衛にはたいして役に立っていなかった。

第1次中東戦争当時、戦車はまだ決定的な戦力ではなかったが、その存在自体に情勢を変える力があった。数年後、戦車は数を増やし、その重要性を高めることになる。火力と技術は格段の進歩を遂げ、戦術も洗練された。攻撃と防御の計画が策定され、破棄され、また新たに練りなおされた。ふたたび数十年間にわたる戦いが始まり、そのときには戦車が主役の座に躍り出ることになるのだ。

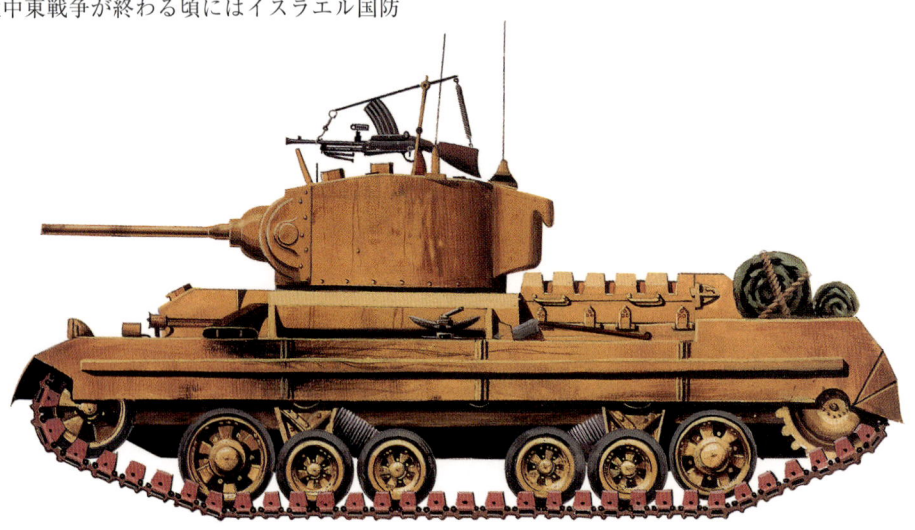

▲ **歩兵戦車MkIIIバレンタインI**
イスラエル国防軍第8機甲旅団
第2次世界大戦中イギリス陸軍の前線部隊に配備されたが、戦争が終わる頃には時代遅れとなり、終戦とともに退役になった。エジプトがスエズ危機中に投入したアーチャー対戦車自走砲は、このバレンタインをベースに開発されている。

Infantry Tank Mk III Valentine I

乗　員	3名
重　量	17.27トン
全　長	5.89メートル
全　幅	2.64メートル
全　高	2.29メートル
エンジン	97.73kW（131馬力）AEC 6気筒ディーゼル
速　度	24キロメートル
行動距離	145キロメートル
兵　装	1×オードナンスQF2ポンド（40ミリ）砲、1×ベサ7.92ミリ機関銃（同軸）
無線機	不明

スエズ危機（第2次中東戦争）1956年

スエズ運河攻略を目標とするイギリス、フランスとの統合作戦において、イスラエル国防軍の役割はシナイ半島を確保することだった。機甲戦力はその重要性を増しつつあったが、戦略および戦術において看過しがたい欠陥を露呈した。

1956年秋、政治的作用とそれに対する反作用から、エジプトに対するイギリス、フランス、イスラエルの合同先制攻撃が始まった。1955年にエジプトがソ連と交わした武器供与の約束は国際的に物議を醸したが、それによってエジプトは重戦車と中戦車、さらに自走砲を手に入れた。つづいて大統領のガマール・アブド・ナセルは共産主義政権の中華人民共和国を承認し、その直後にスエズ運河の国有化を宣言した。ナセルのこのような攻撃的な行動は、中東におけるヨーロッパ大国の利権を直接脅かす一方で、アラブ勢力の領土からたえまなく侵入するテロリストに悩まされていたイスラエルにとっては、さらなる軍事的脅威となった。

「マスケティア」作戦

イギリス海兵隊のコマンド部隊がスエズ運河西岸の都市ポートサイドに上陸すると同時に、英仏両軍の空挺部隊がエジプト領内にパラシュート降下した作戦には、装甲部隊も参加していた。イギリス陸軍第6王立戦車連隊のセンチュリオン主力戦車が第40、第42コマンド部隊を支援し、これに第1、第5王立戦車連隊の分隊がくわわった。またAMX-10軽戦車で構成されるフランスの戦車中隊1個は外人部隊の第1落下傘連隊と行動をともにした。一方イスラエルの装甲部隊は戦車約200両を繰りだして、英仏部隊との連携のもとにシナイ半島に侵攻することになっていた。

「カデッシュ」作戦

後に明らかになるようにスエズ危機当時、イスラエル国防軍の機甲戦力は第2次世界大戦中にアメリカで製造されたM4シャーマン約200両、フランス製AMX-13軽戦車100両、およそ60両の105ミリ自走榴弾砲AMX-105Aが主だったものだった。最後のAMX-105Aは基本的にはAMX-13のシャーシに105ミリ砲を搭載したものだ。一方エジプト側は、初期モデルのT-34の主砲を85ミリ戦車砲に換装したソ連のT-34/85、オリジナルのアメリカ仕様と改良型のイギリス仕様2種類のM4シャーマン、ソ連製のSU-100自走砲、イギリスのバレンタイン歩兵戦車に76ミリ（17ポンド対戦車）砲を載せたアーチャー対戦車自走砲、そして200両以上のソ連開発のBTR-152装甲兵員輸送車を擁していた。エジプト軍の機甲戦力はすべてあわせるとおそらく1000両を超えていたものと思われる。

「カデッシュ」作戦でのイスラエルの目的は、テロリストの流入を断ち切ること、国境の安全を確保すること、エジプト軍によるエイラト湾（アカバ湾）の封鎖を解除すること、そして拡大を続けるエジプト軍を弱体化させることだった。その頃エジプトはチェコスロヴァキアでライセンス生産されたソ連開発の戦車を、300両近く受け取ったばかりだった。

イスラエル国防軍の機甲戦力は、1948年の第1次中東戦争のあと大幅に見直されていた。指揮系統は再構築され、次の軍事衝突の際には機甲戦力が中心的役割を担うものと決定された。とはいえ、この時点では第7機甲旅団のほかに常備の装甲部隊はまだ存在しなかった。スピードと火力を重視しながら成長を続けるイスラエルの装甲部隊にとって必要なのは、素早く動き、しかも確実に敵を発見して破壊することのできる戦車だった。軍上層部の間では機甲戦力の強化に賛同する者が少なくなかったが、一方ではその有用性を疑問視

イスラエル国防軍、1956年

旅団	個数
歩兵	11
空挺	1
機甲	3
合計	15

The Middle East, 1948-90

本部

イスラエル国防軍戦車中隊、1956年

1950年代半ば、フランスはイスラエルにとって最大の武器供給国だった。国防軍に配備されたAMX-13軽戦車には当初75ミリ砲が搭載されていたが、のちに90ミリまたは105ミリ砲に換装された。スエズ危機当時のイスラエル機甲中隊は、最大12両のAMX-13と本部戦車1両で編成されていた。

第1小隊（3× AMX-13軽戦車）

第2小隊（3× AMX-13軽戦車）

第3小隊（3× AMX-13軽戦車）

▲ AMX-13軽戦車
イスラエル国防軍第27機甲旅団
フランス製AMX-13軽戦車の揺動砲塔は、実戦では役に立たないことがわかった。もともと空輸可能な装甲車両として開発された斬新なAMX-13には、回転弾倉式の自動装填装置が装備されていた。

AMX-13 Light Tank

乗　　員	3名
重　　量	15,000キログラム
全　　長	6.36メートル
全　　幅	2.5メートル
全　　高	2.3メートル
エンジン	186kW (250馬力) SOFAM 8気筒ガソリン
速　　度	60キロメートル
行動距離	400キロメートル
兵　　装	1×75ミリライフル砲、1×7.62ミリ機関銃
無 線 機	不明

する声もあり、現場の指揮官を混乱させていた。
　しかしその間もイスラエルは、既存のM4シャーマン中戦車をアップグレードしていた。とりあえずは手元にある装甲車両を改良して、エジプトのT-34中戦車やIS-3重戦車の脅威にそなえようとしていたのがわかる。そのような状況の中でM50/51の開発計画が進み、誕生したのがスーパーシャーマンと呼ばれる驚異の戦車だった。イスラエルはフランスからAMX-13を購入

し、それに搭載されていた強力な75ミリ戦車砲CN 75-50を手に入れた。この戦車砲は、第2次世界大戦中のドイツ軍のパンター中戦車に搭載されていた、KwK42 70口径75ミリ戦車砲をモデルに開発されている。イスラエルの技術者はM4

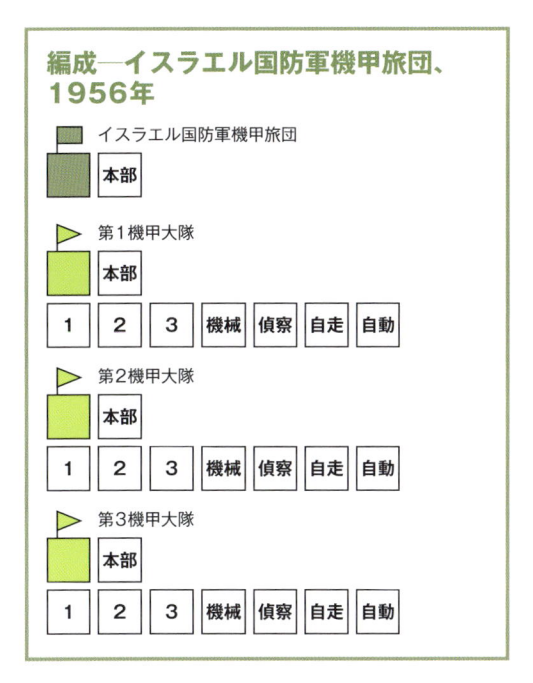

編成―イスラエル国防軍機甲旅団、1956年

- イスラエル国防軍機甲旅団
  - 本部
- 第1機甲大隊
  - 本部
  - 1　2　3　機械　偵察　自走　自動
- 第2機甲大隊
  - 本部
  - 1　2　3　機械　偵察　自走　自動
- 第3機甲大隊
  - 本部
  - 1　2　3　機械　偵察　自走　自動

イスラエル国防軍機甲旅団、1956年

種類	個数	車両	配備数
本部	—	—	—
機甲大隊	3	—	—
機甲中隊	3	中戦車	13
機械化中隊	1	M3ハーフトラック	不明
偵察小隊	1	ジープ	7
自走砲大隊	1	M7プリースト自走榴弾砲	4
自動車化中隊	1		

▼M3 Mk.Aハーフトラック
イスラエル国防軍第10歩兵旅団

M5ハーフトラック兵員輸送車をベースに、インターナショナル・ハーヴェスター（IHC）社が製造。イスラエルのハーフトラックは兄弟車両のM2、安価版のM9も含めてすべてM3と称された。MkAはIHC社のRED-450エンジンを使用したところから、IHC M5とも呼ばれる。イスラエルは第2次世界大戦中に作ったハーフトラックを、1970年代まで使いつづけた。

シャーマンのシャーシに高初速のフランス製戦車砲を搭載して、強力な火力をもった戦車を誕生させたのだ。最初に製造された25両のM50スーパーシャーマンが装甲部隊に配備されたのはカデッシュ作戦が始まる数日前のことだった。

砂漠の機動性

　カデッシュ作戦では、開始から100時間経つか経たないかのうちに戦術上の目標が達成された。戦闘は完全にイスラエルとエジプトの一騎打ちだった。1956年の10月29日から11月7日にかけての攻勢で、イスラエルは地中海沿岸からシャルム・エル・シェイクにいたるまでシナイ半島全域を占領した。ガザ地区を制圧したあと、事前の英仏との取り決めどおりにスエズ運河から16キロメートルの地点で進撃を停止したが、その間の戦死者はわずか231人だった。

　作戦の成功にもかかわらず、イスラエルの軍上層部は戦闘中に諸兵科連合の兵力を生かしきれなかったことについて非難された。この件にかんしてまっ先に責めを負うべき人物は、ダヤン参謀総長である。ダヤンは作戦後半にいたるまで、装甲部隊に重要な役割を与えようとしなかったのだ。彼は歩兵を重視する一方で装甲部隊にはもっぱら支援の任務を割り振った。機甲戦力は作戦策定の

M3 Mk.A Half-track

- 乗　員：2+11名
- 重　量：9.3トン
- 全　長：6.34メートル
- 全　幅：2.22メートル
- 全　高：2.69メートル
- エンジン：109.5kW（147馬力）IHC RED-450-B 6気筒ガソリン
- 速　度：72キロメートル
- 行動距離：320キロメートル

エジプト陸軍戦車旅団、1956年

種類	個数	車両	配備数
本部	—	トラック	1
対空中隊	1	S-60 57mm対空砲	3
戦車大隊	2		
本部	1	T-34/85主力戦車	1
戦車中隊	3	T-34/85	3
機械化歩兵大隊本部	1		
本部	1	BTR-152装甲兵員輸送車	1
機械化歩兵中隊	3	BTR-152	2
重火器中隊	1	81mm迫撃砲	1
		57mm対戦車砲	1
自走砲大隊本部	1	トラック	1
		SU-100自走砲	4

編成

エジプト戦車旅団
本部
1　2　対空　機械　砲兵

T-34/85 Model 1953 Medium Tank

- 乗　　員：5名
- 重　　量：32トン
- 全　　長：6メートル
- 全　　幅：3メートル
- 全　　高：2.6メートル
- エンジン：372kW（493馬力）V-2 V型12気筒ディーゼル
- 速　　度：55キロメートル（路上）
- 行動距離：360キロメートル
- 兵　　装：1×ZiS-S-53 85ミリ砲、2×DT7.62ミリ機関銃（同軸1、前方銃座1）
- 無 線 機：R-113グラナト

▼T-34/85中戦車1953年型
エジプト陸軍第4機甲師団、1956年11月、スエズ運河西岸ポートサイド

ソ連設計の中戦車T-34/85の輸出型は、85ミリ砲を搭載していた。1953年型はチェコスロヴァキアで製造され、1956年にスエズ危機が始まる前にエジプトやシリアに大量に供給された

主要要素とはならず、機械化歩兵を輸送するための車も絶対的に不足していた。ある戦闘において戦車長たちは味方の射撃が始まるや肝をつぶした。ある戦車部隊が別の味方の戦車部隊を攻撃し、9両のうち8両を無力化してしまったのだ。また装甲部隊はばらばらに配置され、戦術は欠陥だらけだった。たとえばカデッシュ作戦の3日目、第7機甲旅団は3個の戦闘グループに分割され、それぞれが異なる方向に配置されたために、互いを援護できなかった。

カデッシュ作戦では、戦車同士による大規模な戦闘は起こらなかった。だが、それにもかかわらずウムカテフでは、戦車による火力支援なしの攻撃が指示された。現場の指揮官は機甲戦力なしの

攻撃はあまりに危険だと判断したが、もっとも近い戦車隊でさえ到着までに数時間はかかる場所にいた。ところがダヤンは、すぐさま攻撃を開始するよう命令したのだ。その結果、イスラエル軍はエジプトのアーチャー対戦車自走砲によってハーフトラック数台を破壊され、エジプト軍陣地を奪うことができなかった。

だが、シナイ半島で得られた教訓は、数年後の戦争で活かされることになる。イスラエル国防軍は大規模な機甲戦力による迅速な攻撃によって、敵陣深くまで切りこむ戦略を採用したのだ。

Archer 17pdr SP Gun

乗　　員：4名
重　　量：18.79トン
全　　長：6.68メートル
全　　幅：2.64メートル
全　　高：2.24メートル
エンジン：123kW（165馬力）GMC M10ディーゼル
速　　度：24キロメートル
行動距離：145キロメートル
兵　　装：1×オードナンスQF17ポンド（76ミリ）砲、
　　　　　1×ブレン7.7ミリ機関銃
無線機：不明

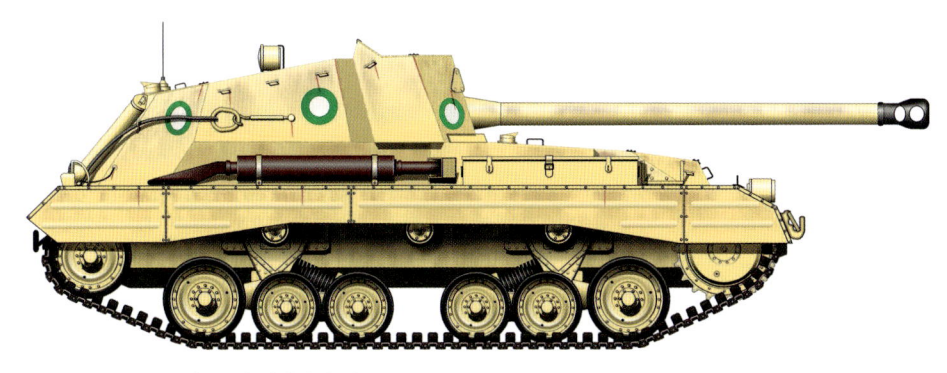

▲**アーチャー 17ポンド対戦車自走砲**
エジプト陸軍第4機甲師団、1956年11月、スエズ運河西岸ポートサイド
イギリスのバレンタイン歩兵戦車をベースにした開放砲塔式自走砲。スエズ危機の際にエジプト軍によって投入された。シナイ半島の戦闘で76ミリの17ポンド砲は、イスラエル軍装甲車両を相手に威力を発揮した。

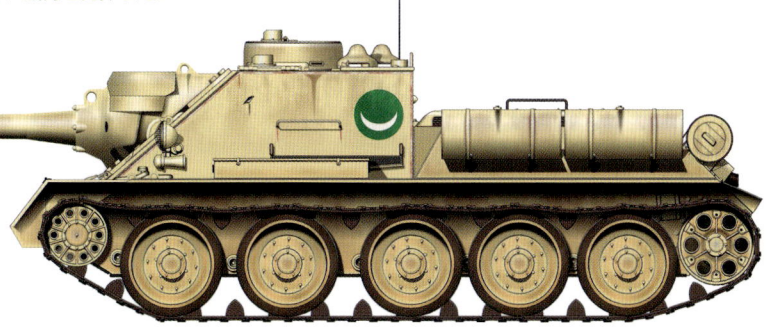

SU-100 SP Gun

乗　　員：4名
重　　量：31.6トン
全　　長：9.45メートル
全　　幅：3メートル
全　　高：2.25メートル
エンジン：370kW（500馬力）4ストロークV-2-34
　　　　　型12気筒ディーゼル
速　　度：48キロメートル
行動距離：320キロメートル
兵　　装：D-10S 100ミリライフル砲
無線機：R-113グラナト

▲**SU-100自走砲**
エジプト陸軍第4機甲師団、1956年11月、スエズ運河西岸ポートサイド
第2次世界大戦中にソ連によって開発され、1970年代まで中東のアラブ諸国で現役を務めていた。砂漠での運用に耐えられるように改修されたモデルはSU-100Mと名づけられた。

六日戦争（第3次中東戦争）1967年

イスラエルは一連の先制航空攻撃に続いて、戦車と航空機でアラブ陣営の機甲戦力を叩き、既成事実のように思われていた中東の力関係を一変させた。

1960年代半ばには、イスラエルと周辺アラブ諸国との間でふたたび武力衝突が起こるのは、時間の問題だと考えられていた。エジプトのナセル大統領はチラン海峡を封鎖し、国連の平和維持軍をシナイ半島から追い出して、この地域をふたたび軍の布陣で固めはじめた。イスラエル国境付近でのこのようなあからさまな軍備増強をすると同時に、ナセルは公の場で挑発的な演説を行なった。

一方イスラエルの軍上層部は、いまだに戦闘教義見直しの最中だった。攻勢作戦においては空軍が主力となるが、地上戦では装甲部隊が中心的役割を果たすはずだった。エジプトあるいはシリア、レバノンをはじめとするアラブ諸国の機甲戦の戦闘教義の詳細についてはほとんど不明だったが、そうした戦術がソ連戦車部隊のものを手本としていることはまちがいなさそうだった。もちろんソ連は西ヨーロッパでのNATO軍との戦争を想定して戦術を練っていたのである。

先制攻撃

一方イスラエルは、攻撃は最大の防御であるとの見地から勝利のためには先制攻撃が一番であるとの結論に達していた。そして1967年6月5日、イスラエルはエジプト、シリア、ヨルダンの空軍基地に大規模な空爆を繰り返し、地上にある敵航空機の大半を破壊した。事実、空爆はイスラエルの地上作戦を成功に導くうえで欠かすことのできないものだった。

適切な航空支援のないアラブ陣営の装甲部隊を、イスラエルは空から徹底的に叩きのめした。そしてそのあと今度はイスラエル軍戦車が、数百におよぶ敵の装甲車両を破壊した。ただし軍幹部の中には、機甲戦力が攻撃の中心的役割を果たすことを好ましく思わない者がいたのも事実である。とはいえ開戦から1週間も経たないうちに、イスラエルはエジプト軍機甲戦力の3分の1に相当する300両の戦車を鹵獲し、残りは文字どおり殲滅した。王立ヨルダン陸軍は179両の戦車を失い、シリア陸軍は118両の戦車を破壊された。最終的にイスラエルが破壊したアラブ軍戦車の数は、600両にも達したと見られている。一方イスラエル側の戦死者は700名以下で、機甲戦力の損害も最小限に抑えられた。

戦車の威力

六日戦争に参加した戦車の数は

シリア機甲旅団、1967年

種類	個数	車両	配備数
機甲大隊	3		
本部	1	T-54/T-55主力戦車	1
戦車中隊	3	T-54/T-55	3
機械化歩兵大隊	1		
本部	1	BTR-152装甲兵員輸送車	1
機械化中隊	3	BTR-152	2
重火器歩兵中隊	1	BTR-152重機関銃搭載	2
		82mm迫撃砲	1

編成—シリア戦車旅団、1967年

- シリア機甲旅団 本部
  - 第1戦車大隊 本部 — 1, 2, 3
  - 第2戦車大隊 本部 — 1, 2, 3
  - 第3戦車大隊 本部 — 1, 2, 3
  - 機械化歩兵大隊 本部 — 1, 2, 3, 重火

T34/85 Model 1953 Medium Tank

- 乗　　員：5名
- 重　　量：32トン
- 全　　長：6メートル
- 全　　幅：3メートル
- 全　　高：2.6メートル
- エンジン：372kW（493馬力）V-2 V型12気筒ディーゼル
- 速　　度：55キロメートル
- 行動距離：360キロメートル
- 兵　　装：1×ZiS-S-53 85ミリ砲、1×DShK12.7ミリ対空重機関銃（砲塔搭載）、2×DT7.62ミリ機関銃（同軸1、前方銃座1）
- 無線機：R-113グラナト

▲T34/85中戦車1953年型
シリア陸軍第44機甲旅団、1967年、ゴラン高原

チェコスロヴァキアで製造されたこのモデルは、砲塔のリングマウントにソ連製のDShK12.7ミリ対空重機関銃を搭載している。六日戦争の際シリアの機甲部隊は、イスラエルの航空機によって大きな損害を被った。車体に刻まれた文字は「Al Shaheed Hormuz Yunis Butris（殉教者ホルムズ・ユニス・ブトリス）」と読める。

ASU-57 SP Gun

- 乗　　員：3名
- 重　　量：3,300キログラム
- 全　　長：4.995メートル
- 全　　幅：2.086メートル
- 全　　高：1.18メートル
- エンジン：41kW（55馬力）M-20E 4気筒ガソリン
- 速　　度：45キロメートル
- 行動距離：250キロメートル
- 兵　　装：1×CH-51M 57ミリ砲、1×7.62ミリ対空機関銃
- 無線機：不明

▲ASU-57自走砲
エジプト陸軍第7歩兵師団、1967年、シナイ半島ラファ

軽武装、軽装甲のASU-57自走砲は、本来はソ連空挺部隊の支援火器として開発されたものである。低い車体と高速の移動によって戦場での残存性を高めた。57ミリ砲から高初速であられのように連射された砲弾は、高い装甲貫通力を発揮した。

▼ワリード装甲兵員輸送ロケット・ランチャー
エジプト陸軍第2歩兵師団第10旅団、1967年、シナイ半島アブ・アゲイラ

ソ連製BTR-152装甲兵員輸送車の派生型。エジプトで生産され、他のアラブ諸国に輸出された。乗員の2名のほかに兵員を10名まで運ぶことができる。一部は80ミリロケット発射機を搭載していた。

Walid APV Rocket Launcher

- 乗　　員：2名
- 重　　量：不明
- 全　　長：6.12メートル
- 全　　幅：2.57メートル
- 全　　高：2.3メートル
- エンジン：125kW（168馬力）ディーゼル
- 速　　度：86キロメートル
- 行動距離：800キロメートル
- 兵　　装：12×80ミリロケット発射筒
- 無線機：不明

The Middle East, 1948-90

2500両を越えた。イスラエルが投入した戦車は老朽化したスーパーシャーマン中戦車、フランスのAMX-13軽戦車、センチュリオン主力戦車である。センチュリオンはこの時まだ現役だったのだ。しかし、イスラエルはそうした旧式の戦車を修理しながら急場をしのぐ一方で、すでに新型の装甲戦闘車両も保有していた。西ドイツとの歴史的な武器供与の協定によって90ミリ戦車砲を搭載したアメリカのM48A2パットン中戦車が提供されていたのだ。イスラエル軍に配備され、のちにマガフ・シリーズと呼ばれるようになるM48とその後継のM60は、主砲の口径やエンジンの性能のアップグレード、あるいは装甲の強化などの継続的な改良によって、最新鋭の性能をそなえていた。

イスラエルはまたこの戦争のあいだにヨルダンのM48を大量に鹵獲し、その多くを自軍の機甲軍団に編入していた。

第1次中東戦争終了後の10年間、イスラエル

▼IS-3重戦車
エジプト陸軍第7歩兵師団、1967年、シナイ半島ラファ

122ミリカノン砲を搭載したソ連設計の重戦車。砂漠での戦闘において恐るべき存在となった。六日戦争中のラファでの戦闘では、イスラエル国防軍第7機甲旅団のM48A2パットン中戦車を数両撃破した。

ISU-152 Heavy SP Assault Gun
- 乗　　員：5名
- 重　　量：46トン
- 全　　長：9.18メートル
- 全　　幅：3.07メートル
- 全　　高：2.48メートル
- エンジン：447kW（600馬力）V-2ディーゼル
- 速　　度：37キロメートル
- 行動距離：（路上）220、（荒地）80キロメートル
- 兵　　装：1×ML-20S 152ミリカノン榴弾砲、1×DShK12.7ミリ重機関銃（対空マウント）
- 無線機：10RF（搭載されている場合）

IS-3 Heavy Tank
- 乗　　員：4名
- 重　　量：45.77トン
- 全　　長：9.85メートル
- 全　　幅：3.09メートル
- 全　　高：2.45メートル
- エンジン：447kW（600馬力）V-2-JS V型12気筒ディーゼル
- 速　　度：40キロメートル
- 行動距離：185キロメートル
- 兵　　装：1×D-25T 122ミリカノン砲、1×DShK12.7ミリ重機関銃（対空マウント）、1×DT7.62ミリ機関銃（同軸）
- 無線機：10R（搭載されている場合）

▼ISU-152重自走砲
エジプト陸軍第6機械化師団、1967年、シナイ半島

ソ連開発の重自走砲。六日戦争ではそれほど多くは投入されなかったが、エジプト陸軍の機甲旅団下の対戦車中隊に配備されることが多かった。

イスラエル機甲旅団、1967年

種類	個数	車両	配備数
本部	—		
機甲大隊	2	センチュリオン/M48A1	50
偵察中隊	1	ジープ（106mm無反動砲搭載）	6
機械化歩兵大隊	1	M3/5ハーフトラック	不明
自走砲大隊	1	M3ハーフトラック（120mm迫撃砲搭載）	12

編成―イスラエル機甲旅団

```
    ▷ イスラエル機甲旅団
    ┌──┐
    │本部│
    └──┘
  ┌─┬─┬──┬──┬──┐
  │1│2│偵察│機械│自走│
  └─┴─┴──┴──┴──┘
```

はアメリカに対し何度も武器購入の申し入れをしては撥ねつけられていた。だが六日戦争の直前、ついにイスラエル首相ゴルダ・メイア直々の申し入れが受け入れられ、アメリカからイスラエルへの継続的な武器供与が実現した。さらに1966年にはイギリス政府からイスラエルに対して、中古のセンチュリオン主力戦車の購入と新型のチーフテン主力戦車の共同開発が提案されていた。ただしこのパートナーシップは3年しか続かなかった。主に一部アラブ諸国から非難の声があがったことが原因で中止になったのだが、イスラエルは手に入れたセンチュリオンを活用して、戦車設計にかんする貴重な知識を獲得した。

六日戦争が勃発したとき、イスラエルのマガフ部隊を構成していたのはM48A1とM48A2のパットン中戦車だった。その中にはイスラエル国防軍兵器科の手によって、改修がほどこされたパットンもあった。主砲をL7 105ミリ戦車砲に換装し、強力なAVDS 1790aディーゼル・エンジンと高性能の通信機器を搭載したバージョンだ。

一方アラブ陣営のほうは、ヨルダン軍が配備したアメリカ製M48のほかに、第2次世界大戦中に活躍したT-34/85中戦車やSU-100自走砲を大量に保有していた。後者の多くはチェコスロヴァキア製の1953年型で、1955年のエジプト・チェコスロヴァキア軍備協定によって提供されたものだった。その頃には、1940年代後半に開発されたソ連製T-54/55主力戦車シリーズが、エジプト軍装甲部隊に組みこまれていた。この配備は1956年のシナイ半島での戦闘以降、徐々に進められていた。エジプトは1967年までに、300両近くのT-54/55にくわえてIS-3M重戦車、PT-76水陸両用軽戦車の供与も受けていた。T-54/55の大半は第4機甲師団に配備されたが、この師団はシナイ半島の戦闘で壊滅した。もうひとつ、これも第2次世界大戦中にソ連が開発したISU-152重自走砲は、限られた数ではあったがアラブ軍に就役していた。

イスラエル・タルの貢献

機甲戦の教義は、六日戦争のために練りなおされた。その功績はイスラエル・タル将軍によるものが大きい。タルは1964年から1967年までイスラエル機甲軍団の軍団長を務めていた。1948年の第1次中東戦争に参加し、1956年にはシナイ半島で旅団長として勝利に貢献した。その経験からタルが得た結論は、イスラエルが戦うような戦場ではフランスのAMX-13、AMX-30などの軽戦車よりは、アメリカのパットンやイギリスのセンチュリオン主力戦車のような、重量のある戦車のほうが向いているということだった。後者のほうが乗員の生存率が高くなり、より大きな口径の砲を搭載できるというのがその理由だった。スピードはいくらか犠牲になるものの、そのような戦車は歩兵や砲兵との連携がとりやすく、そのため固定陣地に頼ることなく迅速に敵陣を攻めることができる。最終的には敵戦車と大規模な決戦を交えるため、タルは高度な砲術スキルを含む、レベルの高い訓練の必要性を強調した。

中東戦争初期の頃とは違って、六日戦争では戦車対戦車の戦闘が頻発し、M48を含む数種類の戦車の弱点がさらけ出された。たしかにヨルダ

ンのM48パットン中戦車の90ミリ砲はイスラエルのスーパーシャーマンの主砲よりも射程が長かったのは事実だが、補助燃料タンクが車外に搭載されているせいで、そこを攻撃されればひとたまりもなかったのだ。イスラエル軍がこの欠陥に気づいたあとは、数えきれないほどのヨルダンのM48が無力化された。イスラエルのアブラハム・ヨッフェとアリエル・シャロンの両将軍は、1967年の6月5日から6日にかけて、要衝アブ・アゲイラにおいて装甲部隊を率いてエジプト軍と対峙していた。イスラエル軍が擁するのは、あわ

Sherman M4 Dozer

- 乗　　員：5名
- 重　　量：31.6トン（ブレードなし）
- 全　　長：6.06メートル
- 全　　幅：2.62メートル
- 全　　高：2.74メートル
- エンジン：312kW（425馬力）クライスラー A57 30気筒ガソリン
- 速　　度：40キロメートル
- 行動距離：161キロメートル
- 兵　　装：1×M4 105ミリ榴弾砲、1×ブローニングM2HB 12.7ミリ機関銃
- 無 線 機：不明

▼ **M4シャーマン・ドーザー中戦車**
イスラエル国防軍第7機甲旅団、1967年、シナイ半島

イスラエル国防軍は保有するM4A3シャーマン中戦車の多くをM4 105ミリ榴弾砲に換装し、一部にM1ドーザー・ブレードを装着した。また懸架装置も水平懸架サスペンションに変更した。

M51 Isherman

- 乗　　員：5名
- 重　　量：39トン
- 全　　長：5.84メートル（車体のみ）
- 全　　幅：不明
- 全　　高：不明
- エンジン：338kW（460馬力）カミンズV型8気筒ディーゼル
- 速　　度：不明
- 行動距離：270キロメートル
- 兵　　装：1×CN105F1 105ミリ砲、2×7.62ミリ機関銃（同軸1、車体前面1）
- 無 線 機：不明

▼ **M51スーパーシャーマン中戦車（アイシャーマン）**
イスラエル国防軍第7機甲旅団第2大隊第4中隊

フランスとの共同開発によって誕生したM51スーパーシャーマンは、ベースとなるM4A1シャーマンの75ミリ砲をより強力なフランス製CN105F1 105ミリ戦車砲に換装した。また米カミンズ社のディーゼル・エンジンを搭載し、幅広い履帯を装着できる水平懸架サスペンションを採用している。中東戦争ではシリアやエジプト軍のT-34中戦車シリーズ、T-55主力戦車を次々と撃破した。

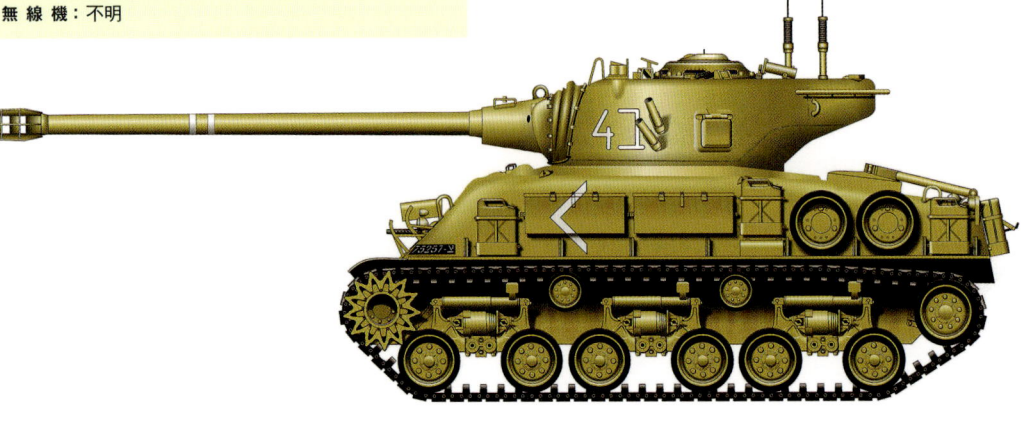

せて数十両のセンチュリオン主力戦車とスーパーシャーマン中戦車、それに多数のAMX-13軽戦車だった。スーパーシャーマンはフランス製の105ミリ戦車砲CN105 F1を、AMX-13は90ミリ砲を搭載していた。一方エジプト軍は、66両のT-34/85中戦車と22両のSU-100自走砲で立ち向かってきた。シャロンは多方面からエジプト軍を攻撃し、敵の装甲車両40両を破壊する一方で自軍の損害は19両に抑えた。

わずか六日間の決戦でイスラエル側は10万9000平方キロメートルにおよぶ地域を制圧した。シナイ半島およびヨルダン川西岸地区、さらには北のゴラン高原を占領し、2000年のユダヤの歴史の中ではじめて、旧都エルサレムを実効支配するにいたったのだ。さらに戦略的にきわめて重要なスエズ運河も支配下に置くことができた。

イスラエルの圧倒的勝利に装甲部隊が果たした役割は計り知れないが、アラブ側に航空戦力が欠如していた分、地上戦では機甲戦力の威力が存分なく発揮された結果となった。イスラエルにとってはきわめて重要であるはずの諸兵科連合についての認識は依然、低いままだったが、近代化した国防軍がこの戦争で得たものは少なくなかった。戦場での戦車の展開について何物にも代えがたい経験を得たうえに、アラブ軍戦車の弱点を知り、みずからの機甲戦力を世界のトップレベルにまで押しあげるために、いかなる増強が必要かを認識することができたのだ。

ヨム・キプール戦争（第4次中東戦争）1973年

六日戦争で失った威信と領地を奪還すべく、エジプトとシリア両軍は2方面からイスラエルを攻撃した。だが開戦当初の快進撃は長く続かず、イスラエルの反撃が始まるやすぐに追い払われることとなった。

1973年10月6日エジプトの奇襲攻撃が始まり、エジプト軍のスエズ運河の渡河と歩調を合わせるようにして、シリアは北部ゴラン高原のイスラエル防御線に襲いかかった。エジプトの攻撃は完全にイスラエルの不意を突いていた。兵員が小型ボートで運河を渡り、その後から戦車や装甲車両がフェリーに積載されるか浮橋を渡って、「バーレブライン」を突破したのだ。イスラエル軍指揮官たちは、自分らが築いた固定防御陣地のバーレブラインに全幅の信頼を置いていた。たとえエジプト軍が運河を渡り、シナイ半島に進撃したとしても、この陣地を越えることはできないだろうと安心していたのだ。さらにゴラン高原を守る装甲部隊には、最小限の歩兵支援で事足りるはずと高をくくっていた。だがエジプト軍は大量のソ連製携帯式地対空ミサイル（SAM）を用意していた。その結果、イスラエルは空軍の航空機を多数失うことになってしまう。1967年の六日戦争では、アラブ軍の機甲戦力を壊滅状態に追いやったあの航空機をだ。エジプト軍にはさらに、ソ連製サガー対戦車ミサイルと肩撃ち式のRPG-7対戦車ロケット擲弾発射器が配備されており、それによってイスラエル軍戦車は致命的な損傷を被ることとなった。だが当初は2方面からの奇襲にとまどったイスラエルだったが、すぐさま反撃に転じた。イスラエル軍のアメリカ製のTOW有線誘導型対戦車ミサイルが放たれると、エジプトとシリア戦車は次々と破壊されていった。

その一方で、ヨム・キプール戦争ではイスラエル国防軍とエジプト、シリア軍の主力戦車の間で、大規模な戦車戦が繰り広げられた。実のところ、開戦前夜イスラエルは全空軍と機甲師団4個を動員して、シリアに先制攻撃を仕掛けることを検討していたのだ。自軍の機甲戦力をもってすれ

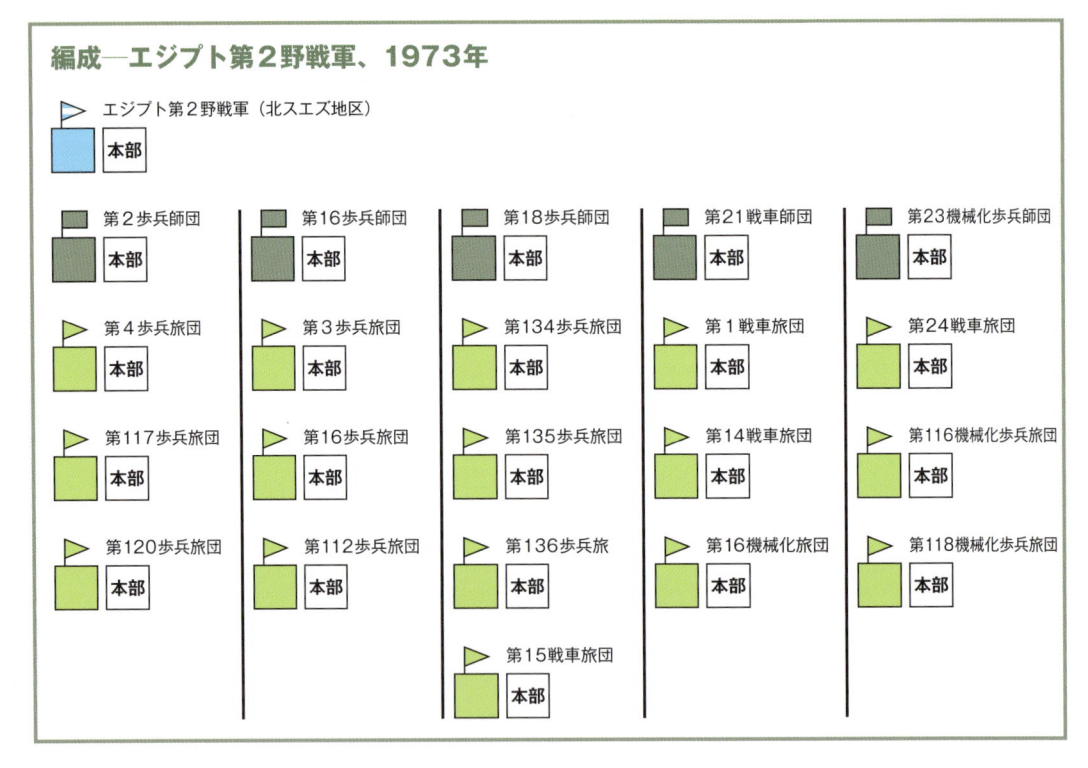

The Middle East, 1948-90

編成―エジプト第2野戦軍、1973年

エジプト第2野戦軍（北スエズ地区）
本部

- 第2歩兵師団 本部
  - 第4歩兵旅団 本部
  - 第117歩兵旅団 本部
  - 第120歩兵旅団 本部
- 第16歩兵師団 本部
  - 第3歩兵旅団 本部
  - 第16歩兵旅団 本部
  - 第112歩兵旅団 本部
- 第18歩兵師団 本部
  - 第134歩兵旅団 本部
  - 第135歩兵旅団 本部
  - 第136歩兵旅 本部
  - 第15戦車旅団 本部
- 第21戦車師団 本部
  - 第1戦車旅団 本部
  - 第14戦車旅団 本部
  - 第16機械化旅団 本部
- 第23機械化歩兵師団 本部
  - 第24戦車旅団 本部
  - 第116機械化歩兵旅団 本部
  - 第118機械化旅団 本部

ば、アラブ軍に対抗できるはずと信じて疑わなかったのだ。投入予定の装甲部隊の中には当時、スエズ運河近くに駐留していた第401機甲旅団も含まれていた。この旅団はイスラエル軍でまっ先に、アメリカ製M60パットン中戦車が配備された部隊である。

1973年当時、イスラエルの機甲軍団は戦車2300両以上とその他の装甲車両を最大3000両保有していた。装甲部隊の実力は六日戦争でテスト済みだった。ゴラン高原に配備された第7、第188機甲旅団も、そうした戦闘を経験していた。

ZSU-23-4 SPAAG

- 乗　員：4名
- 重　量：19,000キログラム
- 全　長：6.54メートル
- 全　幅：2.95メートル
- 全　高：2.25メートル（レーダー含まず）
- エンジン：210kW（280馬力）V-6Rディーゼル
- 速　度：44キロメートル
- 行動距離：260キロメートル
- 兵　装：4×AZP-23 23ミリ高射機関砲
- 無線機：不明

▼ZSU-23-4自走式高射機関砲
エジプト陸軍第2歩兵師団第51砲兵旅団

レーダー制御の4連装23ミリ機関砲を搭載している。「シルカ」とも呼ばれ、ヨム・キプール戦争中多くのエジプト軍機甲旅団に配備された。地対空ミサイルと連携して、低空飛行で接近するイスラエル航空機を数えきれないほど撃ち落とした。

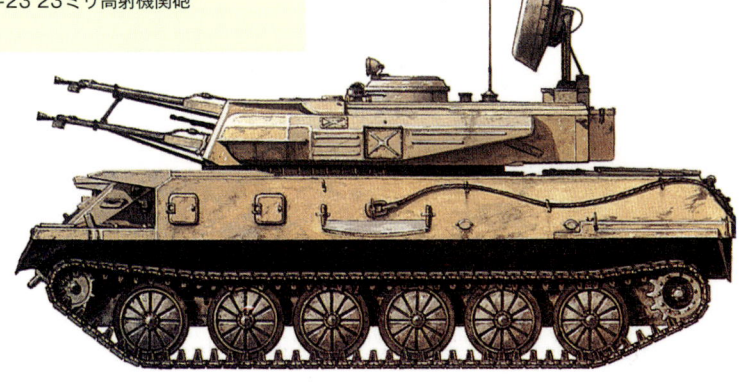

▲T-34/100対戦車車両
**エジプト陸軍第23機械化歩兵師団
第24機甲旅団**

BS-3 100ミリ対戦車砲を搭載し、エジプトがソ連のT-34中戦車をベースに作った対戦車車両。T-34のシャーシをベースに砲塔の装甲を延長し、駐退機構を追加した。近代的な戦車の特徴である高い装甲防御力に欠けるため、もっぱら守備で使われた

T-34/100 Tank Destroyer

乗　　員	4名
重　　量	不明
全　　長	6メートル
全　　幅	3メートル
全　　高	不明
エンジン	372 kW（493馬力）V-2 V型12気筒ディーゼル
速　　度	55キロメートル
行動距離	360キロメートル
兵　　装	1×BS-3 100ミリ対戦車砲
無線機	不明

実戦配備された戦車はM48（マガフ3）、M60（マガフ6）のマガフ・シリーズ、M50、M51スーパーシャーマン中戦車、イスラエルが改修し「ショット」と改名したイギリスのセンチュリオン主力戦車、そして多くのT-54/55主力戦車である。このT-54/55は六日戦争中に鹵獲されて、イスラエル部隊に再配備されたものだ。多くのマガフとスーパーシャーマンはイギリス製L7 105ミリライフル砲でアップグレード済みだった。そのほかにアメリカ製のM109 155ミリ自走榴弾砲を含む自走砲が、多数準備されていた。

エジプト軍は全部で1700両近くの戦車を保有していたが、1973年の戦争ではそのうちの実に1000両以上がスエズ運河を渡り、シナイ半島での戦闘に臨んだ。それ以外にもソ連製とチェコ製の装甲兵員輸送車と、第2次世界大戦時に活躍した中古の自走砲も投入された。またシリア軍が展開した戦車も1200両を越えていた。アラブ陣営の戦車はその多くが1950年代に配備された使い古しのT-34/85中戦車だったが、T-54/55やT-62といった主力戦車（後者には115ミリ戦車砲を搭載）もかなりの数が配備され、六日戦争で弱体化した機甲戦力を復活させていた。

シナイ半島強襲

1973年10月6日にスエズ運河を渡ったエジプト軍の中には、のちに再編成されて第7機械化師団と改名された第2歩兵師団が含まれていた。バーレブラインを攻撃したこの師団とその随伴部隊は800両を超える戦車の支援を受けて運河を制圧し、イスラエル側の防御陣地と多数の装甲車両を破壊する一方、自軍の損害は戦車20両のみに抑えた。

イスラエルが前線の混乱を収拾し反撃を開始するや、大規模な戦車戦の火蓋が切って落とされた。10月14日、エジプトは要衝の高地を攻略す

イスラエル軍指揮官、1973年10月

名前	管轄
ダヴィッド・エラザール少将	本部司令部参謀総長
イスラエル・タル少将	本部司令部参謀次長
イザック・ホッヒ少将	北部司令部司令官
ラッフェル・エイタン准将	第36機械化師団
ダン・ラナー少将	第240機甲師団
モーシェ・ペレド少将	第146機甲師団
ヨナ・エハラット少将	中央司令部司令官
シュエル・ゴーネン少将	南部司令部司令官
アブラハム・アダン准将	第162機甲師団
アリエル・シャロン少将	第143機甲師団
カルマン・マーゲン准将	第252機甲師団
イシャオイ・ガビッシュ少将	シナイ軍司令部
B・ペレド少将	空軍
B・テレム少将	海軍

The Middle East, 1948-90

編成―イスラエル陸軍北部軍、1973年

- イスラエル陸軍北部軍司令部 本部
  - 第36機械化歩兵師団 本部
  - 第240機甲師団 本部
  - 第146機甲師団 本部
  - 第188機甲旅団 本部
  - 第17機甲旅団 本部
  - 第9機甲旅団 本部
  - 第7機甲旅団 本部
  - 第79機甲旅団 本部
  - 第19機甲旅団 本部
  - 第1歩兵旅団 本部
  - 第20機甲旅団 本部
  - 第20機甲旅団 本部
  - 第31空挺旅団 本部
  - 第14歩兵旅団 本部
  - 第70機甲旅団 本部

徽章

イスラエル機甲軍団では、各部隊の名称を表すのに、階級章などで用いるシェブロン（V字や逆V字形の文様）やリング、数字、ヘブライ文字などを使う。たとえば車に左のような逆さのVが描かれていれば、それは第3中隊の所属であることを示している。大隊の区別は砲身の周囲に描かれたリングで行ない、小隊や個別の戦車については、砲塔の後部にペイントされたヘブライ文字と数字の組み合わせで判別する。

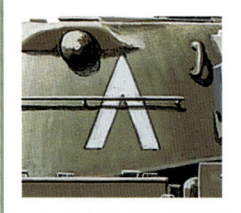

▶ M48中戦車「マガフ3」
イスラエル国防軍第401機甲旅団　第3大隊第3中隊

イスラエルはM48パットン中戦車を最初は西ドイツから、そしてあとからはアメリカから調達した。そしてその主砲を105ミリ砲に換装し、エンジンもより高性能なディーゼル・エンジンに交換した。ヨム・キプール戦争で失われたマガフ3（M48）の穴は、たいていマガフ6（M60）で埋められた。

Magach 3 M48 Medium Tank	
乗　　員	4名
重　　量	不明
全　　長	6.95メートル
全　　幅	3.63メートル
全　　高	3.27メートル
エンジン	551kW（750馬力）ジェネラル・ダイナミクス・ランド・システムズAVDS-1790シリーズ・ディーゼル
速　　度	不明
行動距離	不明
兵　　装	1×L7 105ミリ砲、3×7.62ミリ機関銃
無線機	不明

るために、26個ある機甲旅団のうち6個を投入した。第2次世界大戦以来最大といわれる戦車戦では、少なくともエジプト軍戦車1000両とイスラエル戦車800両が激突した。イスラエルは防御陣地から中隊編成で応戦し、砲兵、歩兵、航空支援で構成される諸兵科連合の援護を受けていた。たった1日の戦闘でエジプト軍側は戦車264両を失ったが、イスラエル軍側の損害はそれよりはるかに少ない40両だった。勢いづいたイスラエル軍は、東からスエズ運河を渡りエジプト第3軍を追い詰めたのだった。

ゴラン高原

シリア軍第5、第7、第9機械化歩兵師団に配備された戦車の大半は、T-55、T-62主力戦車だ

第5章　中東 1948～90年　131

った。エジプトのシナイ半島攻撃と時を同じくして、合計800両の戦車がゴラン高原のイスラエル軍防御陣地に襲いかかった。シリア軍とテルアビブとの間に立ちふさがるのは、第188「バラク」（ヘブライ語で「稲妻」の意）および第7機甲旅団の戦車176両のみだった。初日の戦闘が終わったときバラク旅団には、使いものになる戦車はわずか15両しかなかった。戦場は高原全域と「涙の谷」にまで広がり、イスラエルのショット主力戦車2両が、総数150両のシリア軍のT-55、T-62と対峙して、30時間で数十両を破壊したとの記録が残っている。

結局のところゴラン高原での戦車戦では、センチュリオン主力戦車「ショット」をはじめとするイスラエル軍戦車のほうが、アラブ軍戦車よりも優れていたのだろう。1週間も経たないうちにシリアは1000両もの戦車を失うこととなった。主導権を取り戻したイスラエルはシリアに侵攻し、

Sho't Centurion Mk5

乗　　　員：4名
重　　　量：5.18トン
全　　　長：7.82メートル
全　　　幅：3.39メートル
全　　　高：3.01メートル
エンジン：480kW（643馬力）コンチネンタルAVDS-1790-2Aディーゼル
速　　　度：43キロメートル
行動距離：205キロメートル
兵　　　装：1×105ミリL7戦車砲、1×12.7ミリ測距機関銃、2×7.62ミリ機関銃（同軸1、車長用キューポラ1）
無線機：不明

▲ センチュリオンMk5主力戦車「ショット」
イスラエル国防軍第7機甲旅団第2大隊第1中隊

イスラエルは、イギリスのセンチュリオン主力戦車の主砲をL7 105ミリ戦車砲に換装したのち、「ショット」と改名して1970年から機甲軍団に配備した。センチュリオンMk3、Mk5については、射撃統制装置や装甲のアップグレードもほどこされた。

イスラエル国防軍機甲偵察大隊、1973年

1973年のヨム・キプール戦争において強力な火力を誇ったイスラエル機甲偵察大隊は、偵察中隊3個で編成されていた。各中隊にはセンチュリオンに105ミリ戦車砲を搭載してパワーアップしたショット2両とゼルダM113装甲兵員輸送車3両が配備され、あわせて約100名の戦闘要員を配属できた。

第1中隊（2×ショット主力戦車、3×ゼルダM113装甲兵員輸送車）

第2中隊（2×ショット主力戦車、3×ゼルダM113装甲兵員輸送車）

第3中隊（2×ショット主力戦車、3×ゼルダM113装甲兵員輸送車）

The Middle East, 1948-90

首都ダマスカスからわずか48キロメートルの地点で停戦を迎えた。

アラブの猛襲が始まるまでイスラエル側は、攻勢に出ることにまだ迷いを残していたが、ヨム・キプール戦争では、改造された戦車が威力を見せつける結果になった。こうした戦車は、旧式化した兵装やエンジン、装甲が改修されて、最新鋭の性能を付与されていた。それでも機甲戦力の損害ははなはだしく、失った戦車の数は優に1000両を超えていた。戦争が終わったとき、イスラエルの軍上層部の自信は大きく揺らいでいた。

▼ゼルダM113装甲兵員輸送車
イスラエル国防軍第87機甲偵察大隊第3中隊

イスラエルは、世界的にひろく使われていたアメリカのM113装甲兵員輸送車の前面と側面に、トーガ・アーマーと呼ばれる穴あき鋼板の装甲をほどこした。本部として使用するための車両も作られている。

Zelda M113 APC

乗　　員	2+11名
重　　量	12,500キログラム
全　　長	5.23メートル
全　　幅	3.08メートル
全　　高	1.85メートル
エンジン	158kW（212馬力）デトロイト・ディーゼル6V-53T 6気筒ディーゼル
速　　度	61キロメートル
行動距離	480キロメートル
兵　　装	1×12.7ミリ機関銃（仕様によっては2×7.62ミリ機関銃）

▼ソルタム155ミリ自走榴弾砲L33
イスラエル国防軍第188機甲旅団

大きな箱型の砲塔が特徴的なこの自走榴弾砲には、イスラエルのソルタム・システムズ社がM4A3E8シャーマン中戦車のシャーシに155ミリ榴弾砲を搭載した。1968年の試用を経て1970年から生産を開始。国防軍にはヨム・キプール戦争の直前に配備された。

Soltam Systems L33 155mm SP Howizer

乗　　員	8名
重　　量	41.5トン
全　　長	5.92メートル
全　　幅	2.68メートル
全　　高	不明
エンジン	331kW（450馬力）フォードGAAV8ガソリン
速　　度	38キロメートル
行動距離	260キロメートル
兵　　装	1×L33 155ミリ榴弾砲、1×7.62ミリ機関銃
無 線 機	不明

レバノン内戦 1975～90年

戦禍で荒廃したレバノンが抱えていた問題は、15年間続く内戦による国内の不和だけではなかった。隣人のアラブ国家やイスラエルの介入、あるいは国内武装組織によるテロ活動にも悩まされていたのだ。

ここ数十年レバノンでは、ナショナリズムや信仰を背景に過激化した武装勢力が、国内での影響力をめぐって内戦を繰り広げ、国土を荒廃させている。その状況をさらに複雑化させたのが、パレスチナ解放機構（PLO）やヒズボラなどの反イスラエル組織の存在だった。内戦中はシリアやイスラエルによる軍事介入が、たびたびあった。イスラエルの目的は北部国境の安全を確保することと、PLOのテロリストが国内に侵入したり国境近くの入植地にロケット弾を撃ちこんだりするのを阻止することだった。レバノンはまた、シリアとイスラエルの衝突の舞台にもなった。イスラエルにとってシリアは建国当初からの宿敵だった。1978年のキャンプ・デービッド合意にもとづいてイスラエルとエジプトとの間で単独講和が結ばれると、ユダヤ人国家を叩きのめそうというシリ

▼RBY Mk1装甲偵察車
イスラエル国防軍ゴラニ旅団（第1歩兵旅団）第51大隊

イスラエル・エアクラフト・インダストリーズ社製造の軽装甲偵察車。1975年からイスラエル国防軍および世界各国の軍隊で使用されている。106ミリ無反動砲をはじめとする種々の火砲や機関銃を搭載できる。現在イスラエルではほとんどが、製造メーカーを同じくするRAM 2000に置き換えられている。

RBY Mk1

乗　　員：	2+6名
重　　量：	3,600キログラム
全　　長：	5.02メートル
全　　幅：	2.03メートル
全　　高：	1.66メートル
エンジン：	89kW（120馬力）クライスラー6気筒ガソリン
速　　度：	100キロメートル
行動距離：	550キロメートル
兵　　装：	1×7.62ミリ機関銃
無線機：	不明

Rascal

乗　　員：	4名
重　　量：	19,500キログラム
全　　長：	7.5メートル（火砲を含む）
全　　幅：	2.46メートル
全　　高：	2.3メートル
エンジン：	261kW（350馬力）ディーゼル
速　　度：	50キロメートル
行動距離：	350キロメートル
兵　　装：	1×155ミリ榴弾砲

▼ラスカル155ミリ自走榴弾砲
イスラエル国防軍南部軍第366師団 第55砲兵大隊「ドラケン」（竜）

軽量のラスカルは、ソルタム社が設計と製造を請け負った。わずか20.3トンという重量は、同社製造の155ミリ自走榴弾砲の中ではもっとも軽く、航空機、トラック、列車による輸送が可能だった。

アの決意は、さらに強固になっていた。
　イスラエルはPLOをはじめとする武装勢力の攻撃や、レバノン国内で増大しつつあるシリアの影響力に対する懸念に駆りたてられて、レバノンに対し幾度となく軍事行動を起こし、1978年、1982年、2006年に大規模な作戦を展開した。いずれの場合もイスラエルは機甲戦力を投入している。創設当初イスラエル国防軍のおもな任務は、周辺のアラブ諸国から自国を防衛することだったが、ここに来て困難な市街戦を戦うことが多くなった。敵は対戦車兵器で武装し、道路脇に即席爆弾（IED）を仕掛けるような武装組織に変わって

T-34/122 SP Howitzer

乗　　　員	7名
重　　　量	不明
全　　　長	6メートル（車体のみ）
全　　　幅	3メートル
全　　　高	不明
エンジン	372kW（493馬力）V-2 V型12気筒ディーゼル
速　　　度	（路上）55キロメートル
行動距離	360キロメートル
兵　　　装	1×D-30 122ミリ榴弾砲
無線機	不明

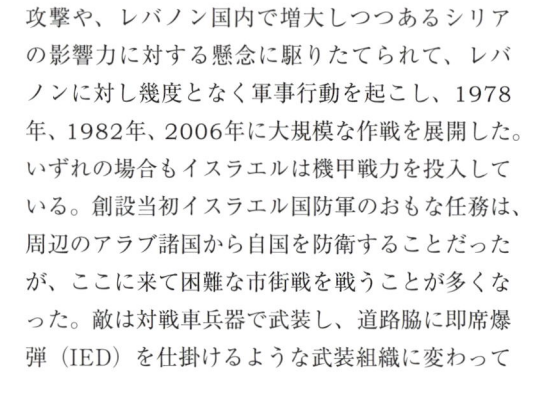

▲T-34/122自走榴弾砲
エジプト陸軍第7機械化師団、1975年
T-34/85中戦車が主力戦車として時代遅れになると、エジプト軍はそのシャーシに重いD-30 122ミリ榴弾砲を搭載して、機械化歩兵部隊の火力支援車両とした。榴弾砲は砲塔を改造して収めるか、砲塔なしにむき出しで設置した。改造する場合は既存の砲塔の上面と後面を切断し、装甲板で作った新しい大きな砲塔を接続した。

▼T-34改造D-30 122ミリ自走榴弾砲
シリア陸軍第1機甲師団第58機械化旅団、1982年、レバノン
シリア軍はT-34中戦車のシャーシに重いD-30 122ミリ榴弾砲を搭載して、自走榴弾砲を作った。乗員は砲座の上面を開けて榴弾砲を操作し、移動中は閉じていた。

T-34 with 122mm D-30 SP Howitzer

乗　　　員	7名
重　　　量	不明
全　　　長	6メートル（車体のみ）
全　　　幅	3メートル
全　　　高	不明
エンジン	372kW（493馬力）V-2 V型12気筒ディーゼル
速　　　度	（路上）55キロメートル
行動距離	360キロメートル
兵　　　装	1×D-30 122ミリ榴弾砲

きた。そのような敵を制圧する作戦任務は、イスラエル装甲部隊にとって決して容易なものではなかった。狭い通りでの接近戦では主力戦車の機動性を活かすことができず、長距離から高初速の砲弾を発射する性能もさほど意味をなさなかったのだ。

進化する戦車

1970年代から1980年代にかけてイスラエル機甲戦力の中核をなしていたのは、M48およびM60パットン中戦車をベースに、独自に開発したマガフ・シリーズだった。代表的なものにブレーザー装甲パッケージを装備したマガフ5および6、射撃統制装置を改修した6B、「第4世代」の増加装甲を装着した6B「ガル・バタシュ」、105ミリ主砲の放熱用にサーマルスリーブを装着し、装甲をさらにアップグレードしたマガフ7A、7Cがある〔訳注：ブレーザー装甲は、爆発反応装甲モジュールの一種〕。

ヨム・キプール戦争後、イスラエルは独自の主力戦車の開発に乗りだした。目標としたのは、アメリカのエイブラムズ、ドイツのレオパルト、イギリスのチーフテン、ソ連のT-72のような、当時の最新鋭の主力戦車に匹敵するレベルだった。そうしてできあがったのがメルカヴァである。メルカヴァはヘブライ語で騎馬戦車を意味する。最初のメルカヴァがイスラエル国防軍に届いたのは1979年だった。イスラエルの設計、工学、製造のノウハウに、必要に応じて海外から購入した技術を統合して作りあげた努力の結晶だった。

メルカヴァとその敵

メルカヴァの開発は、イスラエル・タル将軍の貢献を抜きにしては語れない。この戦車は、乗員の生存性を重視した設計になっている。たとえば乗員用のハッチは、後部に設けられている。さらに最新鋭の空間装甲をそなえ、エンジンは前部に配置され、弾薬は車体後部に積みこまれている。またNBC（核・生物・化学）兵器の攻撃に対する防御システムも装備された。最新バージョンのメルカヴァMk4はジェネラル・ダイナミクス社のGD833 1125kW（1500馬力）ディーゼル・エンジンを搭載し、120ミリの主砲は第一級のパワーを誇る。

▼**シリア軍のT-55主力戦車**
1970年代の激しい戦闘中に、ゴラン高原の道路脇で停止するシリア軍のT-55。

シリア軍が配備したソ連設計のT-72主力戦車は、T-62、T-54/55といった主力戦車の系列にある。T-72の生産は1971年に始まった。強力な2A46M 125ミリ滑空砲を搭載し、585kW（780馬力）のV12ディーゼル・エンジンで駆動する。性能をアップしたレーザー測距儀と光学機器を搭載したT-72Aをはじめとして、いくつもの改良型が生みだされてきた。シリアに提供されたT-72Aの輸出型のT-72M、T-72M1は、車体前面と砲塔の装甲が厚くなっている。シリア陸軍が配備したT-72主力戦車は、おそらく1500両を超えたものと思われる。

イスラエルのメルカヴァとシリアのT-72は、レバノンでの戦闘中何度も激闘を繰り返した。もちろん双方ともに自国戦車の優位を主張して譲らないが、1991年の湾岸戦争や2003年のアメリカ主導のイラク侵攻の際、イラクが輸入したT-72が、多国籍軍によって殲滅されたことは周知の事実である。もちろんシリアの攻撃によって、少数のメルカヴァが破壊されたことはイスラエルも認めているが、同時に乗員がひとりも戦死しなかったことを強調するのを忘れない。

市街戦

イスラエル国防軍は、レバノン南部でのシリアとの戦闘で戦車戦の経験をいやというほど積んだが、反政府勢力の鎮圧となると少々勝手が違い、既存の戦車にさまざまな改造をほどこさなければならなかった。それまでの戦闘で維持してきたメルカヴァ乗員の生存率100パーセントの実績は、2006年のレバノン侵攻ではもはや通用しなくなった。

この時メルカヴァが戦ったヒズボラは、ロシア製AT-14コメットやRPG-29ヴァンピール対戦車ロケット擲弾発射器といった、最新の対戦車兵器で武装していた。ロケット弾に装甲を突き破られたメルカヴァは、5両以上におよんだ。即席爆弾もまた大きな脅威だった。約10年以上も断続的に繰り返されたレバノンでの市街戦で得られた教訓にもとづいて、メルカヴァには車体底部にほどこすV字形の着脱式装甲キットなど、さまざまな改良がくわえられた。

メルカヴァMk3 BAZ（バズ）のバリエーションであるメルカヴァLICやMk4は、市街戦のために特別に設計された戦車だ。LICは「low intensity conflict」の略で、戦争にはいたらない低強度の紛争を意味している。メルカヴァLICの砲塔には12.7ミリ重機関銃が搭載され、近距

T-34/85M Medium Tank

乗　員：5名
重　量：32トン
全　長：6メートル
全　幅：3メートル
全　高：2.6メートル
エンジン：433kW（581馬力）V-55型12気筒38.88リットルディーゼル
速　度：55キロメートル
行動距離：360キロメートル
兵　装：1×ZiS-S-53 85ミリ戦車砲、2×DT7.62ミリ機関銃（同軸機関銃1、前方銃座1）
無線機：R-123

▼**T-34/85M中戦車**
パレスチナ解放軍、1980年

1969年型とも呼ばれるT-34/85M中戦車の近代化改修モデル。主車輪、外部の補助燃料タンク、暗視装置、高性能な通信システムなどは、後続のソ連の戦車T-54/55にも組みこまれた。

離での火力支援や敵の歩兵の攻撃に反撃できるようになっている。機関銃は車内から操作できるため、乗員は無防備な身体を敵の小火器の攻撃にさらさずに済む。また車体後方に向けて取りつけられたカメラによって、操縦手は周辺の状況をより正確に確認できる。これは都市の入り組んだ環境では、きわめて有意義な機能だ。排気管や光学系、換気装置などの脆弱な部分は、爆発物を取りつけられないように強力な金属の網で覆われている。

Khalid Main Battle Tank

- 乗　　員：4名
- 重　　量：58,000キログラム
- 全　　長：6.39メートル（車体のみ）
- 全　　幅：3.42メートル
- 全　　高：2.435メートル
- エンジン：900kW（1200馬力）パーキンスエンジン・コンドールV12 1200 12気筒ディーゼル
- 速　　度：48キロメートル
- 行動距離：400キロメートル
- 兵　　装：1×L11A5 120ミリ戦車砲、2×7.62ミリ機関銃
- 無 線 機：不明

▲ハーリド主力戦車
ヨルダン陸軍、1990年

イギリスのチーフテン主力戦車の後期モデルをベースにして作られた。900kW（1200馬力）のコンドール・ディーゼル・エンジン、射撃統制装置などは、ヨルダン軍の要請によって搭載された特別な仕様だ。ヨルダンは1979年11月にイギリスのメーカーに274両のハーリドを発注し、1981年から引き渡しを受けた。運用開始後、照準装置や格納室などの改修が行なわれ、ロイヤル・オードナンスの120ミリ装弾筒付翼安定徹甲弾の搭載、発射が可能になった。

イラン・イラク戦争 1980〜88年

ペルシャ湾沿岸の2国間の国境と覇権をめぐる争いが高じると、サダム・フセインはイラク軍をイランに侵攻させた。

　1968年から1978年の10年間、イラクのバース党政権は何百という数の戦車や自走砲、支援車両などをソ連とフランスから購入した。1973年だけでもT-55とT-62をあわせて400両も注文し、さらにその3年後にはT-62を600両追加したが、ソ連は1980年までにそのすべてを納入している。

　1978年にフランスはAMX-30B主力戦車100両と対戦車ミサイル・システム搭載のVCR-6装甲兵員輸送車100両をイラクに納入した。一方アメリカが1950年から1970年のあいだにイランのパーレビ王朝に売却した兵器の代金は、合計で15億ドル近くに達している。またパットン・シリーズの最新型主力戦車M60のためのエンジ

The Middle East, 1948-90

▲**イラン軍戦車**
1980年代のイラン・イラク戦争中に、イラン独特の色に塗られたソ連製T-72主力戦車が道路脇に停まっている。

ンをはじめとする交換部品は、イスラエルによって供給されたといわれている。

　1980年にサダム・フセインがイラン軍への攻撃命令を出したとき、イラク軍は20万人近くの兵士と戦車2200両を保有していた。自信満々のイラク軍装甲部隊が襲いかかったイランの地で

は、すぐさま応戦できる装甲兵力はわずか中隊程度の規模しかなかった。だが最終的にはイラクの快進撃は長くは続かない。1970年代を通じてイ

▼**チーフテンAVLB架橋戦車**
イラン陸軍第92機甲師団
チーフテンMk5主力戦車のシャーシをベースにしたチーフテンのAVLB（戦車橋搭載型）は、1971年にイラン陸軍からあった大口注文に含まれていた。主力戦車と数種類のモデルのチーフテンをあわせた707両は、1978年初頭までかかって引き渡された。

Cheftain AVLB	
乗　　員	3名
重　　量	53.3トン
全　　長	13.74メートル
全　　幅	4.16メートル
全　　高	3.92メートル
エンジン	559kW（750馬力）レイモンドL50 12気筒多燃料対応型
速　　度	48キロメートル
行動距離	400キロメートル
兵　　装	なし

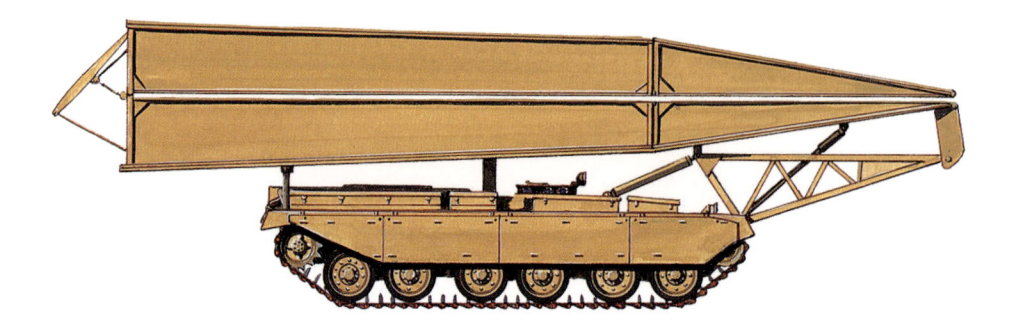

ラクはソ連から大量のT-55、T-62、T-72主力戦車と500両を超えるBTR-50、BTR-60装甲兵員輸送車を買いつけ、1976年までに1000両以上のソ連製戦車がイラクに届いていた。この流れは8年間にわたるイランとの戦争中も途切れず、戦後の1990年には戦闘で失われた分を補填して、5700両の戦車を抱えるにいたった。

一方革命後のイランは世界の中で孤立し、現役の装甲車もほとんどは予備の部品がなかったり適切に整備できる要員が不足していたりするような有様だった。当時イランが保有していたのはアメリカのM47、M48パットン中戦車とイギリスのチーフテンMk5主力戦車、それにアメリカ、イギリス、ソ連の軽装甲車両だった。1979年にホメイニ師が最高指導者の地位に就くと、イランはイギリスで開発していた主力戦車、シール・イラン2への発注をキャンセルした（イギリスは結局、名前をチャレンジャーと変えて開発を完成させた）。1979年イラン陸軍は、機甲師団5個と歩兵部隊に付随する独立機甲部隊数個を配備していた。およそ200両あった戦車は、Mk5チーフテンのイラン仕様のシール・イラン1で、パーレビ王朝の転覆以前にイギリスから到着していた。戦争が始まると、イラク、イランともに、中華人民共和国からソ連製戦車のコピーをはじめとする大量の武器を輸入するようになった。戦争終結後イランは、北朝鮮からも武器を購入するようになったが、中国が主要な供給源であることに変わりはなかった。

イランもイラクも戦争中は、戦車戦に関する首尾一貫した戦闘教義はないに等しかった。戦車編隊を中心として作戦を組み立てるようなことはなく、もっぱら掩体の陰に置いて据え置きの大砲として使用した。そのため動かない標的として簡単に対戦車兵器の餌食になった。適切な訓練を受けたことのない両軍の乗員にとって、高性能な戦車を操るのは至難の業だった。そのため砲弾はまともに飛ばず、射撃統制装置は宝の持ち腐れだった。多くの場合メンテナンスはないも同然だった。

世界第4の軍隊

イラク軍では、硬直した指揮系統と戦車戦に対する消極的な態度が戦闘効率を下げ、消耗戦を長引かせていた。将官たちがここ一番の戦いで、機甲戦力の大量投入を躊躇したのはまちがいない。ただし戦車にかんしていえば、イラクはつねに時

Panhard VCR Armoured Personnel Carrier

乗　　員：3+9名
重　　量：7トン
全　　長：4.57メートル
全　　幅：2.49メートル
全　　高：2.03メートル
エンジン：108kW（145馬力）プジョーPRV 6気筒ガソリン
速　　度：100キロメートル
行動距離：800キロメートル
兵　　装：1×7.62ミリ機関銃
無 線 機：不明

▲パナールVCR装甲兵員輸送車
イラク陸軍第1機械化師団
イラク政府の要請に応じてフランスで開発され、乗員の他9名の歩兵を運ぶことができた。このイラクによる購入のあと、対戦車誘導ミサイルを搭載できる派生型が開発された。

代の最先端を行き、1987年にはT-72主力戦車の輸出用モデルの改良型を購入した。大量の損失を被っていたにもかかわらず、その年イラク陸軍の兵員は170万人にも膨れあがっていた。5個ある機甲師団はそれぞれ機甲旅団1個と機械化旅団1個とで編成され、3個の完全に機械化された師団は、それぞれ機甲旅団1個以上と機械化歩兵旅団2個で編成されていた。精鋭部隊の大統領警護隊にはさらに、3個の機甲旅団が所属していた。

サダム・フセインの軍隊はその時すでに世界で4番目に大規模な軍に成長していた。それからしばらくして多国籍軍が戦う相手はこのような軍隊だったのだ。

一方イランは、数に物を言わせた攻撃を強みにしていた。大量の兵士を動員した波状攻撃が得意とするところだった。化学兵器は両陣営が使ったといわれている。戦死者の数は双方あわせて20万人をはるかに超えるものと推測される。

EE-11 Armoured Personnel Carrier

乗　　員：1＋12名
重　　量：13トン
全　　長：6.15メートル
全　　幅：2.59メートル
全　　高：2.09メートル
エンジン：158kW（212馬力）デトロイト・ディーゼル6V-53N 6気筒ディーゼル
速　　度：90キロメートル
行動距離：850キロメートル
兵　　装：1×12.7ミリ重機関銃、1×7.62ミリ機関銃
無 線 機：不明

▲EE-11「ウルツ」装甲兵員輸送車
イラク陸軍第9機甲師団
1980年代初期にブラジルで設計、製造、輸出され、イラク、イランの両陣営で用いられた。戦闘要員12名の輸送が可能。これよりも有名で高価な他の輸送車と比べて、なんら遜色がなかった。

第6章
冷戦後の紛争

冷戦が終結しても紛争が止むことはなかった。それどころか地上では主力戦車とそれを補足する装甲戦闘車両、そしてそれに乗りこむ機械化歩兵が主役となる戦闘が繰り広げられていた。長いあいだ制海権や制空権は勝利の必要条件だった。地上で敵軍をうち負かすときも必ず、ある区画を制圧して死守することが絶対に必要になる。戦車と装甲戦闘車両があれば、このような任務を成し遂げる戦力になりえるのだ。

◀ **主力戦車**
「イラクの自由」作戦中のアメリカ軍のM1A1エイブラムズ。燃料補給を終えて、これからファルージャの戦闘に戻る。第1騎兵師団第2旅団戦闘団（BCT）第5騎兵連隊アパッチ中隊所属。

湾岸戦争からアフガニスタンへ

多国籍軍が長らく中東や中央アジアを統制するための戦いに挑む中、戦車の標的はゲリラや反政府武装組織へと様変わりした。

冷戦タイプの大規模な衝突は急速に影を潜めていったが、不安定な平和の維持や隣国に押し入る侵略者の排除など、ここ数十年間軍事介入の要請は絶えることがなかった。たとえば湾岸戦争やアフガニスタンあるいはバルカン諸国などで起こった紛争へのNATO介入などはそのような要請に応えたものである。また国連は同時期に、中東、バルカン半島、ソマリアをはじめとする世界各地に平和維持軍を派遣している。

湾岸戦争

1990年8月2日、サダム・フセインがイラク軍をクウェートに侵攻させると、文明世界は武力には武力をもって報いた。フセインは10年前にも理不尽な武力侵攻を行なっていた。1980年フセインは隣国イランの混乱に乗じて軍隊を送りこみ、8年ものあいだ破壊と殺戮の限りを尽くした。その間バース党政権の独裁者フセインは、軍隊を戦場に送るために戦力を増強しつづけた。そのためイラクの陸軍は1990年には、すでに世界第4位の規模に成長していた。その中核は大量の歩兵とサダム殉教者軍団（サダム・フェダイーン）と呼ばれる不正規部隊と、T-54/55、T-72を筆頭とする機甲戦力である。こうした主力戦車は1980年代にソ連あるいはソ連圏内の東欧諸国で製造されたものだった。

イラク侵攻

それから10年以上たった2003年、米英を中心に再度、編成された多国籍軍がイラクに侵攻し、サダム・フセインの独裁政権を壊滅させた。首都のバグダードや拠点の港湾都市バスラを目指して数百キロの砂漠を踏破した行程では、アメリカのエイブラムズ、イギリスのチャレンジャーといった主力戦車が活躍した。南部の都市ナシリヤでの作戦中は、戦車とアメリカ海兵隊のAAV-7水陸両用強襲車の映像が、衛星放送で世界中に流された。バスラではイギリス軍第7機甲旅団のチャレ

▲ 実力の差
1991年の「砂漠の嵐」作戦中に、イギリス第1機甲師団の戦車の攻撃を受けて、燃えあがるイラクのT-55主力戦車。時代遅れのT-55は、最新技術で武装した多国籍軍装甲部隊にまったく歯が立たなかった。

▲ソ連製の装甲車
2006年、「イラクの自由」作戦での支援任務中に、BMP-1水陸両用装軌歩兵戦闘車に乗って通りすぎるイラク軍兵士。

ンジャーが、市の制圧とそれに続く治安維持で中心的な役割を果たした。

アフガニスタン

当時イスラム原理主義の台頭によってアラブ世界では政情不安が広がり、中東や中央アジアではイスラムの伝統を重んじる政権が誕生しようとしていた。タリバンはアフガニスタンの山岳地帯でゲリラ戦を展開し、国内の広範囲の地域を掌握していた。不法薬物の取引からも資金を得て、テロ組織アルカイダを公然と支援した。

ゲリラ戦や反乱などの低強度紛争は、圧倒的な軍事力で力まかせに抑えようとしてもあまり効果は上がらない。それでも装甲に防御された戦車や装甲戦闘車両は小火器の鎮圧にきわめて有効であり、地形が適していれば迅速に移動もできる。イラクやアフガニスタンでは、そうした機甲戦力を中心とする作戦行動で、即席爆弾（IED）が大きな障害となっていた。ゲリラは古い地雷や砲弾などの廃棄された兵器を使って、強力な爆弾を作る。そしてそれを道路脇に置いたり、あるいは装甲車やトラックが通りそうな場所の真下に埋めこんだりして、タイヤや履帯がその上を通りすぎるときの圧力によって爆破させるのだ。ときにはありふ

れた携帯電話のような、誰にでも簡単に手に入る装置を使って、離れた場所から起爆させることもある。それに対してアメリカのM2/M3ブラッドレー歩兵戦闘車やハンヴィー（高機動汎用装輪車）、イギリスのウォーリア歩兵戦闘車といったNATO陣営の車両は、追加装甲で防御力を強化して乗員や同乗する兵士を保護している。主力戦車には、道路脇に仕掛けられた爆弾の爆発による衝撃に耐える増加装甲が装着され、市街での近距離攻撃に対応する特別仕様の兵装や防御装置などが搭載された。市街では戦車がもつ射撃能力や機動性は十分に活かすことができないし、反撃するうちに民間人を巻き添えにする危険性もあるのだ。

世界情勢への対応

バルカン半島やアフリカ東部などの地域では、国連による平和維持活動やNATO軍の活躍によって民族紛争の鎮静化が図られているが、そのような紛争地域にはアメリカやイギリスのほかにも、ヨーロッパや中東の国々から大規模な装甲部隊が派遣されている。各国の装輪装甲車や歩兵戦闘車、装甲戦闘車両は戦闘地域や非戦闘地域の安全確保に欠かせない存在となり、とくに起伏の多い地形ではその機動力を発揮した。

湾岸戦争－多国籍軍 1991年

北ヨーロッパの平原で訓練を重ね、ワルシャワ条約機構軍との戦いにそなえていた米英連合の大規模な装甲部隊が赴いたのは、広大な砂漠だった。

イラクのクウェート侵攻を受けて結成された、29カ国の軍隊からなる多国籍軍は、アラブの小国を解放するために、第2次世界大戦以来最大の作戦を開始した。大規模な兵站業務の始まりとともに世界各地から軍隊が集結したが、その多くはヨーロッパの基地やアメリカから地球を半周して駆けつけた部隊だった。「砂漠の盾」作戦に参加するために何十万人もの兵士と何百トンにおよぶ装備が、サウジアラビアやその周辺の国々に設けられた駐留地域を目指した。

そうして集められた兵器の中で多国籍軍の中心的存在となったのが、主力戦車と装甲戦闘車両だった。アメリカのM1A1エイブラムズ、イギリスのチャレンジャー、フランスのAMX-30といった主力戦車もあったが、いずれもヨーロッパの地でワルシャワ条約機構軍と戦うために開発、製造されたものだった。それがこの時は、イラク陸軍とその精鋭部隊の共和国防衛隊が保有する、ソ連のT-72M主力戦車等の装甲車両と対決することになったのだ。

エイブラムズの登場

アメリカの第24歩兵師団とその機械化部隊がサウジアラビアに到着したのは、1990年の秋だった。装備の中にはエイブラムズ主力戦車の第一陣も含まれていたが、その多くは初期仕様のM1だった。最終的には湾岸戦争終結までに1800両を超えるエイブラムズが投入されたが、そのうちの800両以上は現場でM1A1にアップグレードされ、戦車戦の中心戦力となった。

M1エイブラムズの開発が始まったのは1960年代の後半だったが、はじめて実戦に投入されたのはそれから20年以上たった1991年だった。1980年にM60パットン中戦車の後継とし

M2 Bradley Infantry Fighting Vehicle

乗　　員	3+6名
重　　量	22,940キログラム
全　　長	6.55メートル
全　　幅	3.61メートル
全　　高	2.57メートル（砲塔上面まで）
エンジン	450kW（600馬力）カミンズVTA-903T 8気筒ターボ・ディーゼル
速　　度	64キロメートル
行動距離	483キロメートル
兵　　装	1×ブッシュマスター 25ミリチェーンガン、2×TOWミサイル発射機、1×7.62ミリ機関銃
無 線 機	不明

▼M2ブラッドレー歩兵戦闘車
アメリカ陸軍第24機械化歩兵師団第3機甲騎兵連隊

450kW（600馬力）8気筒カミンズVTA-903Tディーゼル・エンジンによって、路上での最高時速は64キロに達した。重武装のM2ブラッドレー歩兵戦闘車は、砂漠での戦闘を得意とした。

てアメリカ陸軍での運用が始まり、以来就役しつづけている。湾岸戦争ではほかに、M60A1、M60A3などのパットン中戦車の改良型も投入された。初期のエイブラムズはM60パットンにいくつかの改良をほどこしたものだった。たとえば乗員の生存率を上げるために弾薬庫をできるだけ乗員室から離し、さらに砲塔バスルの中に砲弾庫と乗員室を区切る防爆ドアが設置された。爆発の衝撃を拡散して乗員の損耗を最小限に抑えるための特別な爆発反応装甲も開発された。またイギリスのチョバム・アーマーに似た複合装甲も装着されている。初期のM1にはM68 105ミリライフル砲が搭載されていたが、生産が本格化するとア

M1A1 Abrams Main Battle Tank

乗　　員：4名
重　　量：57,154キログラム
全　　長：9.77メートル（主砲を含む）
全　　幅：3.66メートル
全　　高：2.44メートル
エンジン：1119.4kW（1500馬力）テキストロン・ライカミングAGT1500ガスタービン
速　　度：67キロメートル
行動距離：465キロメートル
兵　　装：1×M256 120ミリ滑腔砲、1×12.7ミリ機関銃、2×7.62ミリ機関銃
無線機：不明

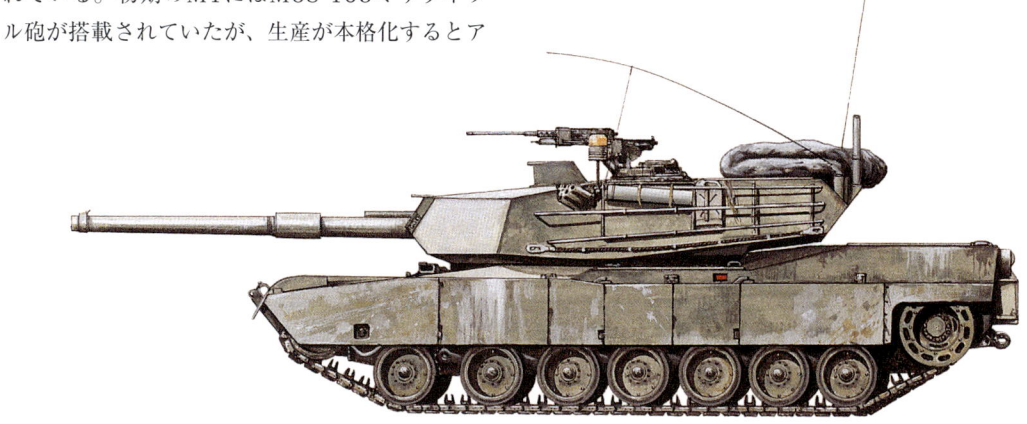

M60A3 Patton Medium Tank

乗　　員：4名
重　　量：52,617キログラム
全　　長：9.44メートル（主砲を含む）
全　　幅：3.63メートル
全　　高：3.27メートル
エンジン：559.7kW（750馬力）コンチネンタル AVDS-1790 2A V型12気筒ターボ・ディーゼル
速　　度：48キロメートル
行動距離：500キロメートル
兵　　装：1× M68 105ミリライフル砲、1×12.7ミリ重機関銃、1×7.62ミリ機関銃
無線機：不明

▲M1A1エイブラムズ主力戦車
アメリカ陸軍第1機甲師団第3機甲旅団
湾岸戦争の戦場を制圧し、夜間の前方監視赤外線装置（FLIR）の威力を見せつけた。多くの場合敵はM1A1の存在に気づく前に捕捉、破壊された。

▼M60A3パットン中戦車
アメリカ海兵遠征軍第1戦車大隊
パットン中戦車の改良型。ペルシャ湾に派遣されて、最新型のAPFSDS（装弾筒付翼安定徹甲弾）、レーザー測距儀、発煙弾発射機、砲安定化システム、熱線映像暗視装置など、新しく搭載された装置の性能を証明した。

ップグレードの方針が決まり、M256 120ミリ滑腔砲に換装された。これはドイツのレオパルト2主力戦車に搭載されているラインメタル砲をライセンス生産したもので、一部変更がくわえられている。

生産開始から5年間で約3300両のM1が製造され、1986年まで行なわれたM1A1のアップグレードには、NBC（核・生物・化学）防御システムの追加、さらなる装甲の強化、懸架装置の改良などが含まれている。エイブラムズのコンポーネントについては運用開始以来さまざまな評価が下されてきた。中でも1120kW（1500馬力）のガスタービン・エンジンについては異論が絶えない。実はガスタービン・エンジンとより一般的なディーゼル・エンジンのどちらを採用すべきかについて激しい議論が戦わされ、その結果前者が選択されたという経緯があった。ガスタービン・エンジンは出力重量比が大きく、大幅に重量を増加させることなく高出力を実現できたが、その代わり燃費は恐ろしく悪く、兵站上の負担を抱えることとなった。ちなみにさまざまな仕様のM1エイブラムズがサウジアラビア、エジプト、オーストラリア、クウェートに輸出されている。

ブラッドレー戦闘車の躍進

湾岸戦争ではM2歩兵戦闘車とM3騎兵戦闘車の2種類のブラッドレー戦闘車が、すばらしい戦績を残した。ブラッドレーは1981年から運用が開始されたが、それは15年以上におよぶ、さまざまな異論や疑惑に満ちた開発期間を乗り越えてのことだった。マクドネル・ダグラス社のM242 25ミリチェーンガンと、高性能なTOW対戦車ミサイルを搭載しており、前者でもイラク軍のBMP-1装甲車の薄い装甲なら貫通することができる。3名の乗員にくわえて戦闘要員6名の歩兵分隊1個を収容した。

イギリスのモンスター

イギリスのチャレンジャー主力戦車が湾岸戦争に投入されるまでには、さまざまな紆余曲折があった。もともとはシール・イラン（「イランの獅子」の意）2と命名されてイランに輸出される予定で開発が始まっていたが、イスラム主義を主張するイラン革命によって王朝が転覆したあと、1980年に突如注文がキャンセルされた。それ以前にドイツと共同で進めていたMBT-80戦車の開発計画が頓挫したこともあり、イギリスはシール・イラン2をチャレンジャーと改名して開発を継続することにした。最終的にチャレンジャーは、冷戦時代の主力戦車チーフテンの後継として位置づけられることになるが、この決断の前に、アメリカのエイブラムズとドイツのレオパルト2のいずれかを購入する、という選択肢もあったのだ。

Challenger 1 Main Battle Tank

乗　員：4名
重　量：62,000キログラム
全　長：11.56メートル（主砲を含む）
全　幅：3.52メートル
全　高：2.5メートル
エンジン：895kW（1200馬力）液冷ディーゼル
速　度：55キロメートル
行動距離：400キロメートル
兵　装：1×L11A5 120ミリライフル砲、
　　　　2×7.62ミリ機関銃、2×発煙弾発射機
無線機：衛星中継による長距離指向性通信システム

▼**チャレンジャー1主力戦車**
イギリス陸軍第1機甲師団第7機甲旅団
革新的なチョバム・アーマーと強力な120ミリ砲を採用して、1991年の湾岸戦争で活躍した。就役期間は比較的短く、2000年には大幅な改修がほどこされたチャレンジャー2と交代した。

▲砂漠の嵐
「砂漠の嵐」作戦の最中、イラク軍が撤退したあとのクウェート市近郊で、バスラへと続くハイウェイのそばで待機するイギリス軍チャレンジャー1主力戦車。後ろに見えるのはイギリス軍の装甲兵員輸送車と破壊されたごみ収集車。

　チャレンジャーはチーフテンと同じL11A5 120ミリライフル砲を搭載し、最新鋭の複合装甲であるチョバム・アーマーで覆われていた。チョバム・アーマーの名前はこの複合材を開発した戦闘車両研究開発所があった場所の地名に由来している。新装甲開発の目的は、新世代の弾薬や対戦車兵器に対して戦車の残存性を高めることだった。チョバム・アーマーはより厚みのある均質圧延鋼装甲と同等の効果があるのと同時に、最新のAPFSDS（装弾筒付翼安定徹甲弾）の攻撃にも耐えられるはずだった。ただしイラク軍の弾薬の大半は旧式のHEAT（対戦車榴弾）だった。

　なお前モデルのチーフテンからはほかにサイドスカート［訳注：キャタピラーを防護する側面装甲］を引き継ぎ、懸架装置もほとんど同じものを採用した。エンジンは895kW（1200馬力）V型12気筒ディーゼル。改良型は全部で4種類（型番）作られている。1991年の湾岸戦争ではイギリス軍主力戦車の中核として多くの戦果をあげた。ところでチャレンジャーの制式名に「1」が付くようになったのはチャレンジャー2が開発されたあとである。

　全部で400両以上のチャレンジャー1が生産され、1983年からイギリス陸軍に納入された。最初に配備された部隊は王立軽騎兵連隊である。イギリス軍所属のチャレンジャー1は2000年までにほとんど退役した。ヨルダン陸軍はイギリスからチャレンジャー1の改良型288両を買い入れ、アル・フセインの名称で配備した。

驚異の戦闘力

　1991年の湾岸戦争で、多国籍軍の戦車はワルシャワ条約機構軍の戦車に対し歴然たる実力の差を見せつけるまでにはいたらなかったものの、イラク軍兵士が操作する戦車がまったくと言っていいほど相手にならなかったのは周知の事実だ。当時イラク軍はソ連主力戦車の輸出型を使用していたのだが、整備もまともにできなかったうえに最新型の弾薬や新技術を手に入れる道も閉ざされていた。多国籍軍戦車の射程はイラク軍戦車を大きく上回り、たいていは敵の攻撃が届かないところから標的を撃破できた。とはいえ両者のあいだに

あった歴然たる実力の差は、乗員の訓練と戦闘効率の違いによるところが大きかった。米英の乗員は長時間におよぶ厳しい訓練を受けていたうえに、アメリカ軍の兵士は「エアランド・バトル・ドクトリン」という戦闘教義を体得していた。この教義は本来ヨーロッパでの戦闘を想定して作成されていたが、中東の砂漠でも十分に通用した。多国籍軍は、機械化歩兵、機甲戦力、装甲騎兵戦力が戦闘チームとして互いに連携し、戦術航空支援のもとで効率的に作戦を遂行していたのだ。

多国籍軍装甲部隊の高度な戦闘即応態勢とM1A1エイブラムズやチャレンジャーの卓越した技術が組み合わさったとき、驚異の戦闘能力が生みだされた。湾岸戦争中チャレンジャーは、みずからは1両の損失も被ることなしに敵の戦車と装甲車両あわせて約300両を撃滅した。M1A1エイブラムズも同等の戦績をあげている。たとえば「73イースティングの戦い」では、アメリカ第1歩兵師団第3旅団がイラク軍戦車60両と装甲戦闘車両35両を破壊した。また「メディナ稜線の戦い」では、100両近くの装甲車両を粉砕している。湾岸戦争で失われたエイブラムズはわずか18両で、その大半は味方の誤射によるものだった。

Centurion AVRE

乗　員：5名
重　量：51,809キログラム
全　長：8.69メートル
全　幅：3.96メートル
全　高：3メートル
エンジン：484.7kW（650馬力）ロールスロイス・ミーティアMk IVB 12気筒ガソリン
速　度：34.6キロメートル
行動距離：177キロメートル
兵　装：1×165ミリ障害物破砕砲、
　　　　2×7.62ミリ機関銃（同軸1、対空1）
無線機：不明

▼センチュリオンAVRE（戦闘工兵車）
イギリス陸軍機甲軍団第2戦車連隊
センチュリオン主力戦車からはさまざまな派生型が作られた。「砂漠の嵐」作戦中センチュリオンAVREには障害物破砕用の165ミリ砲が搭載され、しばしばドーザー・ブレードが装着された。

SAS Land Rover

乗　員：1名
重　量：3,050キログラム
全　長：4.67メートル
全　幅：1.79m
全　高：2.03メートル
エンジン：100kW（134馬力）V型8気筒水冷ガソリン
速　度：105キロメートル
行動距離：748キロメートル
兵　装：2×7.62ミリ機関銃

▼SASランドローヴァー
イギリス陸軍第22特殊空挺連隊A中隊
長年にわたって運用されているSASランドローヴァーは、「砂漠の嵐」作戦でもイギリス軍特殊部隊SASの足とともに投入された。その重要な任務のひとつは、イラク軍スカッドミサイルの移動式発射台の「索敵破壊」任務を負ったSASチームを、敵陣の奥深くまで送り届けることだった。

第4竜騎兵連隊、1991年

湾岸戦争時の平均的なフランス機甲連隊は、AMX-10P歩兵戦闘車の中隊1個と、定数18両のAMX-30主力戦車を配分した本部部隊1個と機甲中隊3個で構成されていた。1960年代半ばから量産が始まっていたAMX-30には、105ミリ砲が搭載されていた。AMX-30はサウジアラビア、スペイン、カタール、イラクの軍隊でも運用された。

本部（3×AMX-30主力戦車）

第1機甲中隊（5×AMX-30：本部1+4）

第2機甲中隊（5×AMX-30：本部1+4）

第3機甲中隊（5×AMX-30：本部1+4）

機械化歩兵中隊（6×AMX-10P歩兵戦闘車）

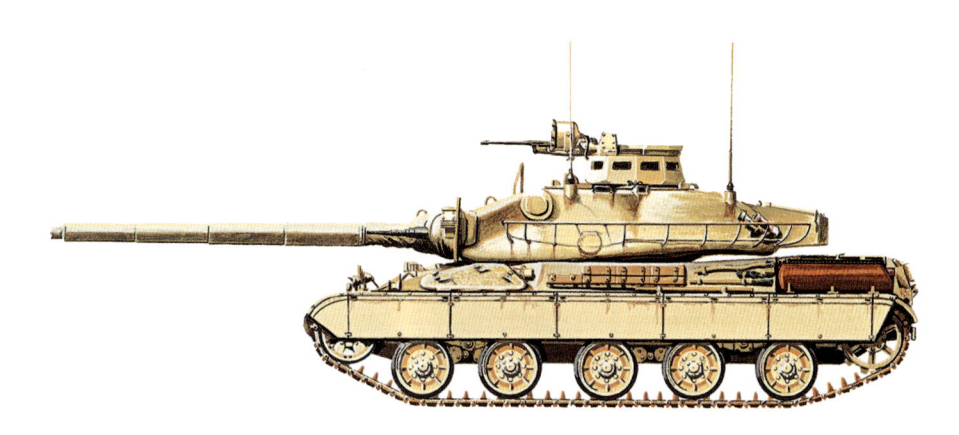

AMX-30 Main Battle Tank

- 乗　員：4名
- 重　量：35,941キログラム
- 全　長：9.48メートル
- 全　幅：3.1メートル
- 全　高：2.86メートル
- エンジン：537kW（720馬力）イスパノ・スイザ12気筒ディーゼル
- 速　度：65キロメートル
- 行動距離：600キロメートル
- 兵　装：1×105ミリ砲、1×20ミリ機関砲、1×7.62ミリ機関銃
- 無　線：不明

▲ AMX-30主力戦車
フランス陸軍第6軽機甲師団第4竜騎兵連隊
フランス国営のGIATによって開発された。主砲にくわえて強力な20ミリ機関砲を搭載している。フランスが「砂漠の嵐」作戦に大量に投入したAMX-30Bは、トランスミッションやエンジンをより高性能なものに交換し、さらに新型の砲弾にも対応できるよう改造がほどこされていた。

湾岸戦争－イラク軍 1991年

サダム・フセインはイラク陸軍を世界第4位の規模に拡張させたが、貧弱な装備と中途半端な訓練では、多国籍軍の航空・地上攻撃をしのぐことはできなかった。

1990年の時点で、イラク陸軍は歩兵と機甲戦力を有していた。いずれも8年にわたる隣国イランとの戦争で多大な犠牲を出していたが、その戦闘経験によっておおいに鍛えられてもいた。サダム・フセインは戦争終結後もソ連開発の主力戦車の購入を続けていたが、その多くはソ連やワルシャワ条約機構加盟国のポーランドやチェコスロヴァキアで製造された、T-72M主力戦車とその更新型だった。

2A46M 125ミリ滑腔砲で武装したT-72Mはすさまじい火力をもち、585kW（780馬力）12気筒ディーゼル・エンジンを積んでいた。またその改良型はセラミック複合材と鋼鉄の追加装甲を装着していた。

初期のT-72の輸出モデルは中東の市場を念頭に設計され、T-72Mがはじめてイラクに搬送されたのは1980年、イランとの戦争開始後まもなくのことだった。その後の10年間、イラクの装甲部隊はイギリスをはじめとする西側軍隊の構成を踏襲していたが、戦術面では、ソ連の軍事顧問の意見を取り入れていた。この軍事顧問は、当時T-72Mの操作方法を指導するために派遣されていた。

徽章
赤い三角形はイラク陸軍の精鋭部隊、共和国防衛隊師団のエンブレムである。1991年2月27日のメディナ稜線の戦いをはじめとする「砂漠の嵐」作戦の戦闘で、共和国防衛隊の装甲部隊は多国籍軍戦車によって容赦なく打ちのめされた。

湾岸戦争中イラクの機甲戦力を構成していたのは、共和国防衛隊所属のタワカルナ機械化師団とメディナおよびハンムラビ機甲師団、そして正規軍の第3サラディン師団だった。各師団はそれぞれ数百両の戦車を擁し、湾岸戦争中のイラク軍主力戦車の数はあわせて3500両を超えたが、そのうちおよそ3分の1はT-72の輸出モデルだった。共和国防衛隊所属の師団には最新の装備がまわされていたが、旧式のT-55やT-62、あるいは中国

T-55 Main Battle Tank
乗　　員	4名
重　　量	39.7トン
全　　長	6.45メートル（車体のみ）
全　　幅	3.27メートル
全　　高	2.4メートル
エンジン	433kW（581馬力）V-55 12気筒
速　　度	48キロメートル
行動距離	400キロメートル
兵　　装	1×D-10T 100ミリライフル砲、1×12.7ミリDShK対空機関銃（砲塔）、2×DT7.62ミリ機関銃
無 線 機	R-130

▲T-55主力戦車
イラク陸軍タワカルナ師団（機械化）

イラクはT-55に増加装甲、60ミリ迫撃砲、観測用マストを追加した。中には主砲を105ミリ砲に換装して、この骨董品のような戦車を徹甲弾も発射できる対戦車車両に変容させたものもあった。タワカルナ師団は1991年2月26日の73イースティングの戦いで、多くの装甲戦闘車両を失い、イラク共和国防衛隊にとって地上戦初の黒星をつけた。

▲ **戦いのあと**
「砂漠の嵐」作戦中、多国籍軍が制圧した地域の戦場ではイラク軍のT-72主力戦車が遺棄され、野ざらしになっていた。

の59式、69式といった主力戦車も、少なからず投入された。

59式と69式は中国初の国産主力戦車で、1980年代前半にはイラクに輸出されていたことが知られている。いずれも1969年の中ソ国境紛争の際に鹵獲したソ連のT-54やT-62のコンポーネントをベースに設計されている。大半は105ミリ砲を搭載しているが、中には160ミリ迫撃砲や125ミリ滑腔砲を主砲にしているものもあった。湾岸戦争を生き延びた一部の戦車は、21世紀に入っても現役として残った。

航空強襲

イラク機甲戦力の実力には侮りがたいものがあったが、1991年初頭、多国籍軍は地上戦に先立って航空攻勢を行ない、イラク軍の戦力を大きく削いだ。「砂漠の嵐」作戦の地上戦が始まったとき、機甲戦力の損耗率は40パーセントにも達していた。

多国籍軍の固定翼機やAH-64アパッチ、AH-1コブラなどの攻撃ヘリはさらに、戦術航空支援によって大きな貢献をした。それとは対照的にイラク軍のほうは作戦開始当初に航空戦力の多くが無力化され、かろうじて残っていたソ連製攻撃ヘリもほとんど出番がなかった。

技術的な問題点

「砂漠の嵐」作戦が遂行された当時、イラク軍に配備されていたT-72M主力戦車が輸出型だったとすると、サダム・フセインはソ連の最新テクノロジーを利用できなかったことになる。実際のところ、1980年代半ば以降にイラクが購入した大量のT-72の更新型は、ポーランドやチェコスロヴァキアで製造されていた可能性もある。

ある程度自動化されたとはいえ、戦車が標的を捕捉してから破壊するまでには手動の操作もいくつかある。配備されたばかりのT-72にはレーザー測距儀や赤外線暗視装置も搭載されていたが、最新型のT-72M1の技術でさえ多国籍軍の戦車に比べれば10年以上の遅れがあった。さらにイラク軍の戦術が、イランとの戦争で得た経験に大きく影響されていたことも問題だった。イランは兵数の優位に物を言わせて波状攻撃を繰り返したが、イラクはそのほとんどを砲撃で退けることができた。無防備な歩兵に対してはそのような戦術がきわめて効果的だったが、その結果イラクは砲撃に依存するようになったのだ。

適切な訓練の欠如もまた、イラク戦車乗員の戦闘能力を削ぐ原因となっていた。多くの場合、乗員はその欠点を補うために防壁の陰や塹壕などに戦車を置いて攻撃したが、あらかじめ一定の距離に照準を合わせたあとは、互いに連携をとるのは難しかった。湾岸戦争中にイラクが失った装甲車両は、戦車3000両以上、その他の装甲車両が最大2800両という信じがたい数量だった。装甲車両の大半はBMP-1が占めていた。この水陸両用歩兵戦闘車は1960年代半ばに開発され、乗員以外に8人の戦闘要員を輸送できた。

バルカン諸国の独立戦争

第2次世界大戦後、ユーゴスラヴィアをひとつにまとめあげてきた共産主義指導者ヨシップ・ブロズ・チトーが、1980年にこの世を去った。つづいて起こった統一国家の崩壊による政情不安がバルカン半島を揺るがし、低強度のゲリラ戦が勃発した。

ユーゴスラヴィア連邦を構成していた6つの共和国が独立を宣言したとき、ユーゴスラヴィア人民軍は崩れはじめた国家の統制を失うまいと奮闘した。彼らの機甲戦力は一定の状況では分離独立派を怖じ気づかせたかもしれないが、ゲリラ戦法に対してはそれほど効果がないことは明らかだった。そのためユーゴスラヴィア軍とのちのセルビア軍はスロヴェニア、ボスニア・ヘルツェゴヴィナ、コソヴォでの紛争中、状況に応じて機甲戦力の運用を変化させた。

当時ユーゴスラヴィア軍の機甲部隊には、T-55主力戦車などの冷戦時代の車両が数多く配備されていたが、その中には1970年代後半に開発されて、共産主義時代に国内でライセンス生産されていたM-84主力戦車も混じっていた。M-84はソ連開発のT-72主力戦車の発展型で1984年に運用が始まり、1991年の生産中止までに600両以上が製造された。搭載された2A46 125ミリ滑腔砲はT-72と同じだが、ユーゴスラヴィア独自の改修もいくつかほどこされていた。たとえばより強力な750kW（1000馬力）エンジン、コンピュータ制御の国産射撃統制装置、複合装甲などである。1980年代後半には多くのM-84が、ユーゴスラヴィア政府によってクウェートに輸出された。

分離独立派の指導者たちは、手持ちの限られた保有戦力には戦車などの装甲車両は数えるほどしかないことを承知していた。そのため独立国家の創設を阻止しようとするベオグラードの連邦政府には、もっぱら秘密工作で対抗した。彼らの手にあったわずかな戦車といえば、アメリカのM4シャーマン、ソ連のT-34といった中戦車くらいで、いずれも第2次世界大戦時代の遺物だった。それでもソ連製のRPG-7、ドイツ製肩撃ち式のアルムブルストなど対戦車擲弾発射器は戦力になり、大量の地雷も敷設した。

コソヴォ紛争中の1999年に、NATOが空と陸からの軍事介入を開始したときは、加盟国の多くが歩兵や装甲部隊を提供した。その一角をなしたデンマーク軍のドイツ製レオパルト1主力戦車は、このときのユーゴ軍を相手にする軍事介入が初めての実戦参加だった。レオパルト1はイギリス開発のL7A3 105ミリライフル砲を搭載し、車体前面の傾斜装甲と砲塔の装甲は厚さが70ミリもあった。

1990年代初頭に行なわれた分離独立をめぐる

◀ 射撃演習
クロアチア防衛評議会軍第2親衛旅団の兵士が、T-55主力戦車に乗りこんで12.7ミリ機関銃の射撃訓練を行なっている。この演習は3日間にわたって行なわれた。旧ユーゴスラヴィアの国々はいまでも、不朽の名戦車T-55を含むソ連時代の兵器をアップグレードして使っている。

戦争で、ユーゴスラヴィア人民軍はゲリラ戦で多くの戦車を破壊されたが、それよりも多くの戦車が敵に鹵獲され、新たに誕生した国々の軍隊で再利用された。スロヴェニアの分離独立派との戦闘では、M-84をはじめとする戦車約80両が破壊または鹵獲され、ヴコヴァルの戦闘では地雷やクロアチア軍兵士の放った対戦車擲弾によって、セルビア軍の戦車など装甲車両が約100両破壊された。さらにクロアチア軍は、1991年の秋から冬にかけての「兵舎の戦い」と呼ばれる一連の戦闘で、150両近くの戦車を鹵獲したが、その多くはT-55だった。

平和維持軍 1991～99年

異なる政治勢力が主導権をめぐって争い、世紀を超えた民族紛争が武力衝突となって再燃したとき、平和維持の努力を支えたのは世界各国から集結した装甲部隊だった。

近年ではNATO加盟国が装甲部隊の派遣を要請されることは珍しくなくなった。目的は紛争の解決や国連決議の履行、あるいは残虐行為からの民間人の保護などである。20世紀最後の10年間に平和維持軍が派遣された地域はバルカン半島、カンボジア、エルサルバドル、モザンビーク、ルワンダ、ソマリアなど世界各地に広がっている。多くの場合、国連の平和維持軍が与えられた任務を全うするためには、装甲部隊が欠かせない存在となっている。

平和維持軍にとって、広大な警戒区域や管理下にある地域のパトロールは必要不可欠な任務だが、

▲ **アメリカ軍の介入**
2005年のボスニアでの平和維持活動中に、ハンヴィーの機関銃を構えるアメリカ第10山岳師団の兵士。

装輪装甲車両や戦闘車はそのような任務にうってつけの車両である。これまでに歩兵戦闘車のドイツのマルダー、イギリスのウォーリア、アメリカのM2ブラッドレー、ロシアのBMP-1など、多種多様な装甲車両がそのような任務をこなしてきた。イギリスのアルヴィス社が製造したFV 107シミター偵察戦車も、そうした装甲車両の代表格としてバルカン半島に配備された。アルヴィス社はほかにもいくつか同種の車両を開発しており、シミターにはL21ラーデン30ミリ砲と同軸の7.62ミリ機関銃あるいはL94A1チェーンガンを搭載した。主武装のL21ラーデン30ミリ砲には連続と単発の2種類の射撃モードがある。ただし最大12.7ミリの薄い装甲は小銃弾や砲弾の破片には有効だが、大口径の兵器による攻撃は耐えられない。強力な兵装以外の特徴としては抜群のスピードがあげられる。路上では最高時速80キロまで出すことができ、頼もしい用心棒として歩兵を支援する一方で、偵察やパトロールの車両としても活躍する。

ハンヴィー

平和維持軍とともに派遣される車両として、もうひとつよく知られているのがアメリカ製の高機動汎用装輪車、通称ハンヴィーである。本来は前線で活躍するような戦闘車ではなかったが、徐々

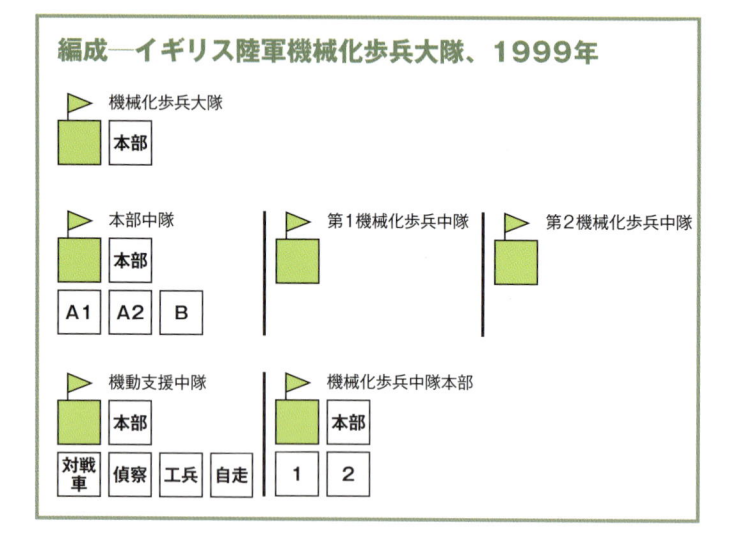

イギリス陸軍機械化歩兵大隊、1999年

装甲戦闘車両	配備数
ウォーリア歩兵戦闘車	57
ジャベリン対戦車ミサイル	12
FV432装甲兵員輸送車	21
偵察装甲戦闘車両	8
兵員(将兵総数)	741

編成―イギリス陸軍機械化歩兵大隊、1999年

- 機械化歩兵大隊
  - 本部
- 本部中隊
  - 本部
  - A1 / A2 / B
- 第1機械化歩兵中隊
- 第2機械化歩兵中隊
- 機動支援中隊
  - 本部
  - 対戦車 / 偵察 / 工兵 / 自走
- 機械化歩兵中隊本部
  - 本部
  - 1 / 2

FV510 Warrior Infantry Fighting Vehicle

- 乗 員:3+7名
- 重 量:25,700キログラム
- 全 長:6.34メートル
- 全 幅:3.034メートル
- 全 高:2.79メートル
- エンジン:410kW(550馬力)パーキンスV型8気筒ディーゼル
- 速 度:75キロメートル
- 行動距離:660キロメートル
- 兵 装:1×ラーデン30ミリ機関砲、1×7.62ミリ同軸機関銃、2×4連装発煙弾発射機
- 無線機:ボウマン(本来はクランズマン)

▶ **FV510**
ウォーリア歩兵戦闘車
イギリス陸軍第1機甲師団
第7機甲旅団

1980年代から運用が開始され、生産数はすでに1000両を超えている。フル装備の戦闘要員を7名収容し、L21A1 30ミリ機関砲1門と7.62ミリ機関銃1挺で近接支援を行なう。

第6章　冷戦後の紛争

に進化して軽偵察あるいは軽装甲装輪車両として運用されるようになった。兵装は12.7ミリM2重機関銃やM220 TOW対戦車ミサイルなど幅広い。派生型は17種類以上あり、中には軽砲を牽引したり救急車両として使われたりするものもある。8気筒ディーゼル・エンジンのおかげで最高時速144キロまで出すことができるが、装甲強化型の場合、最高時速は105キロになる。1992

イギリス陸軍機械化歩兵大隊（1999年）

近年のイギリス陸軍機械化歩兵大隊は、FV510ウォーリア歩兵戦闘車14両からなる機械化歩兵中隊3個と同じくウォーリア戦闘車の大隊本部1両で編成されている。大隊全体で完全装備の兵員約300名を輸送できる。より軽装甲の機械化歩兵部隊は、サクソンのような装輪戦闘車を使用する。サクソン装甲兵員輸送車は、1980年代半ばにGKNディフェンス社による製造が始まった。

大隊本部

第1機械化歩兵中隊（14×ウォーリア歩兵戦闘車）

第2機械化歩兵中隊（14×ウォーリア歩兵戦闘車）

第3機械化歩兵中隊（14×ウォーリア歩兵戦闘車）

年12月にアメリカ軍がソマリアに派遣された際、ハンヴィーは国連軍やNATO軍の象徴のひとつとなった。だがソマリアの首都モガディシオ近郊で遭遇した武装組織との交戦経験から、ロケット擲弾、小銃弾、強力な地雷、即席爆弾に対しては、まったく無力なことが判明した。

乗員の損害は比較的少なかったが、車体そのものの装甲を強化する方針が決定された。それにしたがって現場用の改修キットが支給され、多くのハンヴィーが改修された。1996年からは最初から装甲をほどこしたハンヴィーM1114の量産が始まり、バルカン半島や中東に投入されている。M1114には車体の装甲のほかに、ターボチャージャー付きの強力なエンジンやエアコン、乗員室の装甲強化、飛散防止ガラスなどが追加されている。

モガディシオ脱出

1990年代に展開された国連平和維持軍の活動の中でもっとも忘れがたい事件は、おそらくソマリアの首都モガディシオの強襲作戦だろう。軍閥のボスを捕縛する予定だったが、その後の戦闘でかえってアメリカレンジャー部隊の兵士が死傷し、敵のロケット弾によってヘリコプターが撃墜された。この出来事は『ブラックホーク・ダウン』と題された書籍や映画で有名になった。レンジャー部隊は結局18時間におよぶ苦闘のすえに、かろうじてモガディシオの拠点脱出に成功した。

脱出には、近くに駐留していた平和維持軍のパキスタンとマレーシアの部隊の手を借りた。パキスタン軍は、旧式のM48パットン中戦車とコンドル装甲兵員輸送車で構成される救援部隊を編成した。パキスタンの戦車が援護射撃をするあいだに、マレーシア軍のコンドルから展開した兵士が、アメリカレンジャー部隊による救出作戦を支援したのだ。

ラインメタル・コンドルは、ドイツのティッセン・ヘンシェル社によって開発された4×4装甲兵員輸送車で、乗員以外に戦闘要員12名の搭乗が可能だ。主武装は20ミリ機関砲で、副武装は7.62ミリ機関銃になる。モガディシオでの救援作戦では1両のコンドルがロケット弾の直撃を受けて、兵士ひとりが死亡した。

バルカン半島での戦車戦

バルカン諸国の紛争に介入した国連およびNATOは、ユーゴスラヴィア人民軍あるいはのちのセルビア軍の戦車部隊に対抗するために大量

Véhicule Blindé Léger (VBL)
Anti-tank Vehicle

乗　員：2、3名
重　量：3,550キロ
全　長：3.87メートル
全　幅：2.02メートル
全　高：1.7メートル
エンジン：78kW（105馬力）プジョー XD3T 4気筒ターボ・ディーゼル
速　度：95キロメートル
行動距離：600キロメートル
兵　装：1×ミラン対戦車ミサイル発射機、
　　　　1×7.62ミリ汎用機関銃
無線機：2×PR4G戦術無線機（VHF帯）、1×長距離用SSB無線機（HF帯）、乗員用無線機またはインターコム

▼VBL装甲車対戦車型
フランス陸軍第3機械化旅団

VBLはフランス語で軽装甲車両を意味する「Véhicule Blindé Léger」の略。1990年から高い機動力と火力を合わせ持つ対戦車車両として、フランス軍での使用が始まった。路上の最高時速は95キロに達し、中距離ミラン対戦車ミサイル、短距離エリクス・ミサイルなどの各種兵器を搭載できる。

の機甲戦力を投入した。戦闘に参加した戦車は、カナダ、デンマーク、イタリアなどから派遣されたドイツ製のレオパルト1、2シリーズ、フランスのルクレール、アメリカのM1A1エイブラムズとその更新型、イギリスのチャレンジャー1といった主力戦車である。

総じて見劣りのするT-55、M-84主力戦車を相手に、国連軍とNATO軍の最新型戦車は強力な火力によって敵を圧倒して、自軍の軍事施設と民間人の安全を確保した。またユーゴスラヴィア軍が、戦車等の戦力を安全な場所に移動させるのを阻止するうえでも、これらの戦車が果たした役割は大きかった。

レオパルト2の場合、それまで実戦に投入された機会はさほど多くなかったのにもかかわらず、コソヴォやアフガニスタンでは最前線で戦闘に参加した。現在でも世界最強の主力戦車として高く評価されている。1960年代に開発されたレオパルト1を大幅にアップグレードしたレオパルト2は、主砲をラインメタルL55 120ミリ滑腔砲に換え、1120kW（1500馬力）V型12気筒ツインターボ・ディーゼル・エンジンによって、路上時速72キロというすばらしい機動力を獲得した。装甲は鋼鉄、セラミック、タングステン、プラスチックの複合装甲である。

▶ **FV107シミター軽戦車**
イギリス陸軍ブルーズ・アンド・ロイヤルズ騎兵連隊

軽戦車と装甲戦闘車両のどちらにも分類される。機動力と火力を兼ね備えているので、偵察任務にうってつけだ。定員は3名。数度にわたるこれまでの参戦では、歩兵への直接火力支援を行ないながら、重要情報も収集した。

FV107 Scimitar Light Tank

乗　員：3名
重　量：7,800キログラム
全　長：4.8メートル
全　幅：2.24メートル
全　高：2.1メートル
エンジン：142kW（190馬力）ジャガー 4.2リットルガソリン
速　度：80キロメートル
行動距離：644キロメートル
兵　装：1×ラーデン30ミリ機関砲、1×12.7ミリ 機関銃
無線機：クランズマンVRC353

▲ **FV105スルタン装甲指揮車・装甲戦闘車両**
イギリス陸軍第1機械化旅団第2戦車連隊

指揮統制車両としてイギリス軍部隊と行動をともにする。最大6名の乗員を乗せて移動しながら、通信と作戦策定のための空間を提供する。アルヴィス社製造のFV101スコーピオンのシャーシをベースに、1970年代の末に開発された。

FV105 Sultan CVR (T)

乗　員：6名
重　量：14,300キログラム
全　長：5.7m
全　幅：2.67メートル
全　高：1.92メートル
エンジン：186kW（250馬力）SOFAM 8G×b 8気筒ガソリン
速　度：60キロメートル
行動距離：350キロメートル
兵　装：なし
無線機：4×無線機（各種）

Dingo APC

乗　　員	5〜8名
重　　量	8.8〜11.9トン
全　　長	5.45メートル
全　　幅	2.3メートル
全　　高	2.5メートル
エンジン	160kW（215馬力）ディーゼル
速　　度	90キロメートル
行動距離	1000キロメートル
兵　　装	1×7.62ミリ機関銃
無線機	不明

▲ディンゴ装甲兵員輸送車
ドイツ陸軍第13機械化歩兵師団

1990年代半ばに、ドイツのクラウス・マッファイ・ヴェグマン社によって開発された。多目的車両として主にドイツ陸軍で運用されている。兵員、補給物資、装備、戦闘死傷者などの輸送に使われるほか、偵察や軽対空防御の任務に就くこともある。コソヴォやマケドニアでの平和維持活動では、パトロールや輸送任務に活用された。

AS-90 SP Gun

乗　　員	5名
重　　量	45,000キログラム
全　　長	7.2メートル
全　　幅	3.4メートル
全　　高	3メートル
エンジン	492kW（660馬力）カミンズV型8気筒ディーゼル
速　　度	55キロメートル
行動距離	240キロメートル
兵　　装	1×155ミリ榴弾砲、1×12.7ミリ機関銃
無線機	不明

▲AS-90 155ミリ自走榴弾砲
イギリス陸軍第3王立騎馬砲兵連隊

1980年代半ばにVSEL（ヴィッカーズ・シップビルディング・エンジニアリング・リミテッド）社によって開発された。履帯を履いたシャーシに、L39 155ミリ榴弾砲を搭載している。同じく105ミリ砲を搭載していたアボットやM109自走砲に替わって、1993年から運用が始まった。

旧ユーゴスラヴィア軍 1991〜99年

1990年代、旧ユーゴスラヴィアの崩壊とともに、主に旧来の民族間対立や領土拡大の野心に端を発した紛争が次から次へと起こり、いくつもの独立国家が誕生した。またそれぞれの国では軍隊が創設された。

1991年から1995年におよぶ4年間の戦闘で、ユーゴスラヴィア人民軍の装甲車両はボスニア、スロヴェニア、クロアチアに出向いて、民兵やゲリラ軍、準軍事部隊を相手に戦いを繰り広げた。

当時ユーゴスラヴィア人民軍の機甲戦力の主流は、主力戦車であるソ連製のT-54/55と国産戦車のM-84だった。M-84は、東側陣営でひろく生産されたソ連のT-72をベースにしていた。またそ

の頃ベオグラードの中央政府は、それまで以上にセルビアとその独裁者スロボダン・ミロシェヴィッチの意志を反映するようになっていった。

　ユーゴスラヴィア社会主義共和国崩壊の直前、人民軍には大量の装甲車両があったが、一部の機能は確実に時代遅れになっていた。旅団を最大の作戦単位とする人民軍は、装甲部隊と機械化歩兵部隊を擁し、戦車も1600両以上あった。数だけ見ればすばらしいが、もっとも先進的な戦車はソ連のT-72を国内でライセンス生産したM-84だった可能性が高い。装甲兵員輸送車も数百両保有していたが、それもまた多くは老朽化や整備不良によって性能は低下していた。とはいえそのような兵器でさえ、旧ユーゴスラヴィアから分離独立した国々では、現役を務めたのだ。

　スロヴェニアの独立をめぐる十日戦争中、分離独立派にはユーゴスラヴィア人民軍の装甲部隊に対抗するための戦車はほとんどなかったが、実際の状況を考えれば、人民軍側は戦車の投入に慎重にならざるをえなかった。RPG-7やドイツ製のアルムブルストなどの対戦車兵器がいたるところから飛んできただけでなく、地雷や即席爆弾がひっきりなしに爆発したからだ。短い戦闘のあいだに人民軍側は戦車20両を破壊され、40両以上を鹵獲されたと見られる。のちにスロヴェニア政府とその軍隊は、スロヴェニア国内に残っていた人民軍の装備をすべて管理下に置いた。

　一部のクロアチア軍部隊は、アメリカのM4シ

▼BTR-80装甲兵員輸送車
ユーゴスラヴィア人民軍第1親衛機械化師団
BTR-70等の前モデルをベースに設計され、1980年代に量産が始まった。ソ連はBTR-80の車体を改造して、2挺の機関銃の旋回範囲を広げた。

BTR-80 Armoured Personnel Carrier

乗　　員	3+7名
重　　量	13,600キログラム
全　　長	7.65メートル
全　　幅	2.9メートル
全　　高	2.46メートル
エンジン	193kW（260馬力）V型8気筒ディーゼル
速　　度	90キロメートル
行動距離	600キロメートル
兵　　装	1×KPVT14.5ミリ機関銃、1×PKT7.62ミリ機関銃（同軸）

M-60P Tracked Armoured Personnel Carrier

乗　　員	3+10名
重　　量	11,000キログラム
全　　長	5.02メートル
全　　幅	2.77メートル
全　　高	2.39メートル
エンジン	104kW（140馬力）FAMOS 6気筒ディーゼル
速　　度	45キロメートル
行動距離	400キロメートル
兵　　装	1×M53 7.62ミリ機関銃
無線機	不明

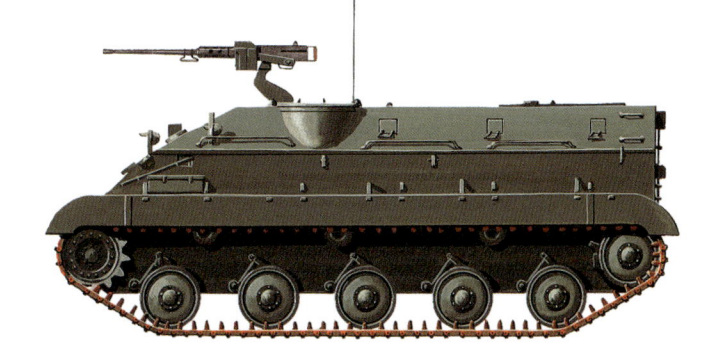

▲M-60P装軌装甲兵員輸送車
スロヴェニア陸軍第10自動車化大隊
ユーゴスラヴィアで製造された完全装軌式の車両。10名の戦闘要員を収容できる。ただし兵員室には弾薬も積みこまれるため、かなり手狭になる。2挺の機関銃で武装している。

ャーマンとソ連のT-34の両方を運用していたといわれている。いずれもルーツをたどれば1930年代にまで遡ることができる中戦車だ。1991年末にクロアチア軍は「兵舎の戦い」と呼ばれる一連の猛攻を敢行し、軽火器や火砲、そしてきわめて重要な装甲車両を大量に手に入れた。1カ所の兵器庫からだけでも70両以上のT-55中戦車と多種多様な装甲兵員輸送車を90両近く奪取した。

クロアチアの長期間にわたるヴコヴァルの戦闘では、ユーゴ軍の総数100両以上のT-55とM-84がヴコヴァルを包囲したが、結局は敵の対戦車ミサイルと地雷などによって大きな損害を被った。都市の環境では装甲部隊は本来の威力を発揮できなかったのだ。敵味方あわせておびただしい種類の装甲兵員輸送車、戦闘車、自走砲、軽戦車が投入された。3年以上続いたボスニアの紛争だけでも、戦場に配備された戦車の数は1200両にのぼると見られる。

ユーゴスラヴィア人民軍とのちの独立国家の軍隊が使用していた装甲車両の中でとくに多かったのは、ソ連が開発したBTR-80とその旧モデルだった。1980年代半ばにはBTR-60とBTR-70を置き換える目的で、8×8装甲兵員輸送車BTR-80の生産が始まった。だがバルカン半島ではBTR-60やBTR-70はもちろん、BTR-152、BTR-40、BTR-50も現役として戦闘に参加した。

BTR-80はソ連およびロシアで多用された。乗員は3名で、完全装備の戦闘要員を7名輸送することができる。主砲の14.5ミリ機関銃は、歩兵の支援や低空飛行の航空機に対する防御に用いた。

M53/59 Praga SP Anti-aircraft Gun

乗　　員	2+4名
重　　量	10,300キロ
全　　長	6.92メートル
全　　幅	2.35メートル
全　　高	2.585メートル
エンジン	82kW（110馬力）タトラT912-2 6気筒ディーゼル
速　　度	60キロメートル
行動距離	500キロメートル
兵　　装	2×30ミリ機関砲

▼**M53/59プラガ自走式対空砲**
ユーゴスラヴィア人民軍第51機械化旅団
プラガ6輪駆動トラックの車体に、2連装の30ミリ機関砲を搭載した自走式対空砲。1950年代に開発された。機関砲は車体から取り外して操作することもできた。乗員4名が搭乗する戦闘室は装甲で保護されている。

▼**LVRS M-77オガニ多連装ロケット・システム**
セルビア陸軍第2地上部隊旅団
128ミリロケット弾の発射筒32本を搭載しており、ユーゴスラヴィア紛争では驚異的な破壊力を発揮した。数年の開発期間を経て、1975年にユーゴ軍に導入された。現在もセルビア軍部隊で使用されている。

LVRS M-77 Oganj MLRS

乗　　員	5名
重　　量	22,400キログラム
全　　長	11.5メートル
全　　幅	2.49メートル
全　　高	3.1メートル
エンジン	191kW（256馬力）8気筒ディーゼル
速　　度	80キロメートル
行動距離	600キロメートル
兵　　装	32連装ロケット発射機＋32×M77またはM-91ロケット弾、1×12.7ミリ重機関銃
無線機	不明

路上での最高時速は、時速80キロだった。

　ユーゴ軍は独自の装甲兵員輸送車を開発、生産し、1990年まで機械化部隊に大量に配備した。M-60Pと命名されたこの車両の初期モデルは、自走砲のシャーシをベースに作られている。乗員は3名で、戦闘要員を10名輸送した。歩兵の攻撃には、M53 7.92ミリ機関銃で対抗した。M53は、ドイツの旧式化したMG42汎用機関銃のユーゴ・バージョンである。M-60Pの更新型のM-60PBには、2門の82ミリ無反動砲が搭載されている。

　1970年代にユーゴスラヴィアで製造されたその他の装甲兵員輸送車もまた、大量に敵の手に渡った。紛争が始まった当初ユーゴスラヴィア人民軍は、400両以上のM-980装甲兵員輸送車を保有していた。M-980は歩兵8名の輸送が可能で、ソ連のAT-3対戦車ミサイルか20ミリ機関砲を搭載していた。

　紛争中ユーゴ軍は、旧式中戦車のM4シャーマン、M47パットン、T-34、さらには約100両のアメリカ製M3ハーフトラックまでも投入した。それだけではなくチェコスロヴァキア製のM53/59プラガ自走式対空砲も引っ張りだした。プラガは最初の生産が1950年代で、トラックに対空砲を載せただけの構造だ。1960年代末にユーゴで開発が始まった、M-77 LVRSオガニ多連装ロケット発射機も配備した。冷戦時代の古参PT-76水陸両用軽戦車は、かつてソ連軍が大量に保有していたが、バルカン諸国では現役で用いられた。

◀ M-80機械化歩兵戦闘車（MICV）
セルビア地上部隊第17機械化大隊

大量生産されたM-980装甲戦闘車両の改良型。対戦車ミサイルか30ミリ機関砲が搭載される。1980年に生産が始まり、数種類の更新型が製造されている。

M-80 Mechanized Infantry Combat Behicle (MICV)

乗　　員	3+7名
重　　量	13,700キログラム
全　　長	6.4メートル
全　　幅	2.59メートル
全　　高	2.3メートル
エンジン	194kW（260馬力）HS-115-2 8気筒ターボ・ディーゼル
速　　度	60キロメートル
行動距離	500キロメートル
兵　　装	2×ユーゴ製サガー対戦車ミサイルまたは1×30ミリ機関砲、1×7.62ミリ機関銃
無 線 機	不明

BTR-152 Wheeled APC

乗　　員	2+17名
重　　量	8,950キログラム
全　　長	6.83メートル
全　　幅	2.32メートル
全　　高	2.05メートル
エンジン	82kW（110馬力）ZIL-123 6気筒ガソリン
速　　度	（路上）75キロメートル
行動距離	780キロメートル
兵　　装	1×7.62ミリ機関銃

▶ BTR-152装輪装甲兵員輸送車
ユーゴスラヴィア人民軍

1990年代初頭にユーゴスラヴィアで内戦が勃発したとき、ユーゴ人民軍にはソ連製装甲兵員輸送車のBTR-152、BTR-40、BTR-50があわせて200両以上あった。すべて1960年代から70年代にかけてソ連から購入したものだった。

カフカス 1991年〜現在

ソ連邦崩壊以来、カフカス地方ではロシア軍と旧ソ連所属のグルジア軍との衝突、さらにはチェチェン武装勢力によるゲリラ活動など紛争が絶えない。

近年の戦闘の様相の変化に合わせて、ここ20年間ロシアは装甲戦闘車両の開発と近代化に力を注いできた。T-90主力戦車が誕生した背景には、依然情勢が不安定なチェチェンで、武装勢力によるゲリラ活動が絶えなかったことがあった。また外見だけでも西側に後れをとらないよう、兵器をアップグレードする必要もあった。

T-90の量産は1990年代半ばから始まった。ベースとなったのは、史上稀に見るほど大量生産された戦車のひとつ、T-72主力戦車だ。T-90は、ソ連から引き継がれたT-80Uとのライバル競争にうち勝って採用された。対戦車誘導ミサイルも発射できる125ミリ滑腔砲を搭載している。この主砲と目標捕捉装置の一部は、T-80Uと同じものだ。630kW（840馬力）12気筒エンジンで駆動し、路上での最高速度は時速65キロメートルにおよぶ。T-90の性能は、西側主力戦車に引けをとらない。鋼鉄とアルミニウムとプラスチックで構成される複合装甲は、最新の砲弾の貫通をも妨げる、爆発反応装甲コンタクトで強化されている。また対戦車誘導ミサイルを回避する妨害装置などの電子的な対抗手段も搭載している。

歩兵支援

旧ソ連で開発された多くの兵器はロシアに引き継がれた。その中にはBMP-2やBMP-3歩兵戦闘車などのように、さらなる改良がほどこされたものもある。ソ連初の歩兵戦闘車であるBMP-1の欠陥は、1970年代半ばにはすでに明らかになっていた。1973年のヨム・キプール戦争中エジプト軍に装備されたBMP-1は、12.7ミリ機関銃の弾さえ耐えることができなかったのだ。装甲を強化したBMP-2は、1980年から大量生産が始まった。武装は9M113コンクールス対戦車ミサイル・システムと2A42 30ミリ機関砲、さらに近距離からの攻撃に対抗するための7.62ミリ機関銃である。乗員以外に7名の戦闘要員を収容できた。

1987年ソ連地上軍はBMP-2を現役として残しながらも、後継のBMP-3水陸両用歩兵戦

M1974 SP Howitzer
乗　　員：4名
重　　量：15,700キログラム
全　　長：7.3メートル
全　　幅：2.85メートル
全　　高：2.4メートル
エンジン：179kW（240馬力）YaMZ-238V V型8気筒水冷ディーゼル
速　　度：60キロメートル
行動距離：500キロメートル
兵　　装：1×122ミリ榴弾砲、1×7.62ミリ対空機関銃

▲122ミリ2S1自走榴弾砲
ロシア地上軍第5親衛戦車師団
122ミリ榴弾砲を搭載している。2S1グヴォージカ（「カーネーション」の意）の別名があり、西側ではM1973の名称で知られている。1973はこの榴弾砲がはじめて公の場に登場した年を示している。いくつかの旧ソ連邦諸国は、現在もこの榴弾砲を配備している。

BMP-2 Infantry Fighting Vehicle

乗　　員	3+7名
重　　量	14,600キログラム
全　　長	6.71メートル
全　　幅	3.15メートル
全　　高	2メートル
エンジン	1×223kW（300馬力）UTD-20型6気筒ディーゼル
速　　度	65キロメートル
行動距離	600キロメートル
兵　　装	1×9M113対戦車ミサイル発射機、1×30ミリ機関砲、1×7.62ミリ同軸機関銃
無線機	R-173、R-126、R-10

▼BMP-2歩兵戦闘車
ロシア地上軍第131自動車化狙撃旅団

水陸両用車両で、1980年代にソ連で開発された。武装は対戦車ミサイルと30ミリ機関砲。兵員室の定員は7名である。

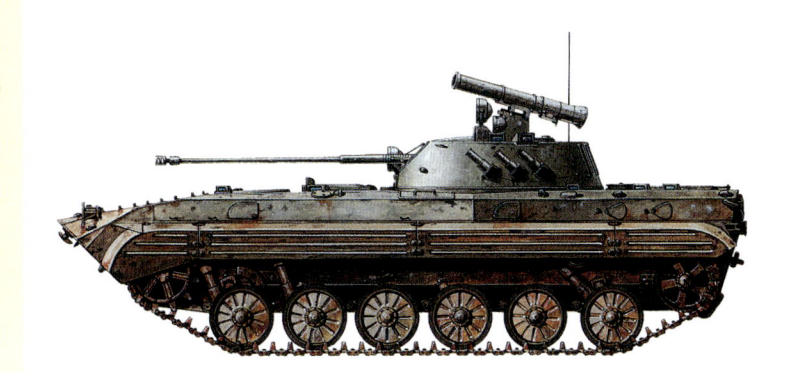

▼BTR-90歩兵戦闘車
ロシア地上軍第201自動車化狙撃旅団

現在使用はロシア軍のみ。1994年にはじめて公の場に姿を現した。9名の戦闘要員を輸送し、30ミリ機関砲、30ミリ自動擲弾銃、対戦車誘導ミサイル、7.62ミリ機関銃を搭載する。

BTR-90 Infantry Fighting Vehicle

乗　　員	3+9名
重　　量	17,000キログラム
全　　長	7.64メートル
全　　幅	3.2メートル
全　　高	2.97メートル
エンジン	157kW（210馬力）V型8気筒ディーゼル
速　　度	80キロメートル
行動距離	600キロメートル
兵　　装	1×2A42 30ミリ機関砲、1×自動擲弾銃、4×9M113スパンドレル（NATOコードではAT-5）対戦車誘導ミサイル、1×PKT7.62ミリ同軸機関銃
無線機	不明

BMP-3 Infantry Fighting Vehicle

乗　　員	3+7名
重　　量	18,700キログラム
全　　長	7.2メートル
全　　幅	3.23メートル
全　　高	2.3メートル
エンジン	373kW（500馬力）UTD 29 6気筒ディーゼル
速　　度	70キロメートル
行動距離	600キロメートル
兵　　装	1×2A70 100ミリライフル砲、1×2A72 30ミリ機関砲、3×PKT 7.62ミリ機関銃
無線機	R-173

▼BMP-3歩兵戦闘車
ロシア地上軍第2親衛自動車化狙撃師団「タマンスカヤ」

ソ連時代から続くBMPシリーズの最新モデル。1987年にはじめて公の場に登場した。主砲の100ミリ砲は対戦車ミサイル発射機も兼ねる。近接歩兵支援用に30ミリ機関砲も搭載している。

Post-Cold War Conflicts

闘車の運用を開始した。武装は30ミリ機関砲、2A70 100ミリ砲（ミサイル発射も可）、そして歩兵や携帯式ミサイルを装備した対戦車部隊に対抗するための7.62ミリ機関銃3挺である。歩兵戦闘車としては、世界で類を見ないほどの重武装だ。

チェチェンのテロリストや分離独立派との戦いにくわえて、ロシア連邦は2008年に隣国グルジアとも戦火を交えた。南オセチア紛争でグルジア軍は、70両以上のT-72主力戦車と10両以上の装甲兵員輸送車を失ったが、その多くはロシア軍の手に渡り、まったく支障なく運用された。両陣営とも中古のT-54/55やさまざまな型のT-72を使用し、ロシアのほうはT-62までも投入したことが知られている。

▲ T-80主力戦車
ロシア地上軍第4親衛戦車師団「カンテミロフスカヤ」

旧モデルのT-64とよく似た外見で、1976年にソ連地上軍に配備された。第1次チェチェン紛争の際は、爆発反応装甲がなかったためほとんど戦力にならなかった。ロシアや旧ソ連邦諸国の軍隊では、いまでもさまざまな改良型が運用されている。

T-80 Main Battle Tank
- 乗　　員：4名
- 重　　量：38,000キロ
- 全　　長：9.33メートル
- 全　　幅：3.37メートル
- 全　　高：2.3メートル
- エンジン：544kW（730馬力）V型12気筒ディーゼル
- 速　　度：60キロメートル
- 行動距離：570キロメートル
- 兵　　装：1×105ミリ砲、1×12.7ミリ同軸重機関銃、1×7.62ミリ同軸機関銃
- 無線機：YRC-83（外部との通信）、VIC-8（乗員同士）

T-90 Main Battle Tank
- 乗　　員：3名
- 重　　量：46,500キログラム
- 全　　長：6.86メートル（車体のみ）
- 全　　幅：3.37メートル
- 全　　高：2.23メートル
- エンジン：630kW（840馬力）V-84MS 12気筒多燃料対応型
- 速　　度：65キロメートル
- 行動距離：650キロメートル
- 兵　　装：1×2A46Mラピラ3 125ミリ滑腔砲、1×12.7ミリ対空重機関銃、1×7.62ミリ同軸機関銃
- 無線機：不明

▲ T-90主力戦車
ロシア地上軍第5親衛戦車師団

T-72BM、T-80Uを中心とする旧型のT-72、T-80のコンポーネントを組み合わせて作った。主砲の125ミリ滑腔砲は、対戦車誘導ミサイルも発射できる。1999年にチェチェン武装勢力がダゲスタンに侵入して、チェチェン紛争が再燃したときに投入された。『モスクワ・ディフェンス・ブリーフ』誌によると、あるT-90は、敵のロケット弾7発が命中したあとも戦闘を続行したという。

イラクとアフガニスタン 2003年〜現在

イラクでサダム・フセインの独裁政権を倒し、アフガニスタンでタリバンと戦うためには、最新鋭の装甲車両が必要だった。

2003年春に行なわれたアメリカ主導の有志連合によるイラク侵攻の目的は、残虐な独裁者を権力の座から引きずりおろし、あるはずの大量破壊兵器を無力化することだった。最大の難関は、首都バグダードへの進軍と港湾都市バスラの制圧だった。敵は正規軍と共和国防衛隊、そして大統領の私兵組織で狂信的な忠誠を誓うサダム・フェダイーンの構成員、あわせて50万人以上である。

1991年の湾岸戦争のときのように、この時もスピードと圧倒的な火力とで地上戦を制することができるはずだった。だが前回とは違って長時間の空爆は行なわれず、すぐに地上作戦が開始された。有志連合の部隊と戦車は数時間後にはイラク領内を進み、中でもクウェート駐留の部隊はいちはやく国境を越えていた。

イラク戦争でアメリカ軍の強力な機甲戦力の中核をなしたのは、いずれもM1エイブラムズ主力戦車を改良して作られたM1A1とM1A2エイブラムズだった。数多くのM1A1が1991年の湾岸戦争中に現地でアップグレードされたのに対して、M1A2のほうは1992年から工場での量産が開始されていた。またその一方で、多くの既存の戦車も改修をほどこされてM1A2に生まれ変わった。

M1A2の主砲にはM1A1と同じく信頼性の高いM256 120ミリを採用した。これはドイツのレオパルト2主力戦車のラインメタル滑腔砲を、ライセンス生産したものである。M1A1との大きな違いは、航法装置や無線装置のアップグレードにくわえて、車長専用の熱線映像装置と射撃統制装置を取りつけたことである。M1A2 SEP（SEPは「システム拡張パッケージ」の意）と命名された更新型には、FBCB2（フォース21旅団以下部隊戦闘指揮システム）と呼ばれる通信システムにくわえて、高性能なエンジン冷却システムとデジタルマップが装備された。また装甲も劣化ウラン装甲に更新された。

イギリスのチャレンジャー2主力戦車もチャレンジャー1とは構成が大きく変わり、主砲もL11からL30A1 120ミリライフル砲に換装された。さらに第2世代のチョバム・アーマーをほどこしたうえ、最新のデジタル式の射撃統制・熱線映像装置を搭載し、さらなるコンピュータ化を進めた。チャレンジャー2の派生型には戦車回収型や架橋

▼チャレンジャー2主力戦車
イギリス陸軍第1機甲師団第7機甲旅団

1998年の配備以来、華々しい戦績を築きつづけている。主砲の120ミリライフル砲のほかに最新鋭の装甲と電子装置をそなえており、しばらくは活躍できるものと期待されている。

Challenger 2 Main Battle Tank

乗　　員	4名
重　　量	62,500キログラム
全　　長	11.55メートル
全　　幅	3.52メートル
全　　高	2.49メートル
エンジン	895kW（1200馬力）液冷ディーゼル
速　　度	57キロメートル
行動距離	400キロメートル
兵　　装	1×L30A1 120ミリライフル砲、2×7.62ミリ機関銃、2連装発煙ロケット弾発射機
無 線 機	衛星中継による長距離指向性通信システム

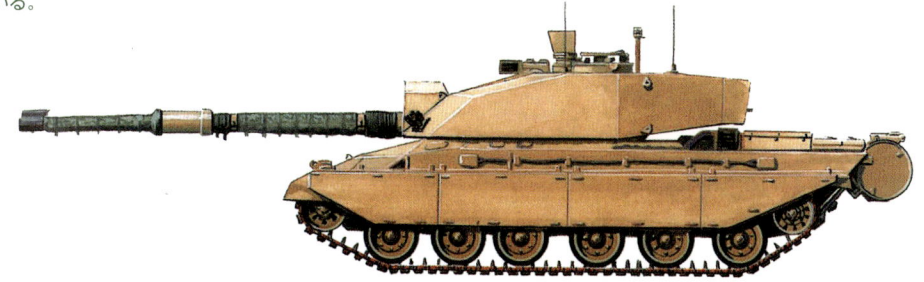

イラク共和国防衛隊、2003年

部隊	個数
戦車旅団	2
戦車大隊	3
機械化歩兵大隊	1
自動車化特殊中隊	1
工兵中隊	1
偵察小隊	1
中型ロケット砲中隊	1
機械化歩兵旅団	1
機械化歩兵大隊	3
戦車大隊	1
対戦車中隊	1
自動車化特殊中隊	1
工兵中隊	1
偵察小隊	1
中型ロケット砲中隊	1
師団配属砲兵旅団	1
自走砲大隊（155mm自走砲）	3
自走砲大隊（152mm自走砲）	2
自走砲大隊（122mm自走砲）	2
師団配属部隊	
自動車化特殊大隊	3
偵察大隊	1
対戦車大隊	1
工兵大隊	1

戦車もある。

驚異の戦闘能力

　2003年のイラク戦争中イラクは、T-72M主力戦車のほかに、かろうじて湾岸戦争を生き延びた古参戦車をふたたび登場させたが、有志連合の最新型主力戦車には歯が立たなかった。1991年の湾岸戦争で失った大量の戦力の穴を埋めようと、戦間期には中国の59式や69式主力戦車などを購入した。このふたつの戦車は、ソ連の年代物のT-54/55を125ミリ砲と追加の装甲でアップグレードしたものである。

　もちろんエイブラムズも損失がゼロだったわけではなかった。地雷や道路脇に仕掛けられた爆弾、あるいは神出鬼没なサダム・フェダイーンの対戦車分隊が放つ対戦車ミサイルによって、無力化された戦車はいくらかあったのだ。味方の誤射による事故もいくつか報告されている。一方チャレンジャー2については、イギリスの消息筋によると敵によって破壊された車両は皆無で、ある戦車はロケット弾やミラン対戦車ミサイルが複数命中したにもかかわらず、持ちこたえたという。

　エイブラムズ、チャレンジャーともに、戦場ではすばらしい働きをした。被害の大半はイラク侵攻後の占領期間に被っている。対戦車戦での両戦車の威力を示す格好の例がある。バグダード郊外

▼次期水陸両用強襲車（AAAV）
アメリカ海兵隊第1海兵遠征部隊

アメリカ海兵隊で30年以上も使われ、時代遅れとなったAAV-7A1水陸両用強襲車の後継として開発された。遠征戦闘車とも呼ばれ、2015年までに配備完了の予定。戦闘要員の定員は17名で、30ミリまたは40ミリのMK44機関砲を搭載する。

Advanced Amphibious Assault Vehicle（AAAV）

乗　　員：3+17名
重　　量：33,525キログラム
全　　長：9.01メートル
全　　幅：3.66メートル
全　　高：3.19メートル
エンジン：2015kW（2702馬力）MTU MT883 12気筒多燃料対応型
速　　度：72キロメートル
行動距離：480キロメートル
兵　　装：1×ブッシュマスターII 30ミリ機関砲、1×7.62ミリ機関銃
無 線 機：不明

での戦闘で、M1A2エイブラムズがまたたくうちに7両のT-72を破壊した。しかもこの時アメリカ軍側には、1両の損害もなかったのだ。

イラク戦争中アメリカが投入した装甲車両の中で、おそらくAAV-7A1装軌水陸両用強襲車ほど激しい非難の嵐にさらされた例はないだろう。要衝ナシリヤでのユーフラテス川に架かる橋の攻防戦は、イラク侵攻の過程で起こった激烈な戦闘のひとつだった。第1海兵師団の必死の応戦にもかかわらず、AAV数両が敵のロケット弾によって破壊されたうえ、同車両がある種の小火器攻撃に対してきわめて非力であることが明らかになっ たのだ。

AAVは、それまでアメリカ海兵隊が使っていたひと世代前の水陸両用車両に代わるものとして、1980年代初頭から運用が始まっていた。ボートのような鼻先と特徴的な形は誰が見てもすぐに見分けがつき、兵員の定員25名という多さは世界の同種の車両の中では群を抜いている。主武装はチェーンガン方式のMk44 25ミリブッシュマスター機関砲で、連射速度は毎分225発におよぶ。

M1114 High Mobility Multipurpose Wheeld Vehicle (HMMWV)

乗　員	1+3名
重　量	3,870キログラム
全　長	4.457メートル
全　幅	2.15メートル
全　高	1.75メートル
エンジン	101kW（135馬力）V型8気筒6.21空冷ディーゼル
速　度	105キロメートル
行動距離	563キロメートル
兵　装	機関銃、擲弾発射器、地対空ミサイル発射機など
無線機	AN/VRC-12

▲M1114ハンヴィー（高機動多用途装輪車）
アメリカ陸軍第3歩兵師団

高機動多用途装輪車（HMMWV）、通称ハンヴィーは1980年代半ばに運用が始まった。配備先で既存の車両に装甲が追加されており、工場生産の装甲強化型も導入されている。

IAV Stryker Armoured Personnel Carrier

乗　員	2+9名
重　量	16.47トン
全　長	6.95メートル
全　幅	2.72メートル
全　高	2.64メートル
エンジン	260kW（350馬力）キャタピラーC7
速　度	100キロメートル
行動距離	500キロメートル
兵　装	1×M2 12.7ミリ機関銃
無線機	不明

▲ストライカーIAV装甲兵員輸送車
アメリカ陸軍第2歩兵師団
第4ストライカー旅団

8輪駆動のストライカー装甲戦闘車両は、2002年にアメリカ陸軍での運用が開始された。乗員以外の収容人数は9名。高い機動性と装甲防御力によってイラクの作戦には欠かせない存在となった。搭載火器は車内から遠隔操作できる。

12.7ミリ機関銃と40ミリ自動擲弾銃も搭載している。

アフガニスタン介入

2001年から始まったアメリカ、イギリス、さらにはそのあとに続いたNATO軍のアフガニスタンへの軍事介入の目的は、タリバン政権の支配を終わらせ、さらにその後国内の混乱を鎮静化してアルカイダのネットワークを壊滅させることだった。都市部での大規模な戦闘では敵を火力で圧倒しようとして主力戦力が投入されたが、山岳地帯ではその機動性を生かすことができず、その活動はもっぱら整地された道路または地雷や即席爆弾の心配のない地域に限られていた。

その一方でM2、M3ブラッドレー歩兵戦闘車、ハンヴィー、ランドローヴァー・ウルフ多用途車両などの軽装甲車両は、パトロールや即応車両としての任務で活躍した。定員6名のランドローヴァー・ウルフは、イラクとアフガニスタンの両地域で活動するイギリス軍にとってなくてはならない存在だった。この車両は系統をたどると、ランドローヴァー社が第2次世界大戦時代に供給した軽トラックや軽輸送車両にまで遡る。

アメリカ陸軍の歩兵戦闘車のストライカー・シリーズもまた、アフガニスタンでは大きな役割を

BVS 10 Viking Armoured Personnel Carrier

乗　員	運転手+4名（前部車両）、8名（後部車両）
重　量	10,600キログラム
全　長	7.5メートル
全　幅	2.1メートル
全　高	2.2メートル
エンジン	183kW（250馬力）カミンズ5.9リットル直列6気筒ターボ・ディーゼル
速　度	50キロ（路上）、15キロ（オフロード）、5キロメートル（水中）
行動距離	300キロメートル
兵　装	1×ブローニング12.7ミリ重機関銃または1×7.62ミリ機関銃を搭載可能
無線機	不明

▼BVS10ヴァイキング装甲兵員輸送車
イギリス軍海兵隊機甲支援グループ
イギリス、スウェーデンの共同開発で完成し、2005年からイギリス海兵隊に配備された。完全な水陸両用車で、乗員以外の収容人数は前の車両が4名、後ろのトレーラーが8名。特別な装甲で防御され、軽機関銃を搭載する。

▼LGSフェネック軽装甲偵察車
ドイツ陸軍第13機械化歩兵師団
現在ドイツとオランダの陸軍に配備され、近年ではアフガニスタンに配備された。スピードと軽装甲が特徴のこの車両は、偵察やパトロール任務にうってつけだ。ただしロケット弾や即席爆弾に対しては非力である。

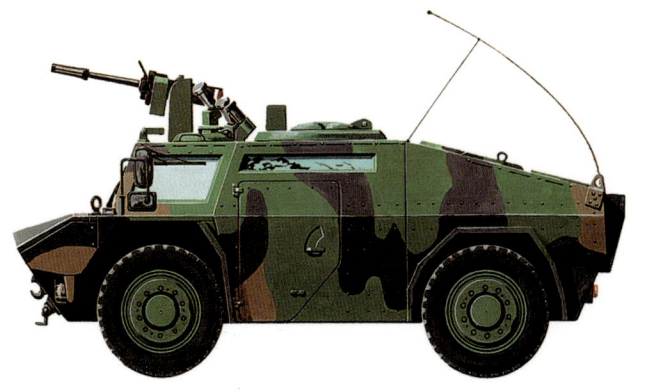

LGS Fennek

乗　員	3名
重　量	7,900キログラム
全　長	5.72メートル
全　幅	2.49メートル
全　高	2.18メートル
エンジン	179kW（240馬力）ドイツ・ディーゼル
速　度	115キロメートル
行動距離	860キロメートル
兵　装	1×12.7ミリ機関銃、または1×7.62ミリ機関銃、または1×40ミリ擲弾発射器
無線機	不明

第 6 章　冷戦後の紛争　169

果たした。その存在はイラクでの配備によってすでによく知られていたが、アフガニスタンには2009年から投入が開始された。カナダとスイスで開発された装甲車両をベースにしたこの車両は、M2、M3ブラッドレーの後継として2002年に

アメリカ陸軍で採用された。戦闘要員を迅速に戦場に輸送する車両として開発され、9名を収容する。兵装の12.7ミリ機関銃あるいは40ミリ自動擲弾銃はM151プロテクター遠隔操作銃座に搭載され、乗員は比較的安全な車内から兵器を操作できる。

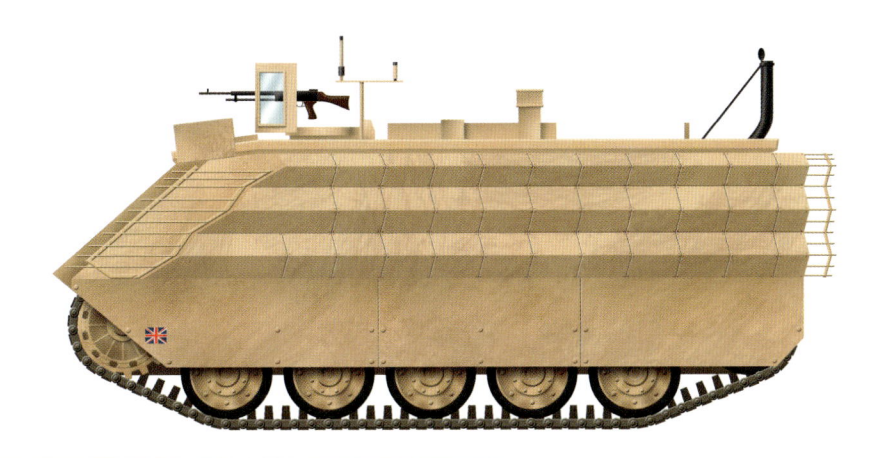

FV 430 Bulldog Armoured Personnel Carrier

乗　　員：2+10名
重　　量：15.3トン
全　　長：5.25メートル
全　　幅：2.8メートル
全　　高：2.28メートル
エンジン：179kW（240馬力）ロールスロイスK60多燃料対応型
速　　度：52キロメートル
行動距離：580キロメートル
兵　　装：1×7.62ミリ機関銃、2×3連装発煙弾発射機
無 線 機：不明

▲FV430ブルドッグ装甲兵員輸送車
イギリス陸軍第1機甲師団第7機甲旅団

2006年末に、イギリス陸軍がFV430ブルドッグをイラクとアフガニスタンに投入したのは、ロケット弾や即席爆弾の度重なる被害に対応するためだった。広範囲に反応装甲を装着し、遠隔操作式の7.62ミリ機関銃で武装している。

▲マスティフPPV防護警備車
イギリス陸軍第1機甲師団第7機甲旅団

フォース・プロテクション社が製造した、クーガー装甲戦闘車両のイギリス・モデル。米英両国から購入され、地雷と即席爆弾に対応できるよう設計されている。イギリス軍では2007年に運用を開始した。

Mastiff PPV (Protected Patrol Vehicle)

乗　　員：2+4名
重　　量：17,000キログラム
全　　長：5.91メートル
全　　幅：2.74メートル
全　　高：2.64メートル
エンジン：243kW（330馬力）キャタピラー C-7ディーゼル
速　　度：105キロメートル
行動距離：966キロメートル
兵　　装：遠隔操作システムを搭載可能

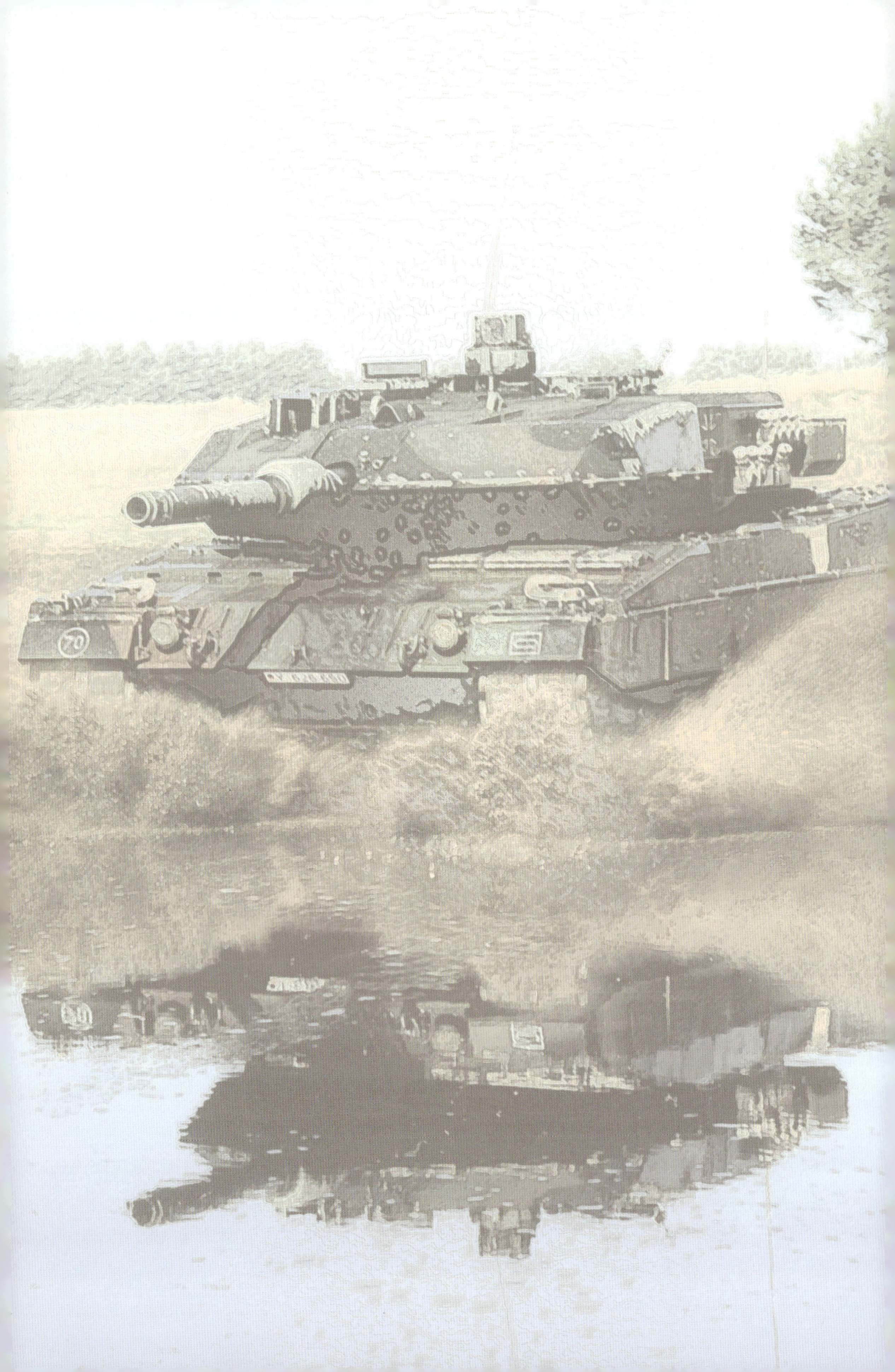

第7章
装甲車両の進化

とどまることのない技術の進歩は、現代の装甲車両の開発にも見ることができる。この10年間、進歩はむしろ加速しており、先進国、新興国ともに装甲車両の近代化に余念がなく、実入りのよい武器輸出産業の育成に積極的だ。新世代の主力戦車および装甲車両の特徴は、数々の高性能な攻撃・防御システム、強力な火力、高度な目標捕捉技術と戦場でのコミュニケーション能力、装甲防御力の向上といった特徴にある。ただしどれほど技術が進歩しても、機甲戦力の戦闘教義を有効に活用するためには、人的要素が最大のカギであることはいまも変わらない。スピードや装甲防御力、火力などの基本的な要素に有能な指揮官と乗員の能力が結びついたとき、勝利がもたらされるのだ。

▲ 渡河するレオパルト
レオパルト2主力戦車は、現役戦車の中では屈指の存在である。ドイツ以外にもオーストリア、デンマーク、オランダ、スペイン、スウェーデンなどで採用されている。

ヨーロッパ 1991年～現在

多くのヨーロッパ諸国が装甲車両の開発や増産を進める中、とくに力を注いでいるのが、主力戦車、歩兵戦闘車、自走砲である。

　ヨーロッパで開発された最新型の主力戦車にかんしては、いまだイギリスのチャレンジャー2やドイツのレオパルト2をしのぐものは登場していないが、近年はフランス、ポーランド、イタリアといった国々が、独自の主力戦車の製造に力を入れている。そもそもヨーロッパ諸国は、当初から革新的な戦車を設計していた。第1次世界大戦中のドイツやイギリスの戦車、あるいは第2次世界大戦中のドイツ国防軍の戦車パンターのスピードと火力を思い出してほしい。1950年代後半にはスウェーデンが、画期的な無砲塔のストリッツヴァグン103主力戦車を製造した。これはコストが低く、同時代の他の戦車との比較運用試験で良好な成績を残した。またフランスは、AMX-10で揺動砲塔を導入した。

　チャレンジャー2は「イラクの自由」作戦やボスニア、コソヴォでの活動に投入されて以来、改良が続けられている。イギリス国防省によると、陸軍では機甲中隊の統合や機甲連隊1個を偵察任務専用にすることなどの改編が進み、戦闘車の数やその役割が変化しつつあるという。現在「チャレンジャー戦闘能力向上計画」が進行中で、主砲のL30 120ミリライフル砲をドイツのレオパルト2と同じラインメタルL55 120ミリ滑腔砲に換装する予定もあるようだ。またNBC（核・生物・化学）兵器に対する防御システムの強化も、検討の対象となっている。

　その一方で過酷な自然環境の中でも戦え、なおかつ戦闘効率を維持できる戦車に対する需要が生じ、その条件を満たすチャレンジャー2Eが誕生した。この車両は海外市場にも売りだされ、レオパルト2等の主力戦車と顧客の獲得を争いながら、2002年から2005年くらいまで製造された。中東の砂漠でのさまざまな運用試験の結果、チャレンジャー2Eには従来のL30 120ミリライフル砲が使われている。ただし戦場通信統制システムのおかげで戦闘能力はむしろ増大した。このシステムによって同時に複数の目標を追跡できるようになり、捕捉および測距の性能も向上した。熱線映像装置は車長用、砲手用ともに改良される一方

Pandur Armoured Personnel Carrier

乗　　員	2+8名
重　　量	13,500キログラム
全　　長	5.7メートル
全　　幅	2.5メートル
全　　高	1.82メートル
エンジン	179kW（240馬力）シュタイアーWD 612.95 6気筒ターボ・ディーゼル
速　　度	100キロメートル
行動距離	700キロメートル
兵　　装	1×12.7ミリ重機関銃、2×3連装発煙弾発射機など各種仕様あり
無 線 機	不明

▶ **パンドゥール装甲兵員輸送車**
オーストリア陸軍
第4機械化歩兵旅団

1980年代にシュタイアー・ダイムラー・プフ社によって開発された。10名の戦闘要員を輸送できる。武装は重機関銃から最大105ミリ低圧砲までを搭載。砲塔のあるモデルは収容兵員が6名に減少する。近年パンドゥールIからIIへの入れ替えが行なわれた。

で、車長は単独でも砲塔を操作できるようになった。エンジンは1125kW（1500馬力）ユーロパワーパックMTU 883ディーゼル・エンジンにアップグレードされている。

レオパルトの飛躍

レオパルト2のもっとも新しい改良型2A6主力戦車は、ドイツ戦車としてはじめて砲身長を延長した120ミリL55滑腔砲を搭載した［訳注:2010年の時点での最新型］。補助エンジンを追加したほか、エアコンや地雷対策用の装甲も追加し、一部は2A6Mと命名された［訳注:2A6Mは地雷防御強化型］。ドイツ陸軍は2000年に前線配備の戦車200両以上を2A6にアップグレードし、その翌年、工場生産の2A6の配備を開始した。レオパルト2A6のもうひとつの改良型2Eはドイツとスペインの共同開発によるもので、こちらは装甲がより一層強化されている。さらにもうひとつレオパルトPSOには、とくに市街戦での残存性を高めるためのシステムが装備された。

Leopard 2A6 MTB

乗　　員：4名
重　　量：59,700キログラム
全　　長：9.97メートル
全　　幅：3.5メートル
全　　高：2.98メートル
エンジン：1119kW（1500馬力）MTU MB873 4ストローク12気筒ディーゼル
速　　度：72キロメートル
行動距離：500キロメートル
兵　　装：1×LSS120ミリ滑腔砲、2×7.62ミリ機関銃
無線機：SEM80/90デジタルVHF

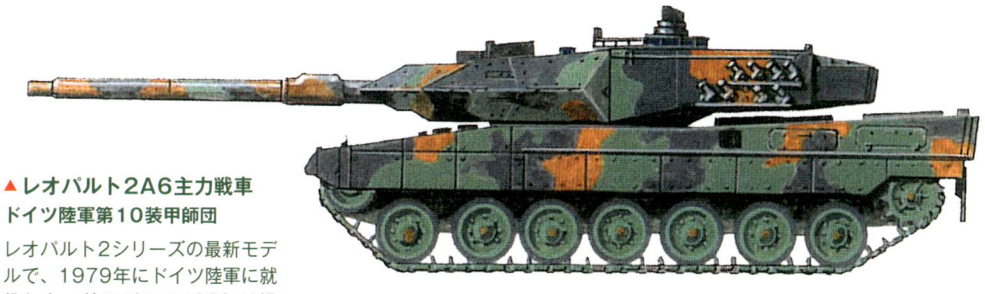

▲**レオパルト2A6主力戦車**
ドイツ陸軍第10装甲師団
レオパルト2シリーズの最新モデルで、1979年にドイツ陸軍に就役した。前モデルの120ミリ滑腔砲を120ミリL55滑腔砲に換装した。

Panzerhaubitze 2000

乗　　員：5名
重　　量：55,000キログラム
全　　長：7.87メートル
全　　幅：3.37メートル
全　　高：3.4メートル
エンジン：745.7kW（1000馬力）MTU881 V型12気筒ディーゼル
速　　度：60キロメートル
行動距離：420キロメートル
兵　　装：1×L52 155ミリ榴弾砲、1×7.62ミリ機関銃
無　線　機：不明

▼**PzH2000自走榴弾砲**
ドイツ陸軍第1装甲師団
主砲のラインメタルL52 155ミリ榴弾砲は、アフガニスタン駐留のNATO軍部隊に強力な火力支援を提供した。ドイツのほかイタリア、オランダ、ギリシアなどの国々で、旧式のM109自走砲に代わるものとして採用されている。

レオパルト2は運用開始当初から多くの国に輸出され、現在はデンマーク、オランダ、ギリシア、カナダ、ポルトガル、スペイン、スイスなどで使用されている。バルカン諸国やアフガニスタンの紛争にも投入され、タリバンを含む武装組織を相手にすばらしい戦績を残している。

ルクレールとアリエテ

ルクレールはフランスが30年ぶりに開発、製造した新しい主力戦車だ。1970年代にはすでに開発が始まっていたが、量産体制に入ったのは1990年になってからだった。フランスはアラブ首長国連邦と提携を結び、開発や生産にかかる費用を分担した。

開発の目的は、フランス装甲部隊やアラブ首長国連邦軍の老朽化したAMX-30の後継を作ることであり、本格的な輸出や長期の生産は予定になかったため、2008年の生産停止までに製造された数は1000両にも届かない。現在はフランスが400両以上を、アラブ首長国連邦が2004年に提供された380両以上を配備している。ルクレールはコソヴォの紛争やレバノンの平和維持活動に投入されているが、本格的な戦闘はまだ経験していない。

ルクレールの開発に際してフランス人技術者は、あえてイギリスのチョバム・アーマーを採用せずに、1990年代に独自の装甲パッケージを開発した。彼らがとくにこだわったのは、鋼鉄とチタンの複合装甲だ。この装甲はあいだに、非爆発反応・無エネルギー反応装甲（NERA）を挟んで、運動エネルギー弾と成形炸薬弾の両方への防御力を高めている。アクティヴ防御システムとしては、最高時速71キロメートルという、迅速な移動と攻撃回避を可能にするスピードとガリックス防護システムがあげられる。ガリックスは、攻撃してくる歩兵に対して赤外線フレア、発煙弾、対人用擲弾を発射する。

CIアリエテ主力戦車は、イタリアのフィアット社傘下のイヴェコ社とオート・メラーラ社によって共同開発され、1990年代半ば以降イタリア軍で運用されている。主砲はオート・メラーラ120ミリ滑腔砲で、複合装甲を装着している。装甲の材質は機密扱いだが、おそらく同時代の主力戦車と同等の防御力をもつものと思われる。強力な932kW（1250馬力）V型12気筒ターボ・エンジンによって最高時速は65キロを超える。最新の目標捕捉照準装置のおかげで、昼夜を問わず適切な作戦行動をとることができる。アクティヴ防御システムとしては、発煙弾発射機やRALMレーザー警告装置を採用している。RALMは戦車が敵の目標捕捉システムに「ペイント（捕捉されること）」されたときに警告音を発する。現

PT-91 Main Battle Tank

乗　　員：3名
重　　量：45,300キログラム
全　　長：6.95メートル（車体のみ）
全　　幅：3.59メートル
全　　高：2.19メートル
エンジン：634kW（850馬力）S-12U V型12気筒
　　　　　スーパーチャージド・ディーゼル
速　　度：60キロメートル
行動距離：650キロメートル
兵　　装：1×125ミリ滑腔砲、1×12.7ミリ重機関銃、1×7.62ミリ機関銃
無線機：不明

▼**PT-91主力戦車**
ポーランド地上軍第1機械化師団「ワルシャワ」
世界でひろく採用されているT-72主力戦車の輸出型をポーランドで改造した車両。PT-91「トワルディ（強固）」とも呼ばれ、1990年代半ばにポーランド地上軍に導入された。完成品と既存の車両のアップグレード版があった。

在のところC1アリエテを配備しているのはイタリア陸軍の機甲大隊4個のみであり、全性能強化計画の一環としてエンジンのアップグレードが予定されている。これまでに約200両が生産され、2004年にはイラクにも投入された。

歩兵戦闘車

1971年に運用が始まったマルダーは、NATOに加盟したドイツが、歩兵を戦闘地域まで輸送しその作戦遂行を火力で支援する、という目的にしぼって開発、製造した歩兵戦闘車の第1号だ。現在後継のプーマとの交代が進行しつつある。このマルダーに追随して、イギリスのウォーリアとアメリカのM2/M3ブラッドリーが作られた。現在でも歩兵戦闘車の第1の任務が、歩兵の作戦遂行の支援と地上部隊の防御であることに変わりはないが、このタイプの車両は偵察任務でも成果を

Leclerc Main Battle Tank

乗　　員	3名
重　　量	54.5トン
全　　長	9.87メートル（主砲を含む）
全　　幅	3.71メートル
全　　高	2.46メートル
エンジン	1×1125.5kW（1500馬力）SAEM UDU V8X1500 T9ハイパーバー 8気筒ディーゼル
速　　度	71キロメートル
行動距離	550キロメートル
兵　　装	1×GIAT CN120-26/52 120ミリ滑腔砲、1×12.7ミリ同軸機関銃、3×擲弾発射器（発煙弾を含む各種擲弾を9発発射可能）
無 線 機	2×周波数ホッピング無線機セット

▼ルクレール主力戦車
フランス陸軍第6＝第12胸甲騎兵連隊
主砲のGIAT（現NEXTER）社製CN120-26 120ミリ滑腔砲は、ほとんどのNATO弾を発射できる。エンジンは1125kW（1500馬力）8気筒。

C1 Ariete Main Battle Tank

乗　　員	4名
重　　量	54,000キログラム
全　　長	9.67メートル
全　　幅	3.6メートル
全　　高	2.5メートル
エンジン	932kW（1250馬力）イヴェコ・フィアットMTCA V型12気筒ターボ・ディーゼル
速　　度	66キロメートル
行動距離	600キロメートル
兵　　装	1×120ミリ滑腔砲、2×7.62ミリ機関銃（同軸1、対空1）2×4連装発煙弾発射機
無 線 機	不明

▼C1アリエテ主力戦車
イタリア陸軍第31戦車大隊
1990年代半ばにイタリア陸軍に採用された。装甲防御力と火力は他国のどの現役戦車と比べても引けをとらない。兵装は120ミリ滑腔砲と7.62ミリ機関銃2挺。

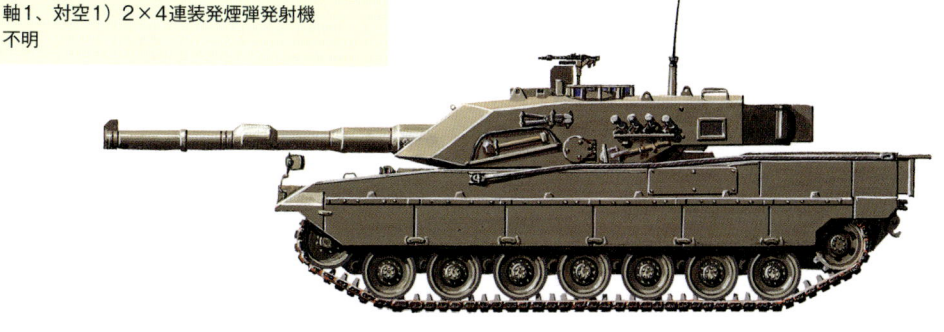

あげている。またヨーロッパでは、偵察やパトロールに適した車両の必要性を感じた数カ国が、独自の軽装甲車両を開発している。完成した車両は、NATO軍や国連の平和維持軍とともに中東やバルカン諸国に配備され、海外にも盛んに輸出されている。この10年のあいだに新世代の自走砲も登場し、NATO各国では、老朽化したアメリカ製のM109榴弾自走砲との入れ替えが進行しつつある。1998年から量産が始まったドイツのPzH2000自走榴弾砲は、ラインメタル社開発のL52 155ミリ榴弾砲を搭載しており、400両以上がドイツ、イタリア、オランダ、ギリシアの軍隊で使用されている。ヨーロッパで双璧をなすイギリスのAS-90自走榴弾砲は、1993年から運用が始まり、L31 155ミリ榴弾砲を搭載している。

Centauro Tank Destroyer

乗　　員：4名
重　　量：25,000キログラム
全　　長：8.55メートル（主砲を含む）
全　　幅：2.95メートル
全　　高：2.73メートル
エンジン：388kW（520馬力）イヴェコMTCA 6気筒ターボ・ディーゼル
速　　度：108キロメートル
行動距離：800キロメートル
兵　　装：1×105ミリライフル砲、
　　　　　2×7.62ミリ機関銃（同軸1、対空1）、
　　　　　2×4連装発煙弾発射機
無 線 機：不明

◀ **チェンタウロ戦車駆逐車**
イタリア陸軍機械化旅団「アオスタ」

装輪戦車駆逐車のチェンタウロは、主砲の105ミリライフル砲のほかに7.62ミリ機関銃2挺を搭載。バルカン半島、ソマリア、イラク、レバノンなどで多用されている。スピードと強力な火力を合わせ持ち、車列の護衛と歩兵支援任務の両方を得意とする。

▶ **オート・メラーラR3 キャプライア装甲偵察車**
イタリア陸軍

3名または4名の兵員を乗せて敵の兵力と陣地を偵察する。装甲は大半の小銃弾に耐え、20ミリエリコン機関砲をはじめとする種々の武器を搭載できる。

OTO Melara R3 Capraia Armoured Reconnaissance Vehicle

乗　　員：3、4名
重　　量：3,200キログラム
全　　長：4.86メートル
全　　幅：1.78メートル
全　　高：1.55メートル
エンジン：71kW（95馬力）フィアット8144.81.200型4気筒ディーゼル
速　　度：120キロメートル
行動距離：500キロメートル
兵　　装：1×エリコンKAD-B17 20ミリ機関砲（砲塔T20FA-HSの場合）

▲ **装輪対戦車車両**
イタリア郊外で性能を試されるチェンタウロ。

中東とアジア 1991年～現在

中東とアジアの新興国はこれまで他国の装甲車両を利用してきたが、近年は国産車両の開発に力を入れている。

　イスラエル国防軍は世界有数の有能で経験豊かな戦闘集団に成長し、メルカヴァ主力戦車はその優秀さの象徴となっている。だがメルカヴァが開発されたとき、イスラエル国防軍は切羽詰まっていたのだ。1967年の六日戦争後、イギリスとフランスはイスラエルへの兵器の供給を部分的に停止した。そのため国防軍幹部は、最新兵器の拡充はできる限り自力で行なうしかないと覚悟を決めて、まずは主力戦車の開発に手をつけたのだ。
　イスラエル・ミリタリー・インダストリーズ設計、国防軍兵站部製造のメルカヴァMk1主力戦車は、1979年に運用が開始された。以来、次から次へと改良型が作られて、それぞれがパレスチナ解放機構やヒズボラなどの武装組織との戦闘に投入されてきた。
　イスラエルの機甲戦の戦闘教義は、長らく乗員の生存性を重視してきた。みずからの生存を確信する乗員は敵との戦いでより果敢に立ち向かうはずだ、というのがその理由だ。事実、メルカヴァの設計にはこの考え方が反映され、それまでの常識とは大きく異なる仕様が特徴的になっている。ディーゼル・エンジンと燃料タンクは、敵の銃弾が前から車体を貫いたときに乗員の生存性が高まるように、前方に置かれている。さらに砲塔の位

置はいくぶん後ろ寄りになった。

メルカヴァ主力戦車

1982年のレバノン侵攻に参加したときの経験を教訓に、メルカヴァMk1にアップグレードがほどこされメルカヴァMk2が誕生した。アップグレードの内容は射撃統制装置の改良と、ゲリラ戦などの低強度紛争を想定した市街戦用装備などである。1989年からはメルカヴァMk3の運用が始まったが、こちらはそれまでのL7 105ミリライフル砲から、より一般的なラインメタル社設計のMG251 120ミリ滑腔砲に換装されている。

2004年に運用が開始された最新のメルカヴァMk4は、市街戦用装備をアップグレードすると同時に、エンジンをより強力な1125kW（1500馬力）ジェネラル・ダイナミクスGD833ディーゼルに換えている。モジュール式の複合装甲も使用されているが、その規格は依然機密である。メルカヴァMk4はまたトロフィーと呼ばれるアクティヴ防御システムを搭載している。トロフィーは戦車が敵のレーザー目標捕捉システムに「ペイント」されると警告を発し、飛来する兵器の予想される弾着点を計算して適切な迎撃手段を選択する。

Merkava Mk 4 MBT

乗　　員：4名
重　　量：55,898キログラム
全　　長：8.36メートル
全　　幅：3.72メートル
全　　高：2.64メートル
エンジン：671kW（900馬力）テレダイン・コンチネンタル（現ジェネラル・ダイナミクス・ランド・システムズ）AVDS-1790-6A V型12気筒ディーゼル
速　　度：46キロメートル
行動距離：500キロ
兵　　装：1×MG253 120ミリ滑腔砲、1×7.62ミリ機関銃
無線機：不明

▶ **メルカヴァMk4主力戦車**
イスラエル国防軍第401機甲旅団、2004年、イスラエル占領地区

イスラエル初の独自開発戦車。1980年代からイスラエル国防軍の前線主力戦車の座にあるが、古参のマガフも退役したわけではない。

▲ **アージュン主力戦車**
インド陸軍第67機甲連隊、2005年

1970年代にインド最大の兵器開発機関である、防衛研究開発機構によって開発が始まったが、設計の不備と運用試験の失敗から本格的な生産は大幅に遅れ、21世紀に入ってようやく量産が始まった。主砲は120ミリライフル砲。

Arjun Main Battle Tank

乗　　員：4名
重　　量：58トン
全　　長：9.8メートル
全　　幅：3.17メートル
全　　高：2.44メートル
エンジン：1044kW（1400馬力）MTU MB838Ka501水冷ディーゼル
速　　度：72キロメートル
行動距離：400キロメートル
兵　　装：1×120ミリライフル砲、1×7.62ミリ機関銃
無線機：不明

第 7 章　装甲車輌の進化

メルカヴァMk4は2006年のレバノン侵攻の際、ヒズボラを相手に激しい戦闘を繰り広げた。この時対戦車ミサイルの攻撃にきわめて脆弱である、との批判の声もあった。とはいえ戦績を見る限り乗員の生存性は格段に高く、現在も500両以上が運用されている。

インド政府は1970年代初めにアージュン主力戦車の開発に着手したが、研究が遅々として進まなかったことと政治的情勢によって計画は後回しにされ、2004年になってようやく生産が始まった。インド軍によって運用試験が行なわれ、本格的な量産が始まる前に、開発当初の設計に数々の技術的改修をくわえる必要があったのは、いうまでもない。

インドは長いあいだソ連から大量の兵器を購入していた。この傾向はT-72主力戦車やのちのモデルのT-90主力戦車などについても変わらなかった。120ミリライフル砲を搭載したアージュンには、最新鋭の射撃統制装置と測距儀が搭載され

Al-Khalid Main Battle Tank

乗　　員	3名
重　　量	47,000キログラム
全　　長	10.07メートル
全　　幅	3.5メートル
全　　高	2.435メートル
エンジン	890kW（1200馬力）KMDB 6TD-2 6気筒ディーゼル
速　　度	72キロメートル
行動距離	450キロメートル
兵　　装	1×125ミリ滑腔砲、1×12.7ミリ外装対空機関銃、1×7.72ミリ同軸機関銃
無 線 機	不明

▶ **アル＝ハーリド主力戦車**
パキスタン陸軍第6機甲師団
パキスタンと中華人民共和国の共同開発によって生まれ、2001年にパキスタン陸軍に配備された。ソ連と西側戦車の技術の寄せ集めである中国の90式をベースに設計された。主砲は125ミリ滑腔砲。現在アップグレード計画が進行中。

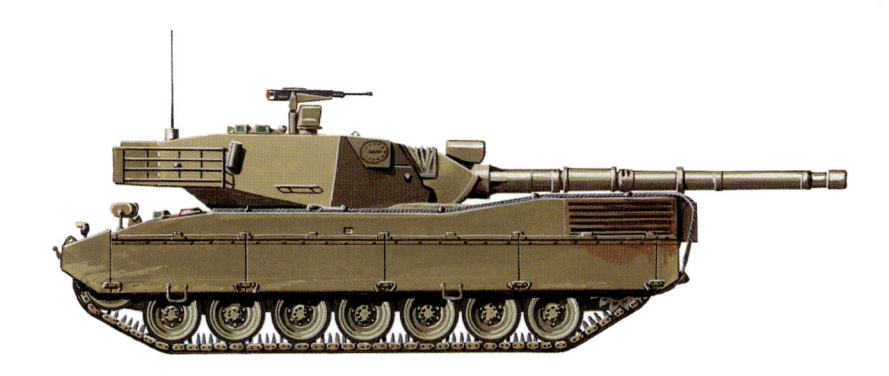

OF 40 Mk2 Main Battle Tank

乗　　員	4名
重　　量	45.5トン
全　　長	6.89メートル
全　　幅	3.35メートル
全　　高	2.76メートル
エンジン	620kW（831馬力）MTU90ディーゼル
速　　度	60キロメートル
行動距離	600キロメートル
兵　　装	1×104ミリ砲、2×7.62ミリ機関銃、2×4発煙弾発射機
無 線 機	不明

▲ **OF-40Mk2主力戦車**
連邦軍（アラブ首長国連邦）、1990年
1970年代末にオート・メラーラ社とフィアット社によって、輸出用戦車として共同開発された。西ドイツのレオパルト1主力戦車のコンポーネントが一部流用されたが、性能は期待外れだった。アラブ首長国連邦は1981年以来36両を受け取り、1990年代後半まで連邦軍の主力に据えていたが、その後ルクレール主力戦車との入れ替えを開始した。

ている。また主砲に装填されているAPFSDS（装弾筒付翼安定徹甲弾）は国産である。

エジプトの奮闘

　ソ連の兵器輸出産業にとって長年の得意先だったエジプトは、なぜか年代物のT-54/55主力戦車をアップグレードするという道を選んだ。エジプトはアメリカで改修をほどこされたT-54の改良型T-54Eの性能を高く評価し、2004年まで自国で生産を続けた。T-54Eはむしろ、エジプト名のラムセス2世のほうがよく知られている。冷戦時代の敵対国の技術の融合という稀有な例となったラムセス2世は、M68 105ミリライフル砲を搭載している。これは以前からエジプト陸軍に配備されていた、アメリカの輸出型のM60A3パットン中戦車の主砲とまったく同じだ。677kW（908馬力）ターボディーゼル・エンジンも、M60A3のエンジンときわめてよく似ている。ラムセス2世は、レーザー射撃統制装置、高性能通信システム、装甲スカート、最新のNBC防御システムなどもそなえている。改修計画完了時には、約400両がエジプト陸軍に配備される予定だった。

Ramses II

乗　　員	4名
重　　量	45,800キログラム
全　　長	9.9メートル
全　　幅	3.27メートル
全　　高	2.4メートル
エンジン	677kW（908馬力）TCM AVDS-1790-5Aターボ・ディーゼル
速　　度	72キロメートル
行動距離	600キロメートル
兵　　装	1×M68 105ミリライフル砲、1×M2HB 12.7ミリ重機関銃、1×7.62ミリ同軸機関銃
無 線 機	不明

▶ **ラムセス2世主力戦車**
エジプト陸軍第36独立機甲旅団

半世紀も昔のソ連主力戦車T-54/55に、M68 105ミリライフル砲、高度な目標捕捉装置、高性能エンジンなど、アメリカから仕入れた最先端技術でアップグレードしたモデル。

Palmaria SP Howitzer

乗　　員	5名
重　　量	46,632キログラム
全　　長	11.474メートル
全　　幅	2.35メートル
全　　高	2.874メートル
エンジン	559kW（750馬力）8気筒ディーゼル
速　　度	60キロメートル
行動距離	400キロメートル
兵　　装	1×155ミリ榴弾砲、1×7.62ミリ機関銃
無 線 機	不明

▲ **パルマリア155ミリ自走榴弾砲**
リビア陸軍、1992年

オート・ブレダ社（現オート・メラーラ社）によって、輸出のみを目的に開発された。自動装填装置をそなえ、OF-40主力戦車のシャーシに重量級の主砲が搭載された。試作第1号は1970年代後半に完成。1982年から始まった本格生産は1990年代初めに終了した。

南アフリカ 1980年〜現在

南アフリカは21世紀になってから、険しい地形が広がる国土でゲリラを相手に戦闘を繰り広げてきた経験を活かして、軽装甲車両や主力戦車を開発している。

　長年南アフリカの機甲戦力の中核をなしていたセメル主力戦車は、冷戦時代初期に活躍したイギリスのセンチュリオン主力戦車を改良したものだった。1970年代後半には、オリファントの開発が軌道に乗り、その年代が終わる頃から本格的な生産が始まった。現在172両のオリファントが配備され、数次にわたるアップグレードが行なわれている。1990年代初めに登場した改良型第1弾であるオリファントMk1Bは、オリジナルのオリファントが配備された当初からすでに開発が始まっていた。L7 105ミリ砲を搭載したオリファントMk1Bは、手持ち式のレーザー測距儀で目標を捕捉した。

　2003年にイギリスのBAEシステムズとの契約が成立したことで大々的な改修計画が始まり、2007年からはオリファントMk2の配備が始まった。注目すべき装備としては新型の675kW（900馬力）V型12気筒ターボディーゼル・エンジン、移動中の射撃を可能した高性能な砲塔、熱線映像装置一体型のレーザー測距儀、モジュール式装甲などがあげられる。また主砲は105ミリか120ミリ滑腔砲のいずれかを選択できる。

安全性とスピード

　南アフリカの国営兵器企業アームスコーは、武器輸出の拡大に力を注ぎはじめた。海外との取引は以前からもあったが、それがもっとも盛んだったのは皮肉にもアパルトヘイトの時代に国連安保理の決議によって当国への武器輸出が禁止されていた頃だった。世界の武器輸出市場への本格参入にあたって、南アフリカが力を入れたのは装輪装甲車と軽偵察車両の開発だった。

　1987年に生産が開始された装輪式のG6ライノ自走榴弾砲は、現在オマーンとアラブ首長国連邦の軍隊に配備されている。強力な155ミリ榴弾砲を搭載し、南アフリカとアンゴラとの長引く紛争で使用されてきた。イラクはこのG6ライノに刺激を受けて、同様の重自走砲の開発を決断した。本格的な生産にはいたらなかったものの、試作車には210ミリ砲が搭載されていたといわれている。またT-72やアージュン主力戦車には、改造したG6ライノの砲塔が使われている。

　ラテル歩兵戦闘車の開発もまた、アパルトヘイト時代の武器禁輸措置によって、交換部品や

Olifant Mk 1A Main Battle Tank

乗　　員	4名
重　　量	56,000キログラム
全　　長	9.83メートル
全　　幅	3.38メートル
全　　高	2.94メートル
エンジン	559kW（750馬力）V型12気筒空冷ターボ・ディーゼル
速　　度	45キロメートル
行動距離	500キロメートル
兵　　装	1×105ミリライフル砲、2×7.62ミリ機関銃（同軸1、対空1）、2×4連装発煙弾発射機
無線機	不明

▶ **オリファントMk1A主力戦車**
南アフリカ陸軍第1戦車連隊
1970年代後半に南アフリカ軍に配備されたが、Mk1Bが登場するとたちまちとって代わられた。乗員が手動で操作するレーザー測距装置がL7 105ミリライフル砲の命中精度を高めた。またのちのアップグレードによって一段と性能が向上した。

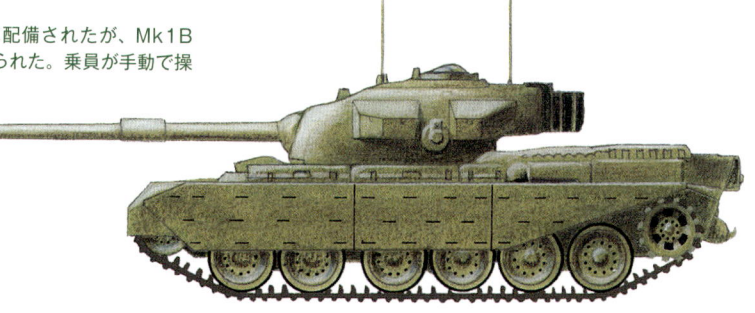

新しい車両を調達できなかったことから始まった。1970年代から多くの更新型が生産され、搭載される兵器も7.62ミリ機関銃から対戦車地雷、はては90ミリ砲にいたるまで実に幅広い。その結果、ラテルの用途も基本的な偵察任務のほかに、直接火力支援や定員6名の「戦場タクシー」と拡大した。南アフリカのメーカーはこうして次々と新しい装甲車両を開発することによって、大きな利益を得るようになった。ランド・システムズOMCが、地雷や即席爆弾の爆発に対抗する手段として開発した、4×4兵員輸送車RG-31ニアラは、世界屈指の対地雷車両であるとの評価を得ている。ニアラは戦闘要員6名の定員でアメリカ、カナダ、フランスなど8カ国を超える軍隊で使用され、アメリカ軍ではMRAP（対地雷伏撃）車両に分類されている。

▶ **G6ライノ155ミリ自走榴弾砲**
南アフリカ陸軍第8機械化歩兵大隊

装輪式のG6ライノの特徴は、機動性と対戦車地雷に対する防御力の高さである。定員は6名。52口径155ミリ榴弾砲を搭載する同車両は、機械化歩兵に対し直接火力支援を行なう一方で、進撃する戦車縦隊を防御する役割を果たす。

G6 Rhino 155mm SP Howitzer

乗　　員：6名
重　　量：47,000キログラム
全　　長：10.2メートル（シャーシのみ）
全　　幅：3.4メートル
全　　高：3.5メートル
エンジン：391kW（525馬力）ディーゼル
速　　度：90キロメートル
行動距離：700キロメートル
兵　　装：1×155ミリ榴弾砲
無線機：不明

Ratel 20

乗　　員：3+6名
重　　量：19,000キログラム
全　　長：7.212メートル
全　　幅：2.526メートル
全　　高：2.915メートル
エンジン：210kW（282馬力）6気筒直列ディーゼル
速　　度：105キロメートル
行動距離：860キロメートル
兵　　装：1×20ミリ機関砲、3×7.62ミリ機関銃
無線機：不明

▲ **ラテル20歩兵戦闘車**
南アフリカ陸軍第61機械化歩兵大隊グループ

30年以上にわたって南アフリカ軍で運用されており、フィンランド製AMV（モジュラー装甲車両）パトリアとの入れ替えが予定されている。機関銃、対戦車ミサイル、機関砲で武装したラテル・シリーズは、兵員輸送と火力支援で活躍している。

ブラジル 1991年〜現在

世界各地でテロ活動やゲリラ戦などの低強度紛争が絶えない以上、ブラジルにある30以上の武器メーカーが装甲車や戦闘車の買い手に不自由することはない。

ブラジルは売上高の急上昇によって世界第6位の武器輸出国となったが、自国の装甲兵員輸送車のアップグレードは現在、海外企業の手に託している。イタリアのイヴェコ社とは、新型の6輪式の装甲兵員輸送車を製造する契約を結んだ。この車両は11名の兵士を輸送し、30ミリ機関砲または12.7ミリ機関銃を搭載する。いずれの火器もイスラエル製の遠隔操作の砲塔に組みこむことが可能だ。

一方ブラジルといえば1980年代のEE-3ジャララカ装甲戦闘車とEE-9カスカベル装甲偵察車が有名だ。堂々たる90ミリ砲を装備したカスカベルは、17カ国以上で運用されてきた。両車両とも製造元は、いまなき軍事企業エンゲサだ。エンゲサは1980年代に主力戦車EE-T1オソリオの試作車を作った。105ミリまたは120ミリ砲を搭載するはずだったが、生産にはいたらなかった。

EE-3 Jararaca
- 乗　　員：3名
- 重　　量：5,500キログラム
- 全　　長：4.12メートル
- 全　　幅：2.13メートル
- 全　　高：1.56メートル
- エンジン：89kW（120馬力）メルセデスベンツOM 314A 4気筒ターボ・ディーゼル
- 速　　度：100キロメートル
- 行動距離：750キロメートル
- 兵　　装：1×ブローニングM2 HB12.7ミリ重機関銃（標準）

▲EE-3ジャララカ偵察用装甲車
ブラジル陸軍第17機械化騎兵連隊

軽装甲偵察車のEE-3ジャララカは、メルセデスベンツ製の89kW（120馬力）4気筒ディーゼル・エンジンで駆動し、12.7ミリ機関銃で近接防御を行なう。20ミリ機関砲やミラン対戦車ミサイル・システムを搭載したモデルもある。

▼EE-9カスカベル装甲偵察車
ブラジル陸軍第13装甲歩兵大隊

長年の運用のあいだに多くの派生型と改良型を生みだす一方、あと10年は現役を続けられるものと期待されている。もっとも多く運用されているカスカベルIIIは、ベルギーで開発され、ブラジルでライセンス生産された90ミリ低圧砲を搭載している。

EE-9 Cascavel
- 乗　　員：3名
- 重　　量：13,400キログラム
- 全　　長：5.2メートル
- 全　　幅：2.64メートル
- 全　　高：2.68メートル
- エンジン：158kW（212馬力）デトロイト・ディーゼル6V-53N 6気筒水冷
- 速　　度：100キロメートル
- 行動距離：880キロメートル
- 兵　　装：1×90ミリ低圧砲、2×7.62ミリ機関銃（同軸1、対空1）
- 無線機：不明

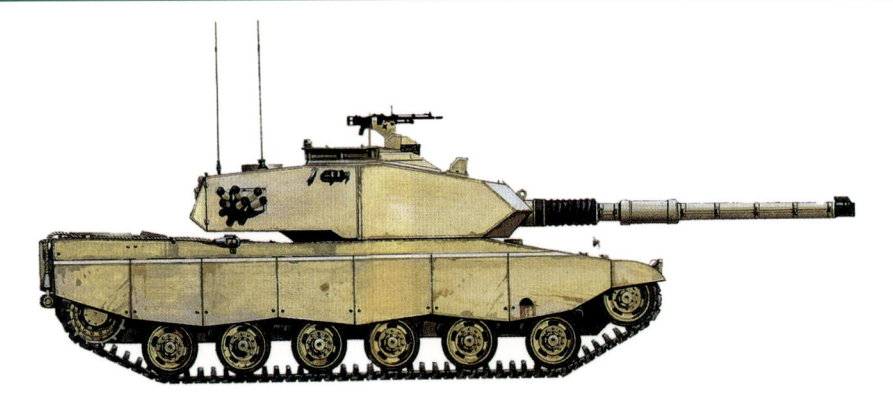

▲ EE-T1オソリオ主力戦車
ブラジル軍用試作車

オソリオ主力戦車の開発計画はエンゲサ社を破産へと導いた。とくに得意先のひとつだったイラクからの注文が途絶え、サウジアラビアがアメリカのM1A1エイブラムズに乗り換えたことが大きく響いた。試作車には120ミリ滑腔砲か105ミリライフル砲のいずれかが搭載された。

Engesa EE-T1 Osorio

乗　　員	4名
重　　量	39,000キログラム
全　　長	9.995メートル
全　　幅	3.26メートル
全　　高	2.371メートル
エンジン	745kW（1000馬力）12気筒ディーゼル
速　　度	70キロメートル
行動距離	550キロメートル
兵　　装	1×105ミリライフル砲または1×120ミリ滑腔砲、1×7.62ミリ機関銃
無 線 機	不明

極東 1995年～現在

21世紀に入って極東の国々は装甲車両の開発に乗りだした。自国の軍隊のためであることはもちろんだが、輸出も視野に入っている。

　中国は第1号国産戦車の設計をもっぱらソ連の技術に頼っていたが、やがて主力戦車と装甲戦闘車両の開発を独自に行なうようになった。開発と製造の中心は巨大製造複合企業の中国北方工業公司（ノリンコ）で、製造された車両は人民解放軍に納入されるか、海外に輸出されている。

　中国主力戦車の最新世代の96式が人民軍に引き渡されたのは、1990年代末になってからだった。96式は、その前のモデルの88式やさらにその前の59式、69式に比べると、性能は確実に向上していた。59式と69式は基本的にソ連のT-54/55主力戦車のコピーだった。96式はさまざまな点で前モデルの戦車を上回っていた

が、とくに大きく変わったのはエンジンだった。750kW（1000馬力）のディーゼル・エンジンはまずまずの性能を示し、何十年ものあいだ、トラブル続きで中国人技術者たちを悩ませてきた従来のエンジンと比べると格段の差があった。96式はまたモジュール式の爆発反応装甲を装着し、特徴的な砲塔はソ連の影響を受けた従来の丸いフライパンのような形ではなく、西側戦車によく似た形をしている。

　主砲の125ミリ滑腔砲はのちのロシアや中国製造の主力戦車の標準になった。副武装は2挺の7.62ミリ機関銃だ。現在人民解放軍には1500両以上の96式が配備されている。

中国は近年輸出市場にも進出している。多くの90式主力戦車がパキスタンに輸出され、後に両国の共同開発によってアル＝ハーリドに生まれ変わった。1980年代には、人民解放軍上層部は90式を自国機甲戦力の中核とすることに消極的だったが、比較的製造が簡単だったことと生産コストの安さが、共同開発への資金投資の決め手となった。一方いわゆる中国の「第2世代」戦車といわれるのが85式主力戦車だ。こちらはノリンコが製造し、1988年に配備が始まった。

中国保有の主力戦車の中でもっとも先進的な99式は、当初1990年代に98式として開発され、1999年の国慶節のパレードで公の場にお目見えした。同時代の西側戦車と多くの共通点をもち、傾斜装甲と強力な1125kW（1500馬力）ディーゼル・エンジンを採用している。数次の改良を経て性能を高め、アメリカのエイブラムズ、イギリスのチャレンジャー、ドイツのレオパルトなどと肩を並べるまでになった。主武装は125ミリ、140ミリ、155ミリいずれかの滑腔砲を搭載し、熱線映像・レーザー測距儀で射撃を統制する。戦場統制システムを装備すると同時に防御態勢として爆発反応装甲とレーザー防御システムをそなえている。後者は戦車が敵の目標捕捉に捉えられたときに、一連の反応を開始するシステムである。

アジアの巨人

近年、人民解放軍は諸兵科連合部隊の戦闘教義において、戦車と装甲戦闘車両の役割を一部見直している。2006年に軍は、機械化歩兵師団を独立した戦闘グループとして、再編したことを明らかにした。そのような機械化歩兵が高い機動力を確保するための重要な装備として期待されているのが、92式装輪歩兵戦闘車と02式自走対戦車砲（PTL-02）だ。92式は兵装として対戦車ロケット、擲弾発射器、火炎放射器のいずれかを選択でき、PTL-02のほうは100ミリ砲を搭載している。

世界最大の地上部隊である人民解放軍は高度に機械化が進み、装甲師団9個、独立装甲旅団12個、機械化または自動車化歩兵師団27個を擁していると見られている。戦車はさまざまな仕様のものが1万両以上、現役あるいは予備役として配備されている。

強敵北朝鮮

北朝鮮のベールに包まれた天馬号主力戦車は、ソ連のT-62をアップグレードしたもので約1200両生産されているが、その戦闘能力は未確定だ。ただ115ミリか125ミリの滑腔砲を搭載し、エンジンが563kW（750馬力）ディーゼルであることはわかっている。天馬号が配備されたのは1992年で、北朝鮮では現在新しい主力戦車が生産されているとの情報もあるが、詳細はほとんど不明だ。

日々共産主義の北の隣人の軍事的脅威にさらされている韓国は、片時も気を緩めることができず、

155/45 NORINCO SP Howitzer

- 乗　員：5名
- 重　量：32,000キログラム
- 全　長：6.1メートル
- 全　幅：3.2メートル
- 全　高：2.59メートル
- エンジン：391.4kW（525馬力）ディーゼル
- 速　度：56キロメートル
- 行動距離：450キロメートル
- 兵　装：1×WAC-21 155ミリ榴弾砲、
　　　　　1×12.7ミリ対空機関銃
- 無線機：不明

▲ PLZ-45自走榴弾砲
人民解放軍第1装甲師団

ノリンコ設計のこの自走榴弾砲は、1990年代初めに中国人民解放軍への配備と輸出を目的に開発された。主砲の155ミリ榴弾砲は、中国人技術者がオーストラリア製火砲を改造して作ったものだ。副武装として12.7ミリ対空機関銃と榴弾砲を搭載する。

近年、国産の主力戦車の開発に着手した。兵士と装甲車両の数は圧倒的に北のほうが優位に立っているが、韓国の優れた戦闘能力と技術力をもってすれば北からの攻撃にも十分対抗できるはずだ。

韓国は長いあいだアメリカ製の装備や駐留アメリカ軍の存在を頼りに、北の侵攻を牽制してきたが、1985年からはK1主力戦車やその後継のK1A1を生産している。いずれもアメリカのM1エイブラムズがベースで、製造は国内企業のヒュンダイだ。K1の最初の仕様では主砲は韓国製のKM68A1 105ミリライフル砲になっている。エイブラムズとの大きな違いはエンジンに900kW（1200馬力）10気筒ディーゼルMTU-871 Ka-501を採用し、その結果重量が51.8トンとM1より軽くなっていることだ。熱線映像装置やレーザー測距儀、詳細不明の複合装甲など、さまざまな部分でアメリカの技術が導入されている。

2001年に韓国陸軍に導入されたK1A1は兵器技術のグローバル化を反映して、アメリカのUS M256砲を国内でライセンス生産したKM256 120ミリ滑腔砲を搭載している。このUS M256

Type 85 Main Battle Tank

乗　　員：3名
重　　量：41,000キログラム
全　　長：10.28メートル
全　　幅：3.45メートル
全　　高：2.3メートル
エンジン：544kW（730馬力）V型12気筒ディーゼル
速　　度：57.25キロメートル
行動距離：500キロメートル
兵　　装：1×125mm砲、1×12.7ミリ対空重機関銃、1×7.62ミリ同軸機関銃、2×発煙弾発射機
無 線 機：889B式

▲**85式主力戦車**
人民解放軍第12装甲師団
前モデルの80式主力戦車を改造したモデルで、1991年に導入された。また80式はソ連のT-54/55主力戦車をベースにしていた。後続のモデルでは、エンジンがより強力になりモジュール式の装甲が採用された。パキスタンではこの車両のライセンス生産が行なわれている。

▼**90-II式主力戦車**
人民解放軍第3装甲師団
開発に際して、前モデルの貧弱な動力源のアップグレードをするために、ウクライナ設計の新しいエンジンが導入された。パキスタンはこの車両の輸出型を購入し、アル＝ハーリド主力戦車のベースにした。

Type 90-II

乗　　員：3名
重　　量：48,000キログラム
全　　長：10.1メートル
全　　幅：3.5メートル
全　　高：2.2メートル
エンジン：895kW（1200馬力）パーキンスCV12-1200 TCA 12気筒ディーゼル
速　　度：62.3キロメートル
行動距離：450キロメートル
兵　　装：1×125ミリ滑腔砲、1×12.7ミリ外装対空機関銃、1×7.62ミリ同軸機関銃
無 線 機：不明

砲も、ドイツのラインメタル社の120ミリ滑腔砲をアメリカが自国内でライセンス生産したものだ。K1A1についてはほかにも砲塔の改造、目標捕捉システムのアップグレードなどが行なわれている。防御力はKSAP（韓国特殊装甲）と呼ばれる複合装甲で強化されている。

黒豹（フックピョ）

北朝鮮戦車の技術力に対抗するだけならK1およびK1A1主力戦車で十分だったが、韓国軍上層部は補助的な役割を担う戦車としてK2黒豹主力戦車の製造を開始した。目的は既存の最新型戦車を補完すると同時に、配備されてから数十年が経ち老朽化しはじめたアメリカ製パットン・シリーズとの交替である。

予定ではおよそ400両のK2が生産されることになっている。K2は韓国のさまざまな最新技術の発現の場ともなり、それがまた1990年代半ばから始まった開発計画を推進させる原動力にもなった。開発には途方もない予算がつぎこまれ、少なくとも11の韓国の軍需企業が参入した。その結果K2は韓国の高度な軍事技術の一端を世界に示す格好の実例となった。

主武装の55口径120ミリ滑腔砲には自動装填装置がついており、韓国製造の最新型APFSDSを発射できる。エンジンは1125kW（1500馬力）12気筒ディーゼル。戦車に組みこまれた最先端技術にはGPS、コンピュータ制御の指揮統制装置による高度な戦場統制システム、さらには戦場で編制を組んだほかの戦車との間でリアルタイムの情報をやり取りするための車両間情報伝達システム、レーダー警戒およびジャミング装置などがある。

韓国陸軍は約6000両の装甲車両を配備しており、そのうち約3000両が戦車でさらにその半分が最新鋭のK1かK1A1だ。兵員は約52万人で世界第6位の規模である。

日本の新世代戦車

日本の10式戦車は、現在自衛隊に配備されている74式、90式戦車の後継となる予定の戦車だ。ドイツのレオパルト1やアメリカのM60パットン主力戦車と同世代の74式や配備開始から20年以上経っている90式がいまもなおアップグレードを繰り返してその寿命を延ばしているが、10式は日本の陸上自衛隊の戦力に飛躍的な進歩をもたらしてくれるはずだ。10式の生産は2010年に開始の予定で、設計はすでに1990年代から始まっていた［訳注：2009年に10式戦車として制式採用され、2010年に配備が始まった］。主砲の日本製鋼所の120ミリ滑腔砲は、NATO標準弾を発射できる。モジュール式傾斜装甲とその仕様はドイツのレオパルト2やフランスのルクレール主力戦車と同じで、セラミックや鋼鉄などを含む複合装甲だ。エンジンは900kW（1200馬力）8気筒ディーゼルで、約40.6トンという重量は他国の同世代の主力戦車と比べるとやや軽い。

現在陸上自衛隊にはあわせて約1000両の90

Type 87 SPAAG

乗　　員	3名
重　　量	36,000キログラム
全　　長	7.99メートル
全　　幅	3.18メートル
全　　高	4.4メートル
エンジン	536kW（718馬力）10F22WT 10気筒ディーゼル
速　　度	60キロメートル
行動距離	500キロメートル
兵　　装	2×35ミリ機関砲
無 線 機	不明

▶ **87式自走高射機関砲**
陸上自衛隊第2混成団

2対の35ミリ機関砲は、レーダー搭載の射撃統制装置によって制御される。1980年代に時代遅れとなっていたアメリカのM42ダスター自走高射機関砲の後継として開発された。87式のシャーシは三菱重工が、スイス・エリコン社のものを思わせる機関砲は日本製鋼所が製造した。

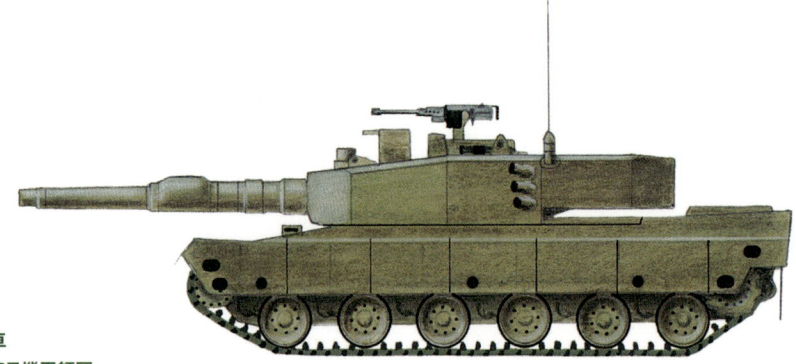

Modern Developments

▲90式戦車
陸上自衛隊第7機甲師団
国内でライセンス生産したラインメタル120ミリ滑腔砲とともに、自動装塡装置を搭載した。1990年に装備が開始され、これまでに350両近くが製造された。装甲防御力と目標捕捉装置の性能のレベルは、同世代の西側戦車に引けをとらない。

式と74式が配備されている。陸上自衛隊の編制は機甲師団1個、歩兵師団9個で、総兵員数は15万人である。基本的な諸兵科連合の単位は旅団であり、機械化歩兵部隊と装甲部隊とで構成される。

Type 90 Main Battle Tank	
乗　　員	3名
重　　量	50,000キログラム
全　　長	9.76メートル
全　　幅	3.43メートル
全　　高	2.34メートル
エンジン	1118kW（1500馬力）三菱10ZG 10気筒ディーゼル
速　　度	70キロメートル
行動距離	400キロメートル
兵　　装	1×120ミリ滑腔砲、1×12.7ミリ重機関銃、1×7.62ミリ機関銃
無 線 機	不明

オーストラリアの機甲戦力

近年オーストラリア機甲軍団はNATO軍や多国籍軍の活動に協力して、イラクやアフガニスタンだけでなく、東ティモール、ルワンダ、ソマリアでの紛争にも兵員を派遣している。軍団に装備されている車両はアメリカのM1A1エイブラムズ主力戦車、イギリスのランドローヴァー偵察車、

▲90式戦車
前、横、後ろすべての面が直立した90式戦車の砲塔は、レオパルト2主力戦車にそっくりだ。

アメリカのM113装甲兵員輸送車などである。ブッシュマスター装輪装甲車はアイルランドのティモニー・テクノロジー社からライセンスを得てオーストラリア国内で生産されている。1990年代末にオーストラリア陸軍による運用試験を経て、現在までに800両以上が製造されている。戦闘要員9名の収容が可能で、近距離からの攻撃に対抗する手段として5.56ミリおよび7.62ミリの機関銃を搭載している。軽装甲ではあるが、地雷や即席爆弾の爆発に耐えられるとされている。国内では一部の機甲騎兵連隊と空軍でブッシュマスターが配備されており、イギリスやオランダの軍隊でも使用されている。

アジア太平洋地域では以上見たような主要な国々のほかにも、近代的な機甲部隊を保有する国がいくつかある。マレーシア陸軍はポーランド製のT-91M主力戦車を大量購入して、トルコ、南アフリカ、ブラジルのメーカーから仕入れた装甲歩兵車両や戦車駆逐車を配備している。またタイ王立陸軍は機甲師団1個、騎兵師団1個、独立戦車大隊5個を有し、イギリスのスコーピオン軽戦車を配備している。ミャンマーの陸軍はT-55およびT-72主力戦車あわせて100両以上と、装甲歩兵車両を1000両以上保有している。

Bionix 25

乗　　　員	3＋7名
重　　　量	23,000キログラム
全　　　長	5.92メートル
全　　　幅	2.7メートル
全　　　高	2.53メートル
エンジン	354kW（475馬力）デトロイト・ディーゼル6V-92TA型
速　　　度	70キロメートル
行動距離	415キロメートル
兵　　　装	1×ボーイングM242 25ミリ機関砲、2×7.62ミリ機関銃（同軸1、対空1）、2×3連装発煙弾発射機
無　線　機	不明

▶ **バイオニクス25装甲兵員輸送車**
シンガポール陸軍第5歩兵旅団

バイオニクス装甲兵員輸送車の最初の量産モデルであるバイオニクス25は、1996年に製造が始まった。アメリカのM113装甲兵員輸送車の後継としてシンガポールで開発され、7名の戦闘要員を輸送できる。主砲はM242ブッシュマスター25ミリ機関砲。

Warthog

乗　　　員	4名（前部車両）、8名（後部車両）
重　　　量	18トン
全　　　長	8.6メートル
全　　　幅	2.3メートル
全　　　高	2.2メートル
エンジン	261kW（350馬力）キャタピラー3126B
速　　　度	65キロメートル（路上）、5キロメートル（水中）
行動距離	不明
兵　　　装	1×7.62ミリ機関銃または1×5.56ミリ機関銃

▼ **ウォートホッグ全地形対応装軌装甲輸送車**
シンガポール陸軍／イギリス国防省、2010年納入

ブロンコ全地形対応装軌装甲輸送車をベースにしている。シンガポール陸軍への配備を目的に、同国の防衛科学技術庁とシンガポール・テクノロジーズ・キネティックス社によって共同開発された。現在、イギリス国防省の発注もあり、イギリス軍ではヴァイキング輸送車の後継として導入されている。輸送定員は10名、傾斜装甲と地雷に対する高い防御力を特徴とする。

索 引

[英数]

02突撃砲（PTL-02）（中） ……185
10式戦車（日） ……187
122ミリ2S1自走榴弾砲（露） ……162
2S3 M-1973 152ミリ自走榴弾砲（ソ） ……7, 32
54-1式122ミリ自走砲（中） ……105
58式（T-34/85）中戦車（中） ……71
59-1式主力戦車（中） ……106
59-II式主力戦車（中） ……97
59式主力戦車（中） ……97, 102, 103, 104
60式自走無反動砲（日） ……108
60式装甲車（日） ……108, 109
61式戦車（日） ……109
62式軽戦車（中） ……104, 106
63式自走対空砲（中） ……107
63式水陸両用軽戦車（中） ……84, 85, 104
63式装甲兵員輸送車（中） ……84, 85
69-II式主力戦車（中） ……103
69式主力戦車（中） ……104, 107, 166
74式戦車（日） ……109
79式主力戦車（中） ……107
80式主力戦車（中） ……186
82式指揮通信車（日） ……109
85式主力戦車 ……105, 185, 186
85式装甲歩兵戦闘車（中） ……103
87式自走高射機関砲（日） ……187
88式主力戦車 ……105, 184
89式装甲戦闘車（日） ……109
90-II式主力戦車（中） ……186
90式主力戦車（中） ……185
90式戦車 ……109, 187, 188
92式歩兵戦闘車（中） ……185
96式主力戦車（中） ……106, 184
98式主力戦車（中） ……185
99式主力戦車（中） ……106, 185
9M113コンクールス対戦車ミサイル ……162
AAV-7A1水陸両用強襲車（米） ……142, 166, 166
AH-1コブラ攻撃ヘリ（米） ……151
AH-64アパッチ攻撃ヘリ（米） ……151
AML-60装甲車（仏） ……47
AML-90装甲車（仏） ……47
AMX-10PAC 90軽戦車（仏） ……38, 40
AMX-10P歩兵戦闘車（仏） ……40, 149
AMX-10RC装甲車輌（仏） ……39, 40
AMX-13軽戦車（仏） ……
　インド ……94, 95, 96
　イスラエル ……112, 117-18, 124, 125
　フランス ……19

AMX-30B主力戦車（仏） ……137
AMX-30主力戦車（仏） ……
　イスラエル ……125
　スペイン ……47, 48
　フランス ……19, 38-9, 40, 137, 144, 149, 174
AMX-40主力戦車（仏） ……39, 40
AMX-50主力戦車（仏） ……19
ARL-44重戦車（仏） ……19
AS-90 155ミリ自走榴弾砲（英） ……158
ASU-57自走砲（ソ） ……123
AT-14コメット対戦車ミサイル ……136
AT-3サガー対戦車ミサイル ……98, 161
BA-6装甲車（ソ） ……68
BAEランド・システムズ社 ……51, 181
BAV485水陸両用輸送車 ……16
BM-21多連装ロケット・ランチャー（ソ） ……18
BMD-1空挺水陸両用装輪式歩兵戦闘車（ソ） ……98
BMP-1歩兵戦闘車（ソ） ……15, 16, 33, 100, 103, 143, 151
BMP-2歩兵戦闘車（ソ） ……33, 162, 163
BMP-3歩兵戦闘車（ソ） ……33, 162, 163
BRDM-1装甲偵察車（ソ） ……35
BTR-152装甲兵員輸送車（ソ） ……16, 117, 123, 161
BTR-40装甲兵員装甲車（ソ） ……15, 16, 86, 159, 160
BTR-50PK装甲兵員輸送車（ソ） ……84
BTR-50装甲兵員輸送車（ソ） ……18, 84, 85, 159, 160
BTR-60PB装甲兵員輸送車（ソ） ……99
BTR-60装甲兵員輸送車（ソ） ……15, 16, 34, 92, 99
BTR-70装甲兵員輸送車（ソ） ……159, 160
BTR-80装甲兵員輸送車（ソ） ……159, 160
BTR-90歩兵戦闘車（露） ……163
BV202兵員輸送車（スウェーデン） ……51
BVS10ヴァイキング装甲兵員輸送車 ……168
C1アリエテ主力戦車（伊） ……175
DUKW水陸両用兵員輸送車（米） ……16
EE-11ウルツ装甲兵員輸送車（ブラジル） ……140
EE-3ジャララカ偵察用装甲車（ブラジル） ……183
EE-9カスカベル装甲偵察車（ブラジル） ……103, 183
EE-T1オソリオ主力戦車（ブラジル） ……184
FIM-92スティンガー対空ミサイル ……98
FUG-65水陸両用装輪偵察車（ハンガリー） ……35
FV101スコーピオン戦闘偵察車（英） ……55, 56, 103

FV105スルタン装甲指揮車（英）……55, 157
FV106サムソン装甲回収車・戦闘偵察車（英）……56
FV107シミター偵察戦闘車（英）……157
FV120スパルタン（MCT）装甲兵員輸送車（英）……56
FV430装甲兵員輸送車（英）……169
FV430装甲戦闘車（英）……25
FV432装甲兵員輸送車（英）……25, 54, 55
G6ライノ155ミリ自走榴弾砲（南ア）……182
GAZ-46 MAV水陸両用車（ソ）……18
GAZ-67B指揮車（ソ）……68
GCT 155ミリ自走榴弾砲（仏）……20, 40
GIATインダストリーズ ……39
HOT（光学誘導亜音速）対戦車ミサイル ……44
IS-2重戦車（ソ）……14, 15, 27
IS-3M重戦車（ソ）……125
IS-3重戦車（ソ）……13, 15, 27, 32, 102, 113, 118, 124
ISU-152重突撃砲（ソ）……124, 125
K1A1主力戦車（韓国）……186-7
K1主力戦車（韓国）……103, 186
K2黒豹主力戦車（韓国）……187
LAW軽対戦車ロケット弾 ……79
LGSフェネック軽装甲偵察車（独）……168
LVRS M-77オガニ多連装ロケット・システム（ユーゴ）……160
LVTP7水陸両用車（米）……59
M103重戦車（米）……27
M109 155ミリ自走榴弾砲（米）……48, 81, 82, 129
M10駆逐戦車（米）……75
M110A2 203ミリ自走榴弾砲（米）……82
M1114装甲強化ハンヴィー（米）……154, 167
M113A1装甲兵員輸送車（米）……58, 90
M113グリーン・アーチャー移動式レーダー（米）……44
M113装甲騎兵戦闘車（ACAV、米）……81, 82, 88
M113装甲兵員輸送車（米）
　アメリカ ……22, 27, 28, 37, 79, 81, 82
　イタリア ……45, 46
　オーストラリア ……79, 189
　スイス ……52
　スペイン ……48
　ドイツ ……43
M114A1E1偵察装甲車（米）……27
M114偵察装甲車（米）……27, 37, 82
M1A1エイブラムズ主力戦車（米）……57-8, 145, 188
M1A2エイブラムズ主力戦車（米）……165, 167
M1エイブラムズ主力戦車（米）……38, 41, 59, 165
M24チャーフィー軽戦車（米）
　アメリカ ……13, 26-7, 63, 69, 78
　韓国 ……64, 66
　日本 ……109
　パキスタン ……92, 94

フィリピン ……73
フランス ……79
M26パーシング重戦車（米）……26, 27, 60, 62-3, 65, 66, 70
M270多連装ロケット・システム（MLRS、米）……59
M29Cウィーゼル装軌車（米）……67
M2ブラッドレー歩兵戦闘車（米）……58, 143, 146, 154, 168
M3 MkAハーフトラック（イスラエル）……119
M36B2戦車駆逐車（米）……95
M36戦車駆逐車（米）……62, 70
M3ステュアート軽戦車（米）……94
M3ハーフトラック（米）……14, 112
M3ブラッドレー歩兵戦闘車（米）……143, 144, 168
M40 155ミリ自走砲（米）……67
M41A3ウォーカー・ブルドッグ軽戦車（米）……80
M41ウォーカー・ブルドッグ軽戦車（米）……28, 47, 48, 66, 79
M42自走高射機関砲（米）……89
M45中戦車（米）……66
M46A1パットン中戦車（米）……65, 66
M46パットン中戦車（米）……63, 65, 66
M47パットン中戦車（米）
　アメリカ ……26
　イラン ……136
　韓国 ……103
　スペイン ……47
　西ドイツ ……21
　パキスタン ……91, 92, 94, 96
　バルカン諸国 ……161
　フランス ……19
M48A1パットン中戦車（米）……88
M48A2パットン中戦車（アメリカ）……124
M48A3Kパットン中戦車（米）……103
M48A3パットン中戦車（米）……82, 82, 88
M48A5Kパットン中戦車（米）……103
M48A5パットン中戦車（米）……103
M48中戦車「マガフ3」（イスラエル）……130
M48パットン中戦車（米）
　アメリカ ……26, 79, 83, 86, 88
　イスラエル ……126, 130
　イラン ……139
　韓国 ……103
　スペイン ……47
　西ドイツ ……12, 21
　パキスタン ……94, 96, 97, 156
　ヨルダン ……124, 125
M4A3シャーマン・ドーザー中戦車（米）……70, 126
M4A3シャーマン・フレール式地雷処理戦車（英）……74
M4A3シャーマン中戦車（米）……67, 75
M4シャーマン・ファイアフライ中戦車（米）……74, 112

M4シャーマン中戦車（米）
　バルカン諸国　……159, 161
　カナダ　……36
　エジプト　……118
　イスラエル　……117
　日本　……109
　パキスタン　……94
　アメリカ　……23, 26, 63, 64, 65, 66, 78
M-50/51スーパーシャーマン中戦車（イスラエル）
　……112, 118, 119, 124, 126
M50オントス106ミリ自走高射砲（米）　……88, 89
M53/59プラガ自走式対空砲（チェコ）　……160, 161
M551シェリダン軽戦車（米）　……81, 89
M577指揮車（米）　……43
M578軽回収車（米）　……83
M59装甲兵員輸送車（米）　……28
M60A1 AVLB架橋戦車（米）　……49
M60A1E3パットン中戦車（米）　……50
M60A1パットン中戦車（米）　……27, 145
M60A2パットン中戦車（米）　……6
M60A3パットン中戦車（米）　……57, 145, 180
M60A3Eパットン中戦車（米）　……49
M-60P装軌装甲兵員輸送車（ユーゴスラヴィア）　……159
M60パットン中戦車（米）　……38, 49, 114, 128, 135, 144
M7 105ミリ自走榴弾砲　……67
M75装甲兵員輸送車（米）　……28
M-80機械化歩兵戦闘車（クロアチア）　……161
M-84主力戦車（ユーゴ）　……152, 157
M88A1装甲回収車（米）　……59
M8装甲車（米）　……13
M901TOW戦車駆逐車（米）　……58
M-980装甲兵員輸送車（ユーゴ）　……161
MBT-2000主力戦車　……「アル＝ハーリド主力戦車（パ・中）」も参照
MBT-70主力戦車（米・西独）　……41, 57
MBT-80主力戦車（英）　……146
Mk F3 155ミリ自走砲（仏）　……21, 40
MK61 105ミリ自走榴弾砲（仏）　……20
MT-LB装甲兵員輸送車（ソ）　……32
NBC（核・生物・化学）防御システム　……9, 29
　アメリカ　……58, 146
　イギリス　……25, 53, 172
　イタリア　……45
　エジプト　……180
　西ドイツ　……44
OF 40主力戦車（伊）　……45
OF-40Mk2主力戦車（伊）　……179
OT-34/76中戦車（ソ）　……71
OT-62装軌式水陸両用装甲兵員輸送車（ポーランド）　……18
OT-64 SKOT-2A水陸両用装甲兵員輸送車（ポーランド）　……34
PIAT（歩兵用対戦車投射器）　……115
PLZ-45 155ミリ自走榴弾砲（中）　……185
PSZH-IV水陸両用装甲兵員偵察車（チェコ）　……35

PT-76水陸両用軽戦車（ソ）
　インド　……94, 95, 96
　エジプト　……125
　北ヴェトナム　……79, 83, 84, 87, 89
　北朝鮮　……103
　ソヴィエト連邦（ソ連）　……11, 32
　バルカン諸国　……161
PT-91主力戦車（ポーランド）　……174
PzH2000自走榴弾砲（独）　……173
RBY Mk1装甲偵察車（イスラエル）　……133
RG-31ニアラ装甲兵員輸送車（南ア）　……182
RPG（ロケット擲弾発射器）　……79, 87, 88, 98, 127, 136, 159
RPG-29対戦車ロケット擲弾発射機ヴァンピール　……136
RPG-7対戦車ロケット擲弾発射機　……127, 152, 159
RUAGランド社　……52
SPz（シュッツェンパンツァー）11-2クルツ装甲偵察車（西独）　……41
SPzラングLGS M40A1対戦車車輌（西独）　……22
SU-100自走砲（ソ）　……113, 117, 121, 125
SU-76M突撃砲（ソ）　……14, 68
SU-76突撃砲（ソ）　……68, 69, 102
T-10重戦車（ソ）　……15
T-34 122ミリD-30自走榴弾砲（シリア）　……134
T-34/100対戦車車輌（エジプト）　……127
T-34/122自走榴弾砲（エジプト）　……134
T-34/85M中戦車（ソ）　……136
T-34/85中戦車（ソ）　……71
　エジプト　……117, 120, 125
　北ヴェトナム　……83, 84, 85
　北朝鮮　……63, 64, 65
T-34/85中戦車1953型（チェコ）　……125
T-34中戦車（ソ）
　エジプト　……113
　北ヴェトナム　……79
　北朝鮮　……61, 63, 64, 65, 66, 69-71
　ソヴィエト連邦（ソ連）　……15
　バルカン諸国　……160
T43貨物運搬車　……28
T-54/55主力戦車（ソ）
　イスラエル　……112
　イラク　……142, 166
　インド　……97
　エジプト　……114, 125, 180
　北ヴェトナム　……33, 79, 83, 86
　北朝鮮　……102
　ソヴィエト連邦（ソ連）　……16, 17, 99
　グルジア　……164
　クロアチア　……152, 158
　シリア　……129, 136
　ミャンマー　……103
　ユーゴスラヴィア　……158
　ロシア　……164
T-54A主力戦車（ソ）　……16, 104
T-54E主力戦車（エジプト）　……180
T-62A主力戦車（ソ）　……102

T-62主力戦車（ソ）
　　イラク　……136
　　インド　……92
　　エジプト　……114
　　北朝鮮　……102, 185
　　シリア　……129, 130
　　ソヴィエト連邦（ソ連）　……16, 99, 101
　　ロシア　……164
T-64主力戦車（ソ）　……15, 16, 29, 30, 31, 33, 53
T-72A主力戦車（ソ）　……101, 136
T-72G主力戦車（ポーランド）　……31
T-72M 主力戦車（ソ）　……136, 144, 150, 151, 166
T-72M1 主力戦車（ソ）　……136, 151
T-72主力戦車（ソ）
　　アラブ諸国　……114
　　グルジア　……162
　　インド　……179
　　イラン　……138
　　イラク　……135, 136, 140, 150, 151, 166
　　ミャンマー　……103
　　北朝鮮　……103
　　ポーランド　……31, 174
　　ロシア　……164
　　ソヴィエト連邦（ソ連）　……32, 39, 53, 99, 100
　　ユーゴスラヴィア　……152, 158
T-80U主力戦車（ソ）　……35, 103
T-80主力戦車（ソ）　……31, 32, 33, 164
T-90主力戦車（ソ連、ロシア）　……162, 164, 179
TAB-73装甲兵員輸送車（ルーマニア）　……34
TOW対戦車ミサイル　……58, 59, 146, 155
TPz 1A3フクスNBC偵察車（西独）　……44
VBL対戦車車輛（仏）　……156
VCC-1装甲兵員輸送車（伊）　……45
Zis-151 6x6トラック　……16
ZSU-23-4シルカ自走式高射機関砲（ソ）　……128
ZSU-57-2自走対空砲（ソ）　……87

[あ]

アサル・ウッタルの戦い（1965）　……94, 95-6
アジア
アジア　……冷戦　……91
　　イスラムの影響　……141
　　各国の項も参照
アージュン主力戦車（印）　……178, 179, 181
アーチャー17ポンド対戦車自走砲（英）　……116, 117, 121
アフガニスタン　……143, 173
　　アメリカ　……168, 169
　　イギリス　……168, 169
　　北大西洋条約機構　……142, 165
　　ソヴィエト連邦（ソ連）　……30, 92, 98-9, 100, 101
　　スペイン　……49
　　ドイツ　……165
アボット自走砲（英）　……25

アームスコー　……181
アメリカ　……12, 13, 26, 30
アメリカ
　　アフガニスタン　……98, 168, 169
　　イラク戦争（2003～11）　……138, 140, 165, 166, 167, 168
　　ヴェトナム戦争（1955～75）　……22, 29, 77-90
　　核兵器　……12, 13, 26, 30
　　現代　……182
　　第2次世界大戦　……23, 26
　　中東　……112, 123, 137
　　朝鮮戦争（1950～53）　……26, 60, 62-3, 65-6, 67, 70-1, 73, 78
　　平和維持活動　……153, 154, 155
　　パキスタン　……93
　　冷戦　……6, 12-13, 19, 22, 26-7, 28-9, 37, 41, 57-8, 59, 92
　　湾岸戦争（1991）　……142, 145-6, 149, 165
　　「米陸軍」「米海軍」も参照
アラブ首長国連邦　……38, 39, 45, 174, 179, 181
アリエテ主力戦車（伊）　……45
アリゲーター水陸両用装甲兵員輸送車（伊）　……46
アル・フセイン主力戦車（ヨルダン）　……147
アルヴィス社　……25, 53
アルカイダ　……143, 168
アルゼンチン　……46
アルムブルスト（対戦車擲弾発射器）　……152, 159

[い]

イヴェコ社　……174, 183
イギリス
　　アフガニスタン　……165-9
　　イギリス海兵隊　……168
　　イギリス陸軍ライン軍団　……23, 24-5, 53, 54, 56-7
　　イギリス連邦占領軍（BCOF）　……72-3, 74-5
　　イスラエル　……125
　　イラク戦争（2003～11）　……141, 165
　　現代　……172, 189
　　スエズ危機（第2次中東戦争、1956）　……116-120
　　第1軍団　……23
　　第1機甲師団　……56, 142, 154, 165, 169
　　第1英連邦師団　……73, 75
　　第2歩兵師団　……23, 54, 57
　　第3機甲師団　……53, 56
　　第6機甲師団　……23, 25
　　第7機甲師団　……13, 23, 24
　　第11機甲師団　……25
　　第1次世界大戦　……172
　　第2次世界大戦　……23
　　中東　……177
　　朝鮮戦争（1950～53）　……72-4, 75
　　冷戦　……8, 12-13, 19, 23-5, 53-5, 56-7, 72, 92

Index

湾岸戦争（1990〜91） ……54, 142, 144-5, 146, 165
イシレムリノエ工廠（AMX） ……19
イスラエル ……112-13
　徽章 ……130
　現代 ……177
　スエズ危機（第2次中東戦争、1956） ……116-18, 119-20
　戦術 ……122
　パレスチナ戦争（1948） ……114
　六日戦争（第3次中東戦争、1967） ……113, 122, 127
　ヨム・キプール戦争（1973） ……127, 130, 131, 132
　レバノン内戦（1975〜90） ……133
イスラムの影響 ……142
　各国の項目も参照
イタリア
　アオスタ機械化旅団 ……46
　「アリエテ」装甲師団 ……46
　ガリバルディ・ベルサリエーリ旅団 ……46
　現代 ……172-
　国連の平和維持活動 ……46, 153
　フォルゴレ機械化歩兵師団 ……45, 46
　マントヴァ機械化歩兵師団 ……46
　冷戦 ……45-6
臨津江（イムジン河、朝鮮半島） ……72-4
イラク ……49, 113, 137
　徽章 ……150
　共和国防衛隊 ……144, 150, 165
　戦術 ……150
　パレスチナ戦争（1948） ……114
　湾岸戦争（1990〜91） ……54, 136, 142, 145-6, 148-9, 165
イラク戦争（2003〜11） ……165-7
イラン ……137
イラン・イラク戦争（1980〜88） ……137-8
仁川（インチョン、韓国） ……66, 69
インド
　現代 ……178, 179
　ソヴィエト連邦（ソ連） ……94
　第1機甲師団 ……95, 96
インド・パキスタン戦争（1965） ……91, 92
インド・パキスタン戦争（1971） ……93

[う]

ウィーアンド少将、フレデリック ……82
ヴィジャンタ主力戦車（印） ……8, 97
ウェストモアランド将軍、ウィリアム ……78, 80
ヴェトナム戦争（1955〜75）
　アメリカ ……22, 29, 78-9, 80-2, 83, 87-9
　オーストラリア ……77, 79
　北ヴェトナム ……79, 80, 83-4, 85-6, 87, 89
　テト攻勢 ……78, 80, 87-9
ウォーカー将軍、ウォルトン ……66
ウォートホッグ全地形対応装軌装甲輸送車（シンガポール） ……189

ウォーリア歩兵戦闘車（英） ……143, 154, 155
ウクライナ ……103
ウラル375D 6x6トラック（ソ） ……18

[え]

エジプト
　現代 ……180
　スエズ危機（第2次中東戦争、1956） ……117
　第2歩兵師団 ……123, 128, 129
　第2野戦軍 ……128
　第4機甲師団 ……120
　第6機械化師団 ……124
　第7歩兵師団 ……123, 124
　第23機械化歩兵師団 ……129
　六日戦争（第3次中東戦争、1967） ……122
　ヨム・キプール戦争（1973） ……127
　レバノン内戦（1975〜90） ……133
エリクス対戦車ミサイル ……156
エンゲサ社 ……184
遠征戦闘車（EFV）（米） ……166
エントパヌングスパンツァー装甲回収車（スイス） ……52

[お]

オーストラリア
　ヴェトナム戦争（1955〜75） ……77, 79
　現代 ……188, 189
　朝鮮戦争（1950〜53） ……75
オーストリア ……171
オーストリア・スペイン共同開発（ASCOD） ……48
オチキス（仏）
　H-35軽戦車 ……112, 114
　H-39軽戦車 ……115
オート・ブレダ（現オート・メラーラ）社 ……46, 180
オート・ブレダ社（伊） ……46, 180
オート・メラーラ社（伊） ……174
　R3キャプライア装甲偵察車 ……174
　パルマリア155ミリ自走榴弾砲 ……45-6
オマーン ……181
オランダ ……41, 168, 171, 173, 189
オリファント主力戦車（南ア） ……181

[か]

火炎瓶 ……115
核兵器 ……11
カシミール ……93
カナダ
　国連平和維持活動 ……37, 154
　第4機械化旅団群 ……36
　朝鮮戦争（1950〜53） ……75
　冷戦 ……36-7, 41
カフカス ……162
韓国 ……63, 65, 69, 73, 93, 103, 185

索引

[き]

北ヴェトナム ……33, 79, 80, 83-4, 85-6, 87, 89, 104
北大西洋条約機構（NATO）
    アフガニスタン ……142, 168
    戦術 ……53-4, 57
    創設 ……13
    フランス脱退 ……19
    平和維持活動 ……50, 153
    冷戦初期 ……19-27, 28-9, 92
    冷戦の戦術 ……24, 25
    冷戦末期 ……36-7, 41-2, 43-4, 45-9, 53-5, 56, 57-8, 59
北朝鮮 ……93, 102, 139
    現代 ……185
    第105機甲師団 ……102
    朝鮮戦争（1950〜53） ……61, 63, 64, 65, 66, 68, 69-71
キプロス ……38
キャンプ・デービッド合意（1978） ……114, 133
キューバ危機 ……16-17, 29
ギリシア ……38, 41, 173, 174

[く]

クウェート ……140, 144
クーガー装輪火力支援車輛（カナダ） ……36
グルジア ……162, 164
クルセーダーMkVI巡航戦車（英） ……115
クロアチア ……152, 153, 158, 159, 160
グロモフ中将、ボリス ……101

[け]

ケネディ、ジョン・F ……53

[こ]

高機動汎用装輪車（HMMWV、ハンヴィー）（米） ……143, 153, 154, 156, 167
国際連合
    朝鮮戦争（1950〜53） ……61, 64, 65, 69
    平和維持活動 ……37, 46, 142, 153, 157, 176
コソヴォ ……37, 152, 157, 158, 172, 174
コメット巡航戦車（英） ……13, 23, 103
コンカラー重戦車（英） ……24
コンドル装甲兵員輸送車（独） ……156

[さ]

サイゴン（南ヴェトナム） ……86, 88
サウジアラビア ……38, 40, 114, 144, 146
作戦
    イラクの自由 ……141, 143, 172
    カデッシュ ……117-120
    砂漠の盾 ……54, 144
    砂漠の嵐 ……54, 142, 147, 148, 150

サダム・フセイン ……114, 137, 138, 140, 142, 147, 150, 165
サダム殉教者軍団（サダム・フェダイーン） ……142, 165, 166
サラセン装甲兵員輸送車（英） ……53
サラディン装甲車（英） ……25

[し]

ジェネラル・ダイナミクス社 ……103, 135
シャロン将軍、アリエル ……126
縦深攻撃理論 ……30, 31
巡航戦車MkVIIIクロムウェル（英） ……24, 63-65, 72, 73, 112, 114
シリア ……113
    パレスチナ戦争（第1次中東戦争、1948） ……114, 115
    六日戦争（第3次中東戦争、1967） ……122, 123
    ヨム・キプール戦争（1973） ……127, 128, 130, 131, 132, 135
    レバノン内戦（1975〜90） ……133
シール・イラン1、2主力戦車（イラン） ……139
シンガポール ……189

[す]

スイス ……36, 41, 52, 174
スウェーデン ……41, 50-1, 171
スエズ危機（第2次中東戦争、1956） ……37, 113, 116-21
スタッグハウンド装輪車（米） ……115
スティルウェル将軍、ジョセフ ……62
スティングレー軽戦車（米） ……103
ストライカーIAV装甲兵員輸送車（米） ……167
ストリッツヴァグン103主力戦車（スウェーデン） ……50, 51, 172
ストリッツフォードン90（CV90）歩兵戦闘車（スウェーデン） ……51, 52
スペイン
    現代 ……171
    第1機甲師団 ……47, 48-9
    第2自動車化師団 ……49
    第3機械化師団 ……49
    冷戦 ……38, 47-9
スミス中佐、チャールズ・B ……63
スロヴェニア ……152, 158, 159

[せ]

赤軍
    第1親衛戦車軍 ……15, 18
    第3親衛機械化軍 ……14, 16
    第3突撃軍 ……16
    第5突撃軍 ……13
    第5親衛自動車化狙撃師団 ……99, 101
    第6親衛独立自動車化狙撃旅団 ……32
    第8親衛軍 ……18
    第9狙撃軍団 ……13

第35親衛自動車化狙撃師団　……32
　　　第40軍　……98, 99, 101
　　　第41親衛戦車師団　……30
　　　第63親衛キルケネスカヤ海軍歩兵旅団　……32
　　　第103親衛空挺師団　……98
　　　第108親衛自動車化狙撃師団　……99
　　　第201自動車化狙撃師団　……101
　セメル主力戦車（南アフリカ）　……181
　ゼルダM113装甲兵員輸送車（イスラエル）　……131
　セルビア　……152, 153, 156
　戦術　……13, 53
　センチュリオンAVRE（戦闘工兵車）（英）　……148
　センチュリオンMk3主力戦車（英）　……72, 131
　センチュリオンMk5主力戦車（英）　……112
　センチュリオンMk7主力戦車（英）　……24, 94
　センチュリオン主力戦車（英）
　センチュリオン主力戦車（英）　……カナダ　……36
　　　イギリス　……23-4, 25, 53, 63, 65, 72-4, 117
　　　イスラエル　……124, 125
　　　インド　……96
　　　スウェーデン　……50
　　　南アフリカ　……181
　センチュリオン主力戦車「ショット」（イスラエル）
　　　……112, 129, 131

[そ]

　ソヴィエト連邦（ソ連）
　　　アフガニスタン　……30, 33, 92, 98-9, 100, 101
　　　インド　……93, 94
　　　核兵器　……13, 16, 26, 30
　　　軍編制　……31
　　　深縦攻撃理論　……30-l
　　　戦術　……15-16, 122
　　　ソ連崩壊　……160
　　　第2次世界大戦　……13, 14
　　　中東　……113, 116, 135
　　　朝鮮戦争（1950～53）　……63, 69, 71
　　　兵力　……31
　　　冷戦　……8, 12, 13-17, 18, 27, 29-31, 32, 33, 35, 92
　　　「赤軍」「ロシア」も参照
　ソウル（韓国）　……69-71
　即席爆弾　……9, 134, 143, 156, 168, 169, 182, 189
　ソマリア　……37, 153, 156
　ソルタムL33 155ミリ自走カノン榴弾砲（イスラエル）
　　　……132

[た]

　タイ　……103
　第1次世界大戦　……172
　第2次世界大戦
　　　ドイツ　……21, 22, 50, 72, 119
　　　ソヴィエト連邦（ソ連）　……13, 14
　　　イギリス　……23
　　　アメリカ　……23, 26

　タイプ6616装甲車　……46
　ダイムラー（英）
　　　ディンゴ偵察車　……103
　　　フェレット装甲車　……20, 36, 37, 55
　ダナ自走榴弾砲（英）　……34
　ダヤン、モッシュ　……116, 119, 121
　タリバン　……143, 165, 168, 174
　タル将軍、イスラエル　……125, 135

[ち]

　チェコスロヴァキア
　　　第7機械化旅団　……34
　　　中東　……113, 125
　　　冷戦　……13, 30, 34
　チェチェン　……160, 163
　チェンタウロ戦車駆逐車　……46, 176
　チェンタウロ歩兵戦闘車（伊）　……46
　チトー、ヨシップ・ブロズ　……152
　チーフテンAVLB架橋戦車（英）　……136
　チーフテンMk5主力戦車（英）　……54, 138, 139
　チーフテン主力戦車（英）　……38, 50, 53, 54, 125, 137
　チャウィンダの戦い（1965）　……96
　チャリオティア戦車駆逐車（英）　……24
　チャレンジャー1主力戦車（英）　……38, 54-5, 114, 131, 142, 146, 147, 157
　チャレンジャー2主力戦車（英）　……54, 142, 146, 163, 164, 165
　チャレンジャー2E主力戦車（英）　……172, 173
　中国
　　　アフガニスタン　……98
　　　北ヴェトナム　……104
　　　国共内乱　……12, 13
　　　第1装甲師団　……185
　　　第3装甲師団　……186
　　　第6装甲師団　……105
　　　第10装甲師団　……106, 107
　　　第12装甲師団　……186
　　　第34自動車化師団　……105
　　　朝鮮戦争（1950～53）　……64, 69, 71, 71, 72-4, 104
　　　冷戦　……92, 93, 104-7
　中国北方工業公司（ノリンコ）　……86, 105, 184
　中東　……111-13, 177-
　朝鮮戦争（1950～53）　……26, 61
　　　アメリカ　……26, 60, 62-3, 65-6, 68, 70-1, 73, 78
　　　イギリス　……72-4, 75
　　　オーストラリア　……75
　　　カナダ　……75
　　　北朝鮮　……61, 63, 64, 65, 66, 68
　　　ソヴィエト連邦（ソ連）　……63, 69, 71
　　　中国　……64, 69, 71, 71, 72, 104
　チョバム・アーマー　……54, 58, 143, 144-5, 165, 174
　チラン主力戦車（イスラエル）　……112
　チリ　……38

索引

[て]

ティーガー重戦車（Ⅵ号戦車、独） ……21, 72
ディンゴ装甲兵員輸送車（独） ……158
テキストロン・マリーン＆ランド・システムズ社 ……103
デンマーク ……41, 152, 157, 171, 174
天馬号主力戦車（北朝鮮） ……185

[と]

ドイツ
　現代 ……172, 173
　第1装甲師団 ……173
　第10装甲師団 ……173
　第13機械化歩兵師団 ……44, 158, 168
　第2次世界大戦 ……21, 22, 50, 72, 118
　東ドイツ ……13, 41
　「西ドイツ」も参照
トランス・ヨルダンのアラブ軍団 ……115
トルコ ……41, 189

[な]

ナイジェリア ……45
ナセル大統領、ガマル・アブド ……122

[に]

西ドイツ
　イスラエル ……124
　再軍備 ……19, 21
　第1装甲師団 ……23
　第5装甲師団 ……22, 41, 42
　第10装甲師団 ……22, 42, 43
　第13機械化歩兵師団 ……44
　NATOへの加盟 ……13, 21
　冷戦 ……6, 12, 13, 19, 21-2, 23, 26, 41-2, 43〜4
日本
　現代 ……187
　冷戦 ……108-9
ニュージーランド ……75

[の]

ノールSS.11対戦車ミサイル ……42

[は]

バイオニクス25装甲兵員輸送車（シンガポール） ……189
パキスタン ……92-3, 97, 156, 179, 185
　インド・パキスタン戦争（1965） ……91, 93-6
　インド・パキスタン戦争（1971） ……93, 96-7
　第1機甲師団 ……94, 95
　第6機甲師団 ……95, 179

バグダード ……165
バスラ ……165
発煙弾発射機 ……8
パナール（仏）
　AML H-60軽装甲車 ……20
　EBR/FR-11装甲車 ……20
　ERC 90 F4サゲ装甲車 ……39, 40
　VCR装甲兵員輸送車 ……137, 139
ハーリド主力戦車（パ、中） ……137, 179, 186
ハーリド主力戦車（ヨルダン） ……137
バルカン（半島）諸国 ……49, 142, 143, 150-1, 152, 154, 155, 156, 172
　各国の項も参照
パルマリア155ミリ自走榴弾砲（伊） ……45, 180
パレスチナ解放機構（PLO） ……133
パレスチナ戦争（1948） ……114-15, 116
ハンガリー
　動乱 ……13
　冷戦 ……35
バングラデシュ ……93, 96
パンター中戦車（Ⅴ号戦車、独） ……21, 72, 118
パンドゥール装甲兵員輸送車（オーストリア） ……172
バンドカノン155ミリ自走榴弾砲（スウェーデン） ……51
ハンバー装甲車 ……115

[ひ]

東ドイツ ……13, 42
ピサロ歩兵戦闘車（オーストリア・スペイン） ……48
ヒズボラ ……133, 136
標準戦車（仏・西独） ……21
ピラーニャ6×6装甲戦闘車輌（スイス） ……36

[ふ]

フィアット ……45
フィリピン ……73
フエ（南ヴェトナム） ……88
フォードGPA「シープ」水陸両用車（米） ……18
武器の改良 ……29
釜山（ブサン、韓国） ……63, 65-6, 71
ブッシュマスター装輪装甲車（オーストラリア） ……189
フード・マシナリー・コーポレーション（FMC） ……37
フート少佐、ヘンリー ……73
プーマ歩兵戦闘車（独） ……175
ブラジル ……183, 184, 189
フランコ総帥、フランシスコ ……38, 47
フランス
　インドシナ ……78, 79
　現代 ……172, 173
　スエズ危機（第2次中東戦争、1956） ……117
　第1軍団 ……20
　第1機甲師団 ……13, 38
　第2軍団 ……20

第2機甲師団 ……20
第2師団 ……13
第6軽機甲師団 ……149
第7機甲旅団 ……40
中東 ……112-13, 137, 177
NATO脱退 ……19
平和維持活動 ……153
冷戦 ……13, 19, 20-1, 38-40, 47, 92, 170
湾岸戦争（1990～91） ……142, 147
ブロンコ全地形対応装軌装甲輸送車（シンガポール） ……189

[へ]

米海軍
　第1海兵師団 ……65, 89, 167
　第3海兵師団 ……89
米陸軍
　第1機甲師団 ……58, 59, 145
　第1騎兵師団 ……141
　第1歩兵師団 ……26, 28, 58, 59, 82
　第1歩兵師団 ……167
　第2機甲師団 ……26, 27
　第3歩兵師団 ……28, 167
　第4機甲師団 ……27
　第4歩兵師団 ……27
　第8軍 ……65, 66, 67, 69, 70
　第10山岳師団 ……153
　第24歩兵師団 ……144
　第25歩兵師団 ……69
　第82空挺師団 ……13
ペガソ（スペイン）
　3560BMR装甲兵員輸送車 ……47
　VAP 3550/1水陸両用車 ……48
ベネズエラ ……38
ベルギー ……73
ベルリン大空輸 ……13

[ほ]

ボスニア ……153, 158, 160
ボスニア・ヘルツェゴヴィナ ……152
歩兵戦車MkIIIバレンタインI（英） ……116, 118
歩兵戦車MkIVチャーチル（英） ……63, 65, 72, 114, 137
歩兵戦闘車（シュッツェンパンツァー・ラング、西独）
　HS.30/シュッツェンパンツァー 12-3歩兵戦闘車（西独） ……22
ホメイニ、アーヤトッラー ……139
ポーランド
　現代 ……174
　冷戦 ……10, 13, 18, 31

[ま]

マクナマラ、ロバート・S ……53
マケドニア ……158
マスティフPPV防護警備車（英） ……169

マチルダ歩兵戦車（米） ……115
マッカーサー将軍、ダグラス ……69
マーモン・ヘリントン装甲車（南ア） ……112, 115
マルダー歩兵戦闘車（独） ……22, 42, 154, 175
マレーシア ……156, 189

[み]

三菱重工 ……108, 109
南アフリカ ……181, 182, 189
南ヴェトナム ……79, 80, 81, 83, 86, 88
南オセチア紛争 ……164
ミャンマー ……103, 189
ミラン対戦車ミサイル ……42, 48, 56, 156, 157, 166, 183

[む]

六日戦争（第3次中東戦争、1967） ……113, 122-5, 129
ムジャヒディーン ……98, 101
ムッソリーニ、ベニート ……46

[め]

メイア、ゴルダ ……125
メルカヴァMk2主力戦車（イスラエル） ……178
メルカヴァMk3LIC主力戦車（イスラエル） ……136
メルカヴァMk3主力戦車（イスラエル） ……136, 178
メルカヴァMk4主力戦車（イスラエル） ……135, 178
メルカヴァ主力戦車（イスラエル） ……38, 112, 113, 135, 136, 177, 178

[も]

毛沢東 ……13
モスクワ ……29
モワク（スイス）
モワク（スイス） ……グレナディア装甲兵員輸送車 ……52
モワク（スイス） ……MR8装甲兵員輸送車 ……52
モワク（スイス） ……ロラント装甲兵員輸送車 ……52

[や・ゆ・よ]

ヤークトパンツァー・カノーネ（JPK）カノン砲駆逐戦車（西独） ……22
ヤークトパンツァー・ヤグアル対戦車車輌（西独） ……44
ユーゴスラヴィア ……152, 153, 156, 157, 158, 159
ユニヴァーサル・キャリア（英） ……25
揺動砲塔 ……19, 118, 172
ヨッフェ将軍、アブラハム ……126

ヨム・キプール戦争（第4次中東戦争、1973）……127, 128, 130, 131, 132, 162
ヨルダン ……113, 122, 124, 137

[ら]

ラケテンヤークトパンツァー（RJPZ）2対戦車車輌（西独）……42, 44
ラスカル155ミリ自走榴弾砲（イスラエル）……133
ラテル歩兵戦闘車（南ア）……181
ラムセス2世主力戦車（エジプト）……180
ランドローヴァー
  4×4ライト・ユーティリティ・ビークル ……57, 188
  SASランドローヴァー ……148
  ランドローヴァー・ウルフ ……168

[り]

リビア ……45, 180
リュエイユ工廠 ……19
リンクス指揮偵察車（カナダ）……36-7

[る]

ルクス装甲偵察車（西独）……41
ルクレール主力戦車（仏）……175, 179, 187
ルノー軽戦車
  R35軽戦車 ……115, 116
  R39軽戦車 ……116

[れ]

冷戦
  アジア ……91-3
  アメリカ ……6, 12-13, 19, 22, 26-7, 28-9, 37, 41, 57-8, 59, 92
  イギリス ……8, 12-13, 19, 23-5, 53-5, 56-7, 72, 92
  イタリア ……45-6
  カナダ ……36-7, 41
  スイス ……36, 41, 52
  スウェーデン ……41, 50-1, 170
  スペイン ……38, 47-9
  ソヴィエト連邦（ソ連）……8, 12, 13-17, 18, 27, 29-31, 32, 33, 35, 92
  中国 ……92, 93, 104-7
  チェコスロヴァキア ……13, 30, 34, 35
  西ドイツ ……6, 12, 13, 19, 21-2, 23, 26, 41-2, 43L4
  ハンガリー ……35
  東ドイツ ……13
  日本 ……108-9
  フランス ……13, 19, 20-1, 38-40, 47, 92
  ポーランド ……11, 13, 18, 31
  南アフリカ ……182
  冷戦初期 ……12-27, 28-9
  冷戦末期 ……29-58, 59

レオパルト1A3主力戦車（独）……36
レオパルト1主力戦車（独）……21, 23, 41, 45, 152
レオパルト2（S）主力戦車（独）……51
レオパルト2A2主力戦車（独）……43
レオパルト2A4主力戦車（独）……47, 50, 52
レオパルト2A6M主力戦車（独）……173
レオパルト2A6主力戦車（独）……47, 173
レオパルト2E主力戦車（独）……47, 173
レオパルト2PSO主力戦車（独）……173
レオパルト2主力戦車（独）
  スウェーデン ……50
  スペイン ……47, 48
  ドイツ ……41-2, 43, 58, 109, 146, 165
レオパルトC1A1主力戦車（西独）……36
レオパルトC1主力戦車（西独）……36
劣化ウラン ……165
レバノン ……49, 113, 115, 122, 174
  レバノン内戦（1975～90）……133-, 176

[ろ]

ロシア
  カフカス ……162
  第2親衛自動車化狙撃師団「タマンスカヤ」……163
  第4親衛戦車師団「カンテミロフスカヤ」……164
  第5親衛戦車師団 ……162
  第201自動車化狙撃旅団 ……101, 163
  南オセチア紛争 ……164
  「ソヴィエト連邦（ソ連）」も参照

[わ]

ワリード装甲兵員輸送ロケット・ランチャー（エジプト）……123
ワルシャワ条約機構 ……30-1, 33, 34-5
湾岸戦争（1990～91）……54, 136, 142, 144-51

Essential Identification Guide: Postwar Armored Fighting Vehicles 1945-Present
by Michael E. Haskew
Copyright © 2010 Amber Books Ltd, London
This translation of Essential Identification Guide: Postwar Armored Fighting Vehicles 1945-Present
first published in 2014 is published by arrangement with Amber Books Ltd.
through Japan UNI Agency, Inc., Tokyo

【著者】マイケル・E・ハスキュー（Michael E. Haskew）
軍事史家。25年以上にわたって軍事史に関する研究を続けている。『第二次世界大戦ヒストリー・マガジン』編集者。アイゼンハワー米国研究センター『第二次世界大戦事典』の編者をつとめる。邦訳書に『戦場の狙撃手』、『銃と戦闘の歴史図鑑』（共著）がある。

【監訳者】毒島刀也（ぶすじま・とうや）
1971年千葉県生まれ。軍事アナリスト。日本大学工学部機械工学科卒。『Jウイング』『エアワールド』誌編集を経てフリーランスに。著書に『戦車パーフェクトBOOK』、監訳に『世界戦車大全』『ヴィジュアル大全 航空機搭載兵器』など。

ヴィジュアル大全
装甲戦闘車 両

2014年7月30日　第1刷

著者……………マイケル・E・ハスキュー
監訳者…………毒島刀也

装幀・本文AD…………松木美紀

発行者…………成瀬雅人
発行所…………株式会社原書房
〒160-0022 東京都新宿区新宿 1-25-13
電話・代表 03（3354）0685
http://www.harashobo.co.jp
振替・00150-6-151594

印刷…………シナノ印刷株式会社
製本…………東京美術紙工協業組合

©Busujima Tohya, 2014
ISBN978-4-562-05085-7, Printed in Japan